JN026577

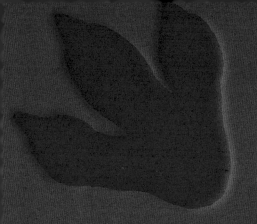

Dinopedia
ディノペディア

恐竜好きのためのイラスト大百科

G. Masukawa 著

ツク之助 絵

誠文堂新光社

はじめに

いい歳した大人たちが恐竜と真剣に向き合い、時に七転八倒の苦しみを味わいながら、なお恐竜から離れられない —— そんな世界を私たちは生きている。

世の中には様々な仕事がある。恐竜を研究して博物館や大学から給料をもらって暮らす人もいれば、筆者のようにそうした機関から仕事を承り、恐竜を復元して日々の生活の糧を得ている人もわずかながら、いる。

エンターテインメント性を強調して語られ、時に怪獣とほとんど同じ扱いでメディアを賑わせることも多い「恐竜」というコンテンツだが、大の大人が真面目な顔をして化石とにらみ合い、日々研究しているのも同じ恐竜である。テレビの中の恐竜に子どもたちが目を輝かせて食い付いているその裏で、恐竜のプロたちは時に頭を抱え、時に研究室の床を転げまわりながらも、逃げることなく恐竜に立ち向かっているのだ。

はるか昔に絶滅した恐竜たちの姿は、化石でしか確認することができない。化石こそが恐竜の「本当の姿」である以上、恐竜たちの生きていた姿に近づく方法は一つしかない。化石から恐竜の姿を描き出す過程 —— 恐竜研究の世界を知ることである。

恐竜研究の世界を知るということと、恐竜の研究者になるということは、まったくの別問題だ。しかし、ただの石ころのような化石から恐竜たちの姿を描き出す方法や、研究者たちが恐竜とにらめっこの末に机に突っ伏している風景をちょっと知っているだけで、人生は少し楽しくなる。

恐竜の研究は「古生物学」の一分野だが、古生物学は様々な学問分野にまたがるものであり、恐竜の研究もそうした面が強い。日常生活では見たことも聞いたこともないような用語が飛び交う恐竜研究の世界は、それだけでとても魅力的である。

本書では、そうした世界で日常的に交わされる恐竜用語を、マスター編、ハカセ編、番外編と、ステージを分けて解説する。

筆者は恐竜が好きだ。恐竜が好きでここまで来てしまったのは確かだが、どうして恐竜が好きなのかはよくわかっていない。本書の執筆は、どうして恐竜が好きなのか、という理由を自分の中から発掘し、言語化する作業でもあった。発掘はあっさり失敗し、筆者が恐竜を好きな理由は結局よくわからずじまいである。とはいえ、「恐竜のどこが好きなのか」という問いの答えは見つけることができたようだ。

恐竜の、そして化石の魅力を語り尽くすことは、一冊の本では厳しい相談だ。少なくとも、筆者一人にはどうやっても無理な話である。本書の内容は、筆者の「恐竜のここが好き」という部分にかなり偏っている。恐竜以外の化石の話が意外とあるように感じたなら、やはりそれも筆者の「好き」の表れに違いない。本書で紹介できなかった部分にも、あなたなりの「好き」を見いだしてもらえたら何よりである。

本書の執筆にあたっては、筆者が学生のうちに買い漁っていた書籍や、大学の教科書がずいぶん助けになった。1歳にもならない筆者を博物館に連れていき、将来へのこれといった展望もないままに恐竜へ向かって突っ走っていった筆者を引き留めず、ただ見守ってくれた家族・親戚には感謝の言葉もない。そして、筆者がこれまでに出会ってきたすべての先達——石ころや地面を相手に悩み苦しみながらも輝くような視線を送っていた研究者や学生、アーティスト、博物館関係者の方々に、この場を借りて感謝を申し上げる。

最後に、筆者の無茶ぶりに耐え、楽しいイラストで本書を彩って下さったツク之助さんと、延々と筆者に付き合ってくださった編集の藤本淳子さん、松下大樹さんには大変お世話になった。また懲りずにお付き合いいただけたら嬉しいです。

G. Masukawa

Contents

Chapter 1

マスター編

Chapter 2

ハカセ編

Chapter **3**

番外編

恐竜ってどんな動物？

恐 竜とはどんな生きものだろう。あなたが思い浮かべるのは、巨大な怪獣のような生きものだろうか？　今からおよそ2億3000万年前の三畳紀後期に出現し、約6604万年前の白亜紀末に至るまで、1億6000万年以上にわたって陸上で大繁栄した動物の一大グループ、それが恐竜だ。そして恐竜の子孫は今日でも繁栄を続けている。我々が鳥と呼ぶものがそれだ。

▦ 恐竜の多様性

　19世紀以来、世界中の地層（→p.106）から驚くほど多様な姿の恐竜たちの化石が発見され続けている。恐竜＝体の大きな爬虫類、といったイメージは19世紀から根強いが、恐竜は体の大きさも体型もバラエティに富み、大小様々な鱗で体を覆ったものからごつごつしたトゲで全身を包んだもの、体毛状の羽毛を体中のそこかしこから生やしたものまでいたことがわかっている。あなたの見慣れたスタイルのものから、恐竜とは思えないような見た目のものまで、恐竜の世界は決して見飽きることがない。

:: 鳥は恐竜?

「鳥は恐竜」という表現がある。鳥類が恐竜のある1グループから枝分かれしたものであることは確実視されているのだ。

　生物のおおざっぱな分類は、姿かたちに基づいたコンセプトのものが伝統的かつ一般的である。しかし、生物の進化を扱う際には、進化の流れ（系統関係）に沿ったコンセプト（系統分類）を用いる。

　進化の流れを系統樹として表し、系統樹の枝ごとに分類グループとしてまとめるのが系統分類である。伝統的な分類でいうところの「魚類」や「爬虫類」

は複数の大きな枝の寄せ集め、両生類や哺乳類、鳥類はそれぞれ大きな1本の枝である。そして、鳥類の枝は恐竜という大きな枝から分かれたものなのだ。

　「鳥は恐竜」という表現は、この系統分類のコンセプトを踏まえたものである。鳥を恐竜の1グループとして扱う場合、一般に恐竜と呼ばれるもの（鳥ではない恐竜）は「非鳥類恐竜」と呼び表される。もちろん非鳥類恐竜を単に恐竜と呼んで鳥と区別することも可能で、本書では特に断りのない場合、非鳥類恐竜を単に恐竜と呼ぶ。

脊椎動物の系統樹の一例

	伝統的な分類	系統分類
		軟骨魚類
	魚類	条鰭類
		シーラカンス類
		肺魚類
	両生類	両生類
	哺乳類	単弓類
		鱗竜形類
	爬虫類	偽鰐類
		翼竜類
		恐竜類
	鳥類	

恐竜の構造

鳥類を除けば、今日私たちは化石となった姿でしか恐竜を見ることができない。化石になるのはたいていの場合骨だけで、しかも全身の骨がきれいに化石になることはかなり稀である。それでも、200年に及ぶ古生物学の歴史の中で、我々人類は恐竜の生きていた時の姿に少しずつ迫りつつある。これまでの研究で明らかになった、恐竜の体の構造をみていこう。

▒ 恐竜の骨格

恐竜には二足歩行のものと四足歩行のもの、二足歩行と四足歩行の切り替えができたものがいる。恐竜とひと口にいっても骨格の形態は様々だが、単純かつ頑丈な構造の足腰はいずれの恐竜にも共通しており、鳥類でも変わらない。また、骨の内部が空洞化しているものもかなり多い。

恐竜の化石はほとんどの場合で歯や骨しか残っていないため、恐竜の研究は骨格の化石に関するものが基本となる。復元（→p.134）の際にも骨格がキモとなるが、化石が乏しく骨格の様子がほとんどわかっていない恐竜もかなり多い。

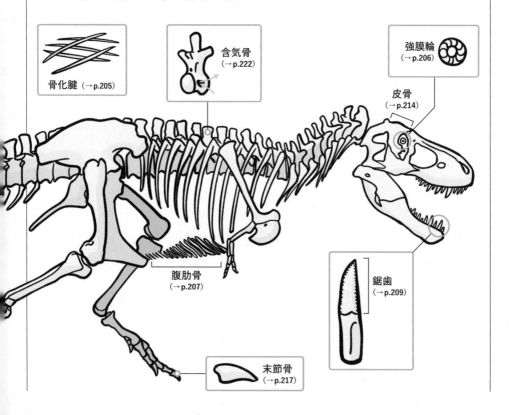

骨化腱（→p.205）

含気骨
（→p.222）

強膜輪
（→p.206）

皮骨
（→p.214）

鋸歯
（→p.209）

腹肋骨
（→p.207）

末節骨
（→p.217）

:: 恐竜の軟組織

　骨や歯といった「硬組織」に対し、筋肉や内臓、皮膚、鱗や毛といったやわらかな組織を「軟組織」と呼ぶ。軟組織は硬組織と比べて分解されやすく、化石化するまでに失われてしまうことが多い。そのため、恐竜の化石のほとんどは骨や歯といった硬組織のものである。

　しかし、例外的な条件の下で軟組織がそのまま化石化することがある。また軟組織の形が周囲の土砂に写し取られたり、軟組織に含まれていた分解されにくい物質が化石として残ったりする場合もあ

る。さらには、軟組織を包んでいた硬組織が化石化した場合に、軟組織の形状を復元できることもある。恐竜の化石の中には、皮膚が立体的な形状をある程度保ったまま化石になった「ミイラ化石」(→p.162)まで存在するのである。

　こうしたわずかな手がかりをヒントに、恐竜の軟組織に関する研究も盛んに行われている。恐竜の姿をより正確に復元する糸口となるだけではなく、その恐竜の生態についても重要なヒントとなる情報を得ることができるのだ。

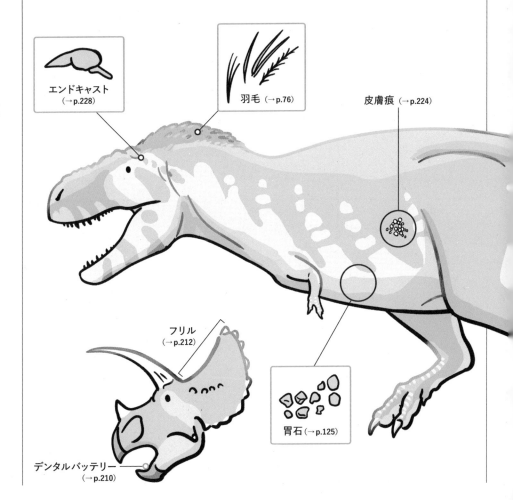

エンドキャスト
(→p.228)

羽毛 (→p.76)

皮膚痕 (→p.224)

フリル
(→p.212)

胃石 (→p.125)

デンタルバッテリー
(→p.210)

恐竜の分類

ひ と口に恐竜といっても、1億6000万年以上にわたって栄えた動物のグループだけあって、非常に多様である。現生生物と違い、軟組織の形態や遺伝情報に基づいて分類を行うことのできない恐竜は、その骨格の形態に基づいて、系統分類というコンセプトの下で分類が行われている。恐竜の主要な分類グループについてみていこう。

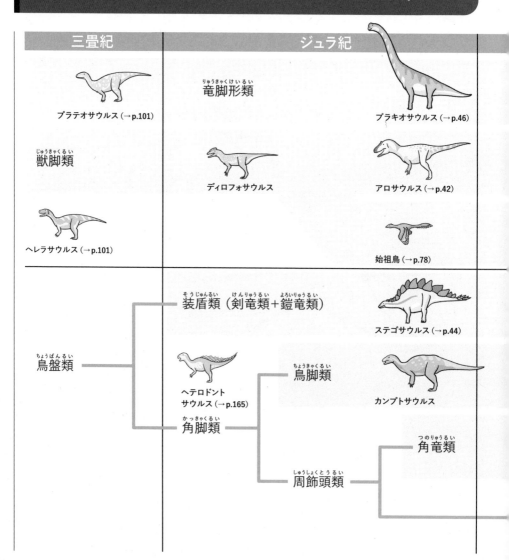

三畳紀	ジュラ紀

竜脚形類（りゅうきゃくけいるい）

プラテオサウルス（→p.101）

ブラキオサウルス（→p.46）

獣脚類（じゅうきゃくるい）

ディロフォサウルス

アロサウルス（→p.42）

ヘレラサウルス（→p.101）

始祖鳥（→p.78）

装盾類（剣竜類＋鎧竜類）（そうじゅんるい　けんりゅうるい　よろいりゅうるい）

ステゴサウルス（→p.44）

鳥盤類（ちょうばんるい）

ヘテロドントサウルス（→p.165）

鳥脚類（ちょうきゃくるい）

カンプトサウルス

角脚類（かっきゃくるい）

角竜類（つのりゅうるい）

周飾頭類（しゅうしょくとうるい）

恐竜の大分類

　恐竜の主要なグループは下の図のようになっており、鳥類は獣脚類の中から枝分かれしたことが知られている。伝統的な仮説では竜脚形類と獣脚類を合わせて「竜盤類」とするが、獣脚類を竜脚形類よりも鳥盤類に近縁であると考え、獣脚類と鳥盤類を合わせて「オルニトスケリダ」（→p.152）とする意見もある。

白亜紀

アルゼンチノサウルス（→p.74）　　プエルタサウルス（→p.75）

フクイラプトル（→p.232）　　ギガントラプトル（→p.261）　　ティラノサウルス（→p.28）

鳥類

フクイプテリクス（→p.231）

スズメ

ボレアロペルタ（→p.109）

アンキロサウルス（→p.62）

イグアノドン（→p.34）

パラサウロロフス（→p.37）

プシッタコサウルス（→p.77）

トリケラトプス（→p.30）

けんとうりゅうるい
堅頭竜類

パキケファロサウルス（→p.64）

恐竜の生きていた時代

恐竜が生きていた時代ははるか昔、約2億3000万年前から約6604万年前までの期間にあたる。恐竜が絶滅してから現在までの期間よりも、恐竜が栄えていた期間の方がはるかに長いのだ。

　地球の歴史は、様々な環境変動（イベント）や、それにともなう生物の栄枯盛衰に応じていくつかの時代に区分されている。恐竜の生きていた時代、それが中生代だ。

∷ 恐竜時代と中生代

　地球の歴史は、生物が大繁栄した結果として化石が豊富に見つかる時代と、それ以前の時代に分けられる。前者は「顕生代」と呼ばれ、顕生代は古

い方から順に古生代、中生代、新生代に区分される。恐竜が栄えた中生代は、さらに古い方から三畳紀（→p.100）、ジュラ紀（→p.102）、白亜紀（→p.104）に区分されている。

　中生代は約2億5190万年前に始まり、約6604万年前に恐竜の絶滅とともに終わった。「最初の恐竜」が出現した時期ははっきりしていないが、おそらく三畳紀の中期（約2億4000万年前頃?）と考えられている。つまり恐竜は約1億7000万年以上にわたって栄え、さらに鳥類は今日に至るまで、新生代を通じて繁栄を続けているのである。

　中生代の3つの「紀」は、均等な長さではない。「紀」はさらに「世」（中生代の場合は単に前期・中期・後期）に分けられ、「世」はさらに「期」（ここでは省略）に細分される。恐竜図鑑では、例えばティラノサウルス（→p.28）の生息時代を「白亜紀後期」とだけ表記している場合が多い。ティラノサウルスが実際に生息していた時代は白亜紀後期最後の「期」マーストリヒチアンの後半であり、白亜紀後期の間ずっと生息していたわけではない。

　年代区分は「江戸時代」のようなもので、年代区分の節目は様々なイベント（例えば「江戸幕府の成立」など）に基づいている。ただし、それが具体的に何年前（絶対年代）の出来事なのかはあくまで推定値であり、研究の進展によって更新される。本書では最新の推定値（2020年発表）を用いているが、今後数年のうちに更新されることだろう。

　絶対年代は誤差を含んだ値であり、しばしば100万年単位（Ma）で表記される（約6604万年前→66.04Ma）。四捨五入に注意が必要だ。

中生代の国際年代層序表

年代区分（時代）　　　　　　　絶対年代

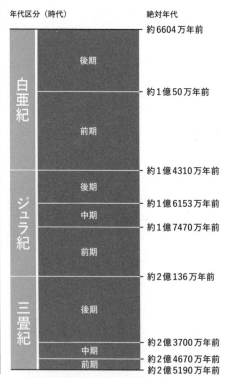

年代区分	時代	絶対年代
		約6604万年前
白亜紀	後期	
		約1億50万年前
	前期	
		約1億4310万年前
ジュラ紀	後期	
		約1億6153万年前
	中期	
		約1億7470万年前
	前期	
		約2億136万年前
三畳紀	後期	
		約2億3700万年前
	中期	約2億4670万年前
	前期	約2億5190万年前

恐竜はどうして絶滅した?

今から約6604万年前、恐竜の最後の一頭が地面に倒れて動かなくなり、中生代は終わった。鳥類を残して恐竜は白亜紀末で絶滅し、新たに始まった新生代では哺乳類たちが陸上生態系で支配的な存在となったのである。1億6000万年以上にわたって地球上で繁栄した恐竜たちは、どうして絶滅してしまったのだろうか。

∷ 恐竜絶滅の謎

　三畳紀後期から白亜紀末までの間、様々な恐竜たちが栄枯盛衰を繰り返した。1億6000万年以上におよぶ「恐竜時代」の中で、様々な恐竜の種が繁栄と絶滅を繰り返し、中には剣竜類のように白亜紀前期で途絶えてしまった大グループもある。しかし、恐竜類全体の繁栄は続き、白亜紀末までその歩みを止めることはなかった。にもかかわらず、どうして鳥類以外の恐竜は白亜紀末で絶滅したのだろうか？　恐竜絶滅の原因を解き明かす上で重要なヒントとなるのが、白亜紀末で絶滅した生物のグループは恐竜だけではないということである。陸上では恐竜の他に翼竜（→p.80）が、海では首長竜（→p.86）やモササウルス類（→p.92）、アンモナイト（→p.114）や様々なプランクトンが白亜紀末で絶滅した。鳥類や哺乳類も、白亜紀に栄えたものの大半は恐竜と同じタイミングで絶滅しているのだ。これは偶然ではあり得ない。

　「恐竜絶滅」は、白亜紀末に起こった大量絶滅のごく一部を切り取ったものでしかない。果たしてどんな原因で白亜紀末に大量絶滅が起こり、地球の生態系が激変することになったのだろうか。

∷ 恐竜絶滅の原因

　恐竜が絶滅した原因として、これまでに様々な説が唱えられてきた。もっともらしい意見から「トンデモ」まで、これまでに提唱された仮説は玉石混交である。

　20世紀中頃まで比較的支持されていたのが「系統としての老化」説である。生物の系統には寿命が存在し、長きにわたって栄えた恐竜は系統としての寿命を白亜紀末に迎えたというのだ。白亜紀後期後半に栄えた鳥盤類の多くは奇抜な装飾を頭部に備えていたが、こうした「異常な特徴」は系統としての寿命が尽きてきたことの表れなのだという。恐竜の他にも、アンモナイトは白亜紀後期になると「異常巻き」と呼ばれるものが繁栄したことが知られており、これもアンモナイトという系統の寿命を示すものだと解釈された。

　今となっては「系統としての老化」はトンデモ概念だが、そもそも恐竜の絶滅は白亜紀末の大量絶滅の一部に過ぎない。「恐竜絶滅の原因」は、恐竜以外の生物が絶滅した理由をも説明できなくてはならないのだ。恐竜もろとも地球上の様々な生物の大量絶滅を引き起こせるのは、地球規模の環境変動以外あり得ないのである。

　20世紀後半になるとこうした観点で研究が進み、「隕石衝突説」と「火山噴火説」が支持を集めるようになった。前者にはチチュルブ・クレーター（→p.194）、後者にはデカン・トラップ（→p.196）という強力な物的証拠があったため、どちらが大量絶滅の主因か、近年まで議論が続いていた。今日では、巨大隕石の衝突による急激な環境変動が大量絶滅を引き起こしたことは間違いないとみられている。

これは恐竜？

恐竜（非鳥類恐竜）はとても多様なグループだが、鳥類を含めて一つの祖先から枝分かれしたグループのことでもある。体が大きかったり、古い時代に生きていたりするからといってなんでも恐竜というわけではない。ここでは、しばしば恐竜と混同して扱われがちな別グループの動物たちについてみていこう。

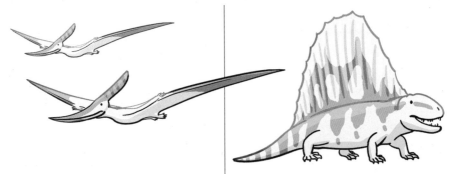

▦ 翼竜（→ p.80）

「空飛ぶ恐竜」として紹介されがちな翼竜は、実際に恐竜と近縁なグループで、恐竜と同じ中生代に大繁栄した。ただし、あくまでも恐竜とは別のグループである。翼竜や恐竜・鳥類を含んだ大グループを「オルニトディラ」（鳥頸類）と呼ぶ。

▦ ディメトロドン（→ p.96）

恐竜のような見た目をしているが、哺乳類（→**p.98**）の属する一大グループ「単弓類」（→**p.94**）の一員で、恐竜とは全くの別系統である。中生代以前の頂点捕食者として繁栄した。

▦ 首長竜・魚竜・
モササウルス類（→ p.86〜93）

かつては「海の恐竜」、最近では「海竜」として一緒くたに紹介されがちなこれらの海生爬虫類は、それぞれ別のグループに属している。恐竜や翼竜、ワニやカメとはだいぶ遠縁で、どちらかといえばトカゲやヘビに近い。モササウルス類はヘビの祖先に比較的近縁とみられている。

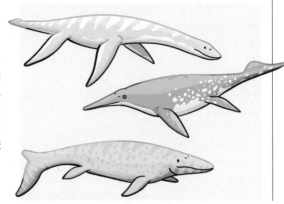

恐竜と一緒にいた生物

中生代の地球で恐竜とともに暮らしていた生物は、翼竜や首長竜、魚竜やモササウルス類だけではない。中生代は現代につながる様々な動物が出現した時代であり、哺乳類が出現・多様化した時代でもある。植物もまた、今日よく見かける被子植物が出現し世界中に広がった。こうした古生物の研究も、非常に盛んに行われている。

中生代の生物

「恐竜時代」は三畳紀後期から白亜紀末まで、中生代の大部分に相当する。中生代は、古生代に栄えた生物のグループが新生代に栄えることになるグループと入れ替わっていく時代と捉えることもでき、新生代に大繁栄する様々なグループが初めて出現した時期でもある。こうしたこともあり、中生代の生物たちの顔ぶれは三畳紀後期と白亜紀末ではかなり異なる。見慣れない形態の動植物が三畳紀やジュラ紀には数多く存在した一方で、白亜紀になると今日見慣れた様々な動植物のグループが出現する。

中生代に大繁栄したものの恐竜とともに絶滅した

爬虫類のグループとしては、翼竜（→p.80）や首長竜（→p.86）、モササウルス類（→p.92）がよく知られている。魚竜（→p.90）は三畳紀からジュラ紀にかけて繁栄したが、白亜紀中頃には絶滅した。アンモナイト（→p.114）やイノセラムス（→p.115）といった軟体動物も中生代の海で大繁栄したが、白亜紀末で絶滅した。

こうした一方で、白亜紀末の大量絶滅を生き延び、今日まで細々と存続しているグループもいる。これら「生きた化石」（→p.116）と呼ばれる生物の中でも、日本で暮らす人々にとって非常に身近な街路樹であるイチョウや、オウムガイ、シーラカンス（→p.117）といった動物はよく知られている。

無脊椎動物

中生代は、現代的な姿の無脊椎動物が多数出現した時代である。海ではカニのような貝を食べる甲殻類が出現し、貝との間で「中生代海洋革命」と呼ばれる激しい軍拡競争が始まった。陸上では昆虫が繁栄し、現生種へとつながる大グループが出揃った。被子植物が多様化した白亜紀後期になると、今日みられるような花を利用する昆虫が多様化した。

ユーボストリコセラス
（白亜紀後期の
アンモナイト）

哺乳類 （→ p.98）

単弓類（→p.94）は古生代ペルム紀に大繁栄したが、ペルム紀末の大量絶滅で壊滅した。単弓類のわずかな生き残りの一つが哺乳類で、ジュラ紀・白亜紀の間に多様化を遂げた。

ササヤマミロス
（白亜紀前期の真獣類）

化石って何？

現 生鳥類を除いた恐竜は、今日では化石しか残っていない。化石は単なる冷たい石の塊に過ぎないことがほとんどだが、それこそが恐竜の「本物」ともいえる。古生物学者たちは化石を研究し、恐竜をはじめ古生物たちに関する様々な事柄を解き明かそうとしているが、そもそも化石とは何なのだろうか。

▪ 化石の定義

化石とは、地質時代（地球が形成されてから現在まで）における生物の遺骸や生活の痕跡が堆積物の中で保存されたものである。足跡（→p.120）や糞（→p.124）は生物の活動した痕跡であり、生物の遺骸ではないが化石として扱われる。

数万年前という（地質学的には）非常に新しい時代の化石の場合、もとの組織の性質をかなり留めていることもある。こうした「半生」の化石は「準化石」や「半化石」と呼ばれることもある。また、氷漬けのマンモスも（実質的には冷凍肉だが）化石として扱われる。琥珀（→p.198）の中の虫のように、天然樹脂で包まれて保存された場合も化石である。

遺跡から発見された人骨や動物の遺体、貝塚など、人為的な影響を受けた遺骸は化石とは呼ばれない。こうした遺骸の扱いは古生物学ではなく考古学（→p.274）になるが、研究手法は似たり寄ったりだ。

地球上で起きた様々な生命活動のみならず、自然現象の痕跡も地層や岩石として保存される。自然現象の痕跡は化石とは呼ばれないが、「地球の化石」と捉えるのも楽しいだろう。

生痕化石（→p.118） 足跡など、生物の生活の痕跡が堆積物中に保存されたものをこう呼ぶ。

足跡化石

コプロライト（糞化石）

頭骨化石

皮膚痕
（→p.224）

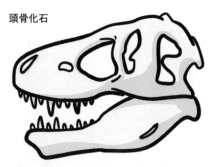

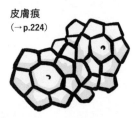

体化石 生物の遺骸そのものの化石が体化石である。筋肉や皮膚のような軟組織が化石になることは稀だが、ラガシュテッテン（→p.172）と呼ばれる特殊な化石産地では大量に産出することがある。

印象（→p.226） もとの生物の形態が堆積物に写し取られたものを印象（印象化石）と呼ぶ。
恐竜の鱗のパターンなど、体化石としてはまず保存されないものが印象として残っていることもある。

恐竜の化石はどうやってできる？

都会でも田舎でも、身の回りには様々な生物が溢れている。しかし、そうした生物の遺骸が地表を埋め尽くすことはまずない。地表に放置された遺骸は、他の生物によってあっという間に食べ尽くされ、殻や骨さえ分解されてしまうのである。地表は遺骸の保存には向かない環境であり、遺骸が化石化するにはなんとか地表を逃れる必要がある。

∷ 化石のでき方

化石のでき方は様々だが、生物の遺骸・痕跡が堆積物に埋もれる（埋積）までの過程と、地層の中で生物の遺骸・痕跡が「続成作用」を受けて変質していく過程に大別される。こうしたプロセスの研究を「タフォノミー」（→ p.158）と呼ぶ。また、化石化した遺骸・痕跡が地表に現れるまでの過程も重要だ。

生物が化石化するためには、何よりもまず、遺骸が分解されきらないうちに、堆積されるという幸運が必要である。動物の遺骸は死後、堆積物に埋もれるまでにある程度の時間を要することが多く、腐肉食者によって骨に歯形が付けられたり（生痕化石（→ p.118））、遺骸が「デス・ポーズ」（→ p.258）と呼ばれる奇妙な姿勢を描いたりすることもある。

堆積物に埋もれた遺骸は浸透してきた地下水にさらされ、地下水中のミネラルが細胞の内部や隙間に沈着していく。この「鉱化」と呼ばれる作用により、もとの微細な立体構造や成分を残しつつも、生物の遺骸は石のような状態へ変質していく。そして、地層が積み重なっていくにつれて生物の遺骸は地下深くへ追いやられ、高い圧力や熱にさらされ、さらに変質する。また、もとの形状から大きく変形することもある。こうした一連のプロセスが続成作用である。

山の斜面や小さな島では、侵食が進むばかりで土砂の堆積が起こらず、遺骸が埋積されることはまずない。こうした場所の生物はそもそも化石化しにくいのである。

今日知られている恐竜のほとんどは、大きな川の周辺や海辺といった、化石化の起こりやすい堆積環境の近くで暮らしていたようだ。化石は太古の生物を知るほぼ唯一の手がかりだが、化石というくすんだ小さな窓から垣間見えるのは、太古の世界のほんの一部でしかない。

❶ 遺骸が埋積される

❷ 地層中で続成作用を受ける

❸ 化石が地表に現れる

恐竜の研究

古 生物学者の仕事は、古生物の研究である。そして古生物の研究には、発掘された化石が不可欠だ。細心の注意を払って発掘された化石は博物館へと送られ、そこで古生物学の研究材料——標本として扱われるようになる。恐竜を研究する古生物学者たちは、あらゆる研究手法を駆使し、標本となった恐竜の化石から新たな知見を引き出しているのだ。

化石から標本へ

　発掘された化石が無事に博物館へと到着しても、そのままでは研究できない。化石に付着したままの母岩（周囲の堆積物）を除去し、もろくなっている部分を補強するなどして、古生物学者が自由に観察できる状態へ整える必要がある。化石から母岩を除去することを「クリーニング」（→p.130）と呼び、クリーニングも含めた一連の下処理の工程をプレパレーション（→p.128）と呼ぶ。

恐竜研究のトレンド

　プレパレーションの終わった標本は、普段は展示室で公開されるか、収蔵庫で保管される。こうした公的機関の標本は別の研究機関の研究者や学生に対しても開放されており、古生物学者やその卵たちは世界中の収蔵庫を渡り歩いて研究を行う。

　恐竜の最も基礎的な研究が、標本の特徴を調べ、比較し、論文にまとめて公表する「記載」（→p.138）である。地道な作業の連続だが、未知の種の存在を明らかにし、新種として命名するという華々しい成果もある。ひとたび論文として公表された記載は、その後の研究の基礎として、様々な古生物学者によって参照・アップデートされていく。

　今日、恐竜をはじめとする古生物の研究は、地質学や生物学など、様々な分野にまたがったものとなっている。恐竜との比較検討のために現生動物を研究する古生物学者も少なくなく、「恐竜学者」とひと口にいっても、その研究内容はバラエティ豊かだ。

機能形態学（→p.156）　生物の「形」に注目し、その機能や意義を解き明かそうとするのが機能形態学である。恐竜の古生態に迫る切り札として、近年盛んに研究が行われている。解剖学的な側面の大きい研究だが、化石が地層中に埋まっていた際の情報（産状）（→p.160）も重要である。

恐竜の発掘

研究には材料が必要だ。恐竜研究の材料とは、恐竜化石に他ならない。恐竜の発掘は、恐竜研究の第一歩なのだ。古生物学者たちはまだ見ぬ研究材料を求め、フィールドへと乗り込んでいくのである。恐竜の発掘が始まってかれこれ200年近くが経つが、基本的なやり方は現在まであまり変わっていない。今日の恐竜発掘の様子をみてみよう。

▒ 恐竜発掘の流れ

① 調査計画の立案・準備

　まずは論文などをあたって化石の見つかりそうな地層・場所に目星を付け、発掘・研究に必要な許可を取得する。

　無事に許可が下りても、身一つで化石を探しに行くことはできない。現地への移動手段、化石を持ち帰る方法、調査中の水や食料、燃料など、事前に準備すべきことは山のようにある。

② 化石を探す

　無事に調査フィールドに到着したら、地質調査と並行して化石を探す。やみくもに地面を掘り返すことは現実的ではなく、地層の露出している部分（露頭）にあたりを付け、露出している化石を探すのが基本である。わずかな手がかりを求め、古生物学者はひたすら歩き回るのだ。

③ 化石を発掘する

　化石を発見したら産状（化石の埋まっている状況）（→p.160）をできるだけ詳細に記録し、慎重に掘り出す。

　化石は風化してもろくなっていることが多く、掘っている途中で粉々になることさえある。瞬間接着剤を染み込ませて補強したり、周囲の堆積物ごと「ジャケット」（→p.126）や「モノリス」で覆い固めて掘り出すことが多い。

　採集した化石は厳重に梱包し、博物館へと運ばれる。自動車の乗り入れが難しい場所では、ヘリコプターで空輸することもある。無事に標本を持ち帰るまでが発掘だ。

恐竜の展示

本物の恐竜がいる場所、それが博物館だ。博物館は発掘された化石を収蔵・保管する施設であり、それら収蔵標本を研究する機関であり、そして収蔵標本を展示・公開する教育施設である。今日、観光資源として注目されるほど人気のある恐竜だが、恐竜研究の黎明期である19世紀後半からそれは変わっていない。

恐竜と展示の歴史

19世紀中頃、当時科学の中心であったヨーロッパでは古生物学の研究が盛んに行われ、イギリスやフランス、ドイツなど各地で次々と発見される魚竜（→p.90）や首長竜（→p.86）、翼竜（→p.80）といった先史時代の絶滅動物の化石は大衆からも人気を集めるようになっていた。そうした中で発見された恐竜は、爬虫類でありながら鳥や哺乳類（→p.98）のような特徴もあわせ持つ奇妙で巨大な動物として、科学界と大衆双方の興味を引いた。

1854年にイギリス・ロンドンのクリスタル・パレス（→p.148）で恐竜をはじめとする古生物の実物大の復元像（→p.134）が野外展示され、大きな反響を呼んだ。恐竜の復元骨格が初めて組み立てられたのは1868年になってからのことだが、これを展示したアメリカの博物館では、恐竜効果で入場者数が爆発的に増加したという。

それ以来、今日に至るまで、恐竜は自然史系の博物館で大人気の展示であり続けている。博物館では実物化石を組み立てて復元骨格とすることもあれば、化石の保全・研究活用を優先してレプリカ（複製品）（→p.132）を展示することもある。恐竜の研究とは縁の薄い博物館であっても、レプリカの復元骨格を購入し、展示していることも多い。自然史系の博物館の展示の意義について様々な議論が続いている昨今だが、恐竜たちははるか過去の時代からの使者として、あらゆる人々を出迎えている。

恐竜が展示されるまで

博物館で展示されている標本は、プレパレーション（→p.128）を経たものがほとんどである。収蔵庫に普段しまっておく標本とは違い、常に展示照明の強い光が当たるなど、展示品ならではの損傷のリスクもある。このため、展示標本としてプレパレーションする場合、補強措置が追加で講じられることもある。

復元骨格を組み立てる（マウントする）（→p.264）際は、骨格の欠けた部分を補う造形物（アーティファクト）（→p.136）も必要になる。アーティファクトの制作は、外部のアーティストに依頼されることも多い。また、復元骨格の芯になる鉄骨の組み立てにも外部業者が不可欠だ。展示空間や照明の設計も、外部業者と博物館のスタッフが協力して進めていく。

博物館には色とりどりの展示パネルや、復元模型・ジオラマが展示されていることも多い。こうした展示パネルの復元画や模型も、やはり外部のアーティストと博物館の研究者、プレパレーターが協力して作り上げたものである。

博物館で見られる恐竜の展示は、様々な人々の仕事を結集したものである。そして、展示されている恐竜の化石は、博物館の所蔵品のごく一部に過ぎない。恐竜の在りし日の姿だけでなく、展示の裏側にある様々な人々の仕事に思いを馳せるのも、恐竜の展示の楽しみ方の一つだろう。

恐竜と文化

恐竜の研究が始まったのは19世紀中頃のことだが、恐竜はすぐさま科学界だけでなく、大衆娯楽の人気者となった。恐竜の研究が停滞した時期にあっても大衆文化での恐竜人気は衰えず、恐竜や恐竜にインスピレーションを受けた様々なデザイン・キャラクターは今日でもあちこちで目にするものである。なぜ恐竜はそんなにも人気なのだろうか？

恐竜人気の源

恐竜の人気の理由をひと言で説明するものとして、よく引き合いに出されるのが「実在したが絶滅している」というニュアンスの言葉である。

恐竜はドラゴンや龍のような、空想上の怪物ではない。しかし、空想上の怪物を思わず脳裏に浮かべてしまうような恐竜も数多く、それでいて確かに地球上に存在した生物なのである。

また、恐竜は絶滅してしまったために、誰も生きていた時の姿を見ることはできない。より確からしい復元を目指して古生物学者たちが悪戦苦闘するのを横目に、残された空想の余地という「ロマン」も人々を惹きつけているのである。

恐竜たちの生きた証は化石という不思議な石として発掘されるが、発掘には冒険もつきものだ。そして、恐竜研究の黎明期から、「恐竜学者」たちのユニークなエピソードも紙面をにぎわせてきた。恐竜の研究が続く限り、この人気も続いていくことだろう。

パレオアートの進化

恐竜をはじめとする古生物の人気を19世紀から牽引したのは、本や新聞に掲載された復元画や、その存在感を実物大で示した復元模型でもあった。こうした復元画や復元模型は、恐竜研究の成果を一般の人々にわかりやすく示すために制作されたもので、研究からスピンオフしたものといえる。これらの「パレオアート」の歴史は恐竜の復元骨格の歴史よりも古く、人々は恐竜の姿を化石ではなくパレオアートで目の当たりにすることになった。

今日でも、パレオアートは一般の人々に古生物の最新の研究成果を届ける橋渡しとして大きな役割を担っている。基になった研究が古びても、研究史を伝えるものとして、そして芸術作品として残り続けるのがよいパレオアートの条件だ。

怪獣と恐竜

「怪獣」と呼べるような空想上の怪物たちは、古代から世界中の神話や物語でおなじみの存在である。古代の人々が偶然見かけた恐竜の化石にインスピレーションを得たのではないかといわれるものもいくつかあるが、それをはっきりと示す証拠は見つかっていない。

恐竜の研究が始まり、その姿を示したパレオアートが広く紹介されるようになると、恐竜にインスパイアされた怪獣が創造されるようになった。こうした怪獣はパレオアートに描かれた恐竜の特徴を誇張したような姿で、様々な物語の主役・悪役として人気を集めている。恐竜の復元がアップデートされるたび、それにインスパイアされた怪獣が世に送り出されている。また、怪獣にちなんだネーミングの恐竜も増えている。

恐竜の名前

同じ生物であっても、言語や地域、場合によっては成長段階によっても様々な呼び名がある。世界中の人々が読むことを前提としている学術論文では、「二名法」と呼ばれる方式で命名された学名で生物の種が呼び表される。恐竜をはじめ、古生物は現生生物と同じ枠組み・方式で命名された学名で呼ばれることがほとんどだ。

学名の仕組み

　二名法とは、属名と種小名の組み合わせで種の学名を表わす方式である。学名はアルファベットで表わされ、属名や種小名は他の単語と区別が付くようにイタリック体（斜体）で表記される。手書きなどでイタリック体の表記をしにくい場合には、属名・種小名の部分に下線が引かれる。日本語の文章では、ローマ字読みや英語読みの発音を参考にカタカナで転写されることも多い。

　我々ヒト（現生人類）の学名は *Homo sapiens*（ホモ・サピエンス）で、属名が「*Homo*」、種小名が「*sapiens*」となっている。種名は必ず属名と種小名のセットで表わされ、種小名だけで特定の種を呼び示すことはできない。属名を省略して種名を表わす場合は、*H. sapiens* という形になる。ヒトとごく近縁だが別種と判断されることの多いネアンデルタール人は、同じホモ属の *Homo neanderthalensis*（ホモ・ネアンデルターレンシス）種という扱い（同属別種）になる。

　同属別種とするか、別属とするかは分類を行う研究者によって意見が分かれやすい。単なる形態の比較だけでなく、系統解析（→**p.154**）の結果も踏まえて判断が下される。

恐竜の学名

　恐竜の学名に関するルールは、現生動物と同じである。一般向けの図鑑では属名だけのカナ転写が載せられていることが多いが、多くの恐竜は1つの属に1つの種しか存在しないことが多く、属名だけの表記でもさほど問題にならないケースが多い。

　種小名までよく知られた恐竜の種としては、*Tyrannosaurus rex*（ティラノサウルス・レックス）が挙げられる。種名としての省略形は *T. rex* だが、一般向けの本などでは「T-REX」というような表記をされる場合もある。

　今日、学問の世界共通語としては英語が用いられているが、かつてはラテン語が世界共通語として使われていた。このため、学名はラテン語の単語を組み合わせたものが基本である。しかし、発見場所の地名を盛り込む際には現地語のアルファベッ

ト転写がそのまま用いられたり、近年では現地語のアルファベット転写だけを用いて学名が命名されることもしばしばである。

　学名はその生物の形態的な特徴やその産地にちなんだものが多いが、稀に怪物や神話の登場人物（神）の名前にちなんで付けられたものもある。その種の重要な標本を発見した人物や、発掘資金の提供者、その分野で大きな成果を残した先人など、研究に貢献した人物の名前が学名の一部に加えられる（献名）ことも少なくない。家族や恋人に献名されたり、キャラクターにちなんだ学名の恐竜も存在する。

　文章には誤字脱字がつきものだが、新種を命名する論文であってもそこから逃れることはできない。不慣れな現地語にちなんだネーミングにしようとした結果、スペルミスを含んだまま学名として定着したというケースもある。

▓▓ 学名の見方

　学名には様々な意味がある。学名をひと目見るだけで、その種が辿ってきた分類学的な研究の道が見えることもあるのだ。

　現生生物では亜属（属名と種小名の間に括弧つきで亜属名が入る）や亜種（ここではホモ・サピエンス・サピエンス）まで命名されたものも少なくない。

　古生物ではそこまで細かく分類することが困難であるため、亜属はともかく亜種という分類の単位が使われる（亜種まで区別する）ことはまずない。

ホモ・サピエンス・サピエンス（ヒト）

| 属名 | 種小名 | 亜種小名 | 命名者の苗字 | 命名年 |

Homo sapiens sapiens Linnaeus, 1758

（人間）　　　（賢い）

　トリケラトプス・ホリドゥスはもともと、1889年に「ケラトプス・ホリドゥス」と命名された。その後すぐにこの種をケラトプス属に入れておくのは不適当と考えられ、新属「トリケラトプス」がこの種のために設立された。こうした場合、種名をフルバージョンで表記する際にはもともと種を命名した人物・命名年が括弧つきで表記される。

ティラノサウルス・レックス

| 属名 | 種小名 | 命名者の苗字 | 命名年 |

Tyrannosaurus rex Osborn, 1905

（暴君トカゲ）　　　（王）

トリケラトプス・ホリドゥス

| 属名 | 種小名 | 命名者の苗字 | 命名年 |

Triceratops horridus (Marsh, 1889)

（三本角の顔）　　（荒々しい・おぞましい）

この本の見方 🔍

この本は、恐竜に関する一般的、学術的、専門的なあらゆる用語ついて、イラストを交えながら詳しく解説したものです。
この本のデータは、2023年6月現在の情報をもとに作成しています。

用語のジャンル ｜ 用語を以下の5つのジャンルに分け、アイコンで示しています。

 恐竜の形態と分類

 恐竜時代の恐竜以外の生物

 研究・発掘

 地球史

 化石

 歴史・文化

用語 ｜ 恐竜学・古生物学界隈でよく使われる言葉です。左下にひらがな読みを、右下に英語表記（種の場合は学名）を併記しています。

ページ ｜ 上の数字が左ページ、下の数字が右ページです。

解説 ｜ 用語についての詳しい解説です。その用語の意味や特徴、歴史、使用例などを記しています。

(→ p.188)

関連用語の掲載ページ ｜ 本書で取り上げている他の用語には、そのページのリンクを表示しています。

図解 ｜ イラストを使い、理解を助けます。

Contents

用語検索

恐竜に関する本、図鑑、ニュース記事、博物館の展示、講演などで聞きなれない用語や詳しく知りたい用語に出会った時は、4ページのContents、または285ページの五十音順索引で用語を引いてみましょう。

Dinopedia

1

Chapter

マスター編

博物館の展示や恐竜について書かれた本には
恐竜の名前や恐竜にまつわるあらゆる用語が溢れている。
だが、ただの名詞として素通りしてはいないだろうか？
様々な言葉の裏側を読み解いていこう。

ティラノサウルス

| てぃらのさうるす | *Tyrannosaurus*

1902年、アメリカ自然史博物館館長のヘンリー・フェアフィールド・オズボーンの命を受けた二人の化石ハンター、バーナム・ブラウンとその助手のラルはモンタナ州に広がるバッドランドで未知の超巨大獣脚類の化石に遭遇した。当時知られていた獣脚類の中では異様なほど巨大で、しかも白亜紀後期の獣脚類としては最も完全な骨格。オズボーンはこれを、アメリカ自然史博物館の目玉としてプロデュースすることを決意する。

▒ 暴君竜王、誕生

　1902年、展示映えする化石を求めていたアメリカ自然史博物館館長のオズボーンは、友人からの情報をもとに、化石ハンター（→p.250）として名を上げていたブラウンと助手のラルをモンタナ州へと向かわせた。二人は無事にトリケラトプス（→p.30）の頭骨を採集するが、その過程で巨大な獣脚類の骨格まで発見したのである。

　骨格は部分的にしか残っていなかったが、それでも当時知られていた白亜紀後期の獣脚類の中では最高の完全度で、保存状態も極めて良好だった。母岩があまりにも硬かったために発掘は難航したが、骨格を掘り終える前にオズボーンはこの恐竜を記載

（→p.138）することにした。ライバル的存在であったカーネギー自然史博物館も同じ地層から同じ種と思しき巨大獣脚類を発見しており、カーネギー博物館に命名で先を越された場合、せっかくの目玉展示候補がシノニム（→p.140）になってしまう恐れがあったのである。1905年、オズボーンはこの骨格をホロタイプ（模式標本：新種を命名する際の基準とする標本）としてティラノサウルス・レックス（暴君竜王）というド派手な学名を与えた。さらに、別の部分骨格にはディナモサウルス・インペリオスス（皇帝の精力的なトカゲ）というこれまた派手な学名を与えたのだが、こちらは翌年にティラノサウルス・レックスのシノニムであることをオズボーン自ら確認したのだった。

▒ 復元を急げ！

　研究の総決算として復元（→p.134）のビジュアル化がなされることがほとんどだった20世紀初頭にあって、オズボーンはクリーニング（→p.130）の完了を待たずにティラノサウルスの骨格図と復元画を作らせた。1905年の暮れにはティラノサウルス命名のニュースが新聞で報道され、さらに1906年にはホロタイプの骨盤と後肢だけをマウント（→p.264）したものが博物館で展示公開された。

　1908年、ブラウンはティラノサウルスの関節した（→p.164）骨格を発見した。この標本AMNH 5027（→p.238）は四肢と尾の後半部を除いて完全

で、しかもホロタイプと実質的に同じサイズの個体だった。こうしてAMNH 5027の欠損部をホロタイプのレプリカ（→p.132）で補完したコンポジット（→p.262）がマウントされ、1915年に「ゴジラ立ち」（→p.270）で有名なティラノサウルスの復元骨格がアメリカ自然史博物館にお目見えした。

　AMNH 5027の復元骨格は公開されるやいなやセンセーションを巻き起こし、その後30年近くにわたって世界で唯一のティラノサウルスの復元骨格という立場を守り続けた。世界で2体目となったティラノサウルス復元骨格は、アメリカ自然史博物館が財政難からカーネギー自然史博物館に売却したホロタイプを組み立てたものであった。

:: ティラノサウルスはすごい

ティラノサウルスの発見から100年以上が過ぎたが、より巨大といえる獣脚類はわずかしか発見されていない。ギガノトサウルス（→**p.70**）やスピノサウルス（→**p.66**）はティラノサウルスよりも全長（→**p.142**）がわずかに長いが、どちらもティラノサウルスと比べてずっと華奢な体格である。

ティラノサウルスは保存状態のよい骨格が数多く発見されており、他の巨大獣脚類と比べてずっと研究が進んでいる。一方で、その人気の高さから、そういった優れた骨格が個人コレクターに売却されてしまう例もあり、少なからず研究に支障をきたしているという側面もある。

ティラノサウルス科の化石はアジアでも発見されており、モンゴルのタルボサウルスと中国のズケンティラヌスはティラノサウルスに特に近縁で成体の化石は極めてよく似ている。ナノティラヌス（→**p.242**）と呼ばれていた中型のティラノサウルス類は、今日ティラノサウルスの幼体だと考えられている。

頭部　体に対して大きめで、成体では後頭部の左右幅が非常に広い。獣脚類の中でも特に頑丈な構造で、噛む力は最強だったようだ。眼窩（眼球の入る穴）は他の獣脚類と比べてより前方を向いており、肉食の哺乳類でよくみられる両眼立体視も可能だったようである。　成体の歯は非常に太く、巨大な歯根とあわせてバナナに喩えられる。

首～胴体　成体の首は短いが、幼体ではやや長さがあったようだ。ティラノサウルス科の胴体は他の大型獣脚類と比べて短く左右幅のある構造だが、ティラノサウルスはその中でも特にどっしりしたつくりである。

尾　がっしりした上半身とバランスを取るためか、他のティラノサウルス類と比べて重々しいつくりになっている。

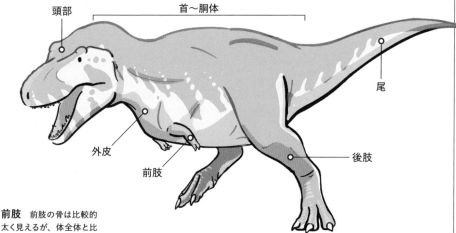

前肢　前肢の骨は比較的太く見えるが、体全体と比べると非常に小さく、他のティラノサウルス類と比べても退化している。幼体には第Ⅲ指（中指）の骨が存在するが、成長とともに第Ⅲ中手骨に癒合してしまうようだ。

外皮　鼻筋から目の上にかけて角質の覆いがあったようである。首や腰、尾の付け根付近の皮膚痕（→**p.224**）が発見されているが、鱗は非常に細かく、全長10mを超える個体でも直径1～2mmである。羽毛（→**p.76**）の有無については何ともいえないが、あったとすれば単純な繊維状だと思われる。

後肢　がっしりしたつくりだが、大型獣脚類としては非常に長く、足はアークトメタターサル（→**p.218**）化している。幼体は著しく長い後肢を持っており、非常に速く走れたとみられる。

トリケラトプス

| とりけらとぷす | *Triceratops*

> **化**石戦争の真っ最中、オスニエル・チャールズ・マーシュが手に入れた「バイソンの化石」の正体は角の生えた恐竜だった。ティラノサウルスと並ぶ超人気恐竜の伝説は、化石ハンターたちの過酷な戦いから始まった。

■ デンヴァーのバイソン

コロラド州のデンヴァーはアメリカ西部を代表する大都市だが、19世紀にはまだそこかしこに露頭（→p.106）が残っていた。そうした場所で一対の巨大な角の化石が発見されたが、それを見たマーシュは新生代のバイソンの化石だと考えた。化石を送った地元の研究者たちは白亜紀の地層から出た化石だとマーシュにしつこく伝えたが、化石の形態はバイソンの角にそっくりだったため、マーシュはこれをバイソンの絶滅した新種ビソン・アルティコルニスとして記載（→p.138）した。1887年のことである。

■ 3本角の顔

1888年の秋、モンタナ州の白亜紀後期の地層で恐竜の角の化石が発見された。マーシュはこれに「モンタナ産の角のある顔」という意味のケラトプス・モンタヌスという学名を与え、剣竜であると考えた。

マーシュの下で働いていた化石ハンターのジョン・ベル・ハッチャーは、ケラトプスの発掘後、マーシュの命令で帰りがけに別の調査をすることになった。調査は空振りだったが、ハッチャーは途中で立ち寄ったワイオミング州で耳寄りな情報を入手した。地元の化石コレクターが、ケラトプスによく似た大きな角の化石を見せてくれたのである。コレクターの話では、頭骨本体は掘るのを諦めて現地に置き去りにしたという。

年明けにマーシュのもとへ帰ってきたハッチャーは、そこで初めてビソン・アルティコルニスと対面した。この化石はケラトプスやワイオミングで見た角の化石にそっくりだったため、マーシュの命令の下、ハッチャーは急遽、真冬のバッドランド（あたり一面に露頭が広がる乾燥した荒野。北米ではしばしば牧草地として利用される）に戻り、残された頭骨本体を発掘することになった。

ハッチャーの発掘したこの頭骨をケラトプスの新種と考えたマーシュは、これにケラトプス・ホリドゥスという学名を与えた。しかし、現地に残って発掘を続けたハッチャーは、続々と新たな頭骨を送り付け、それを見たマーシュは考えを変えた。1889年7月、マーシュはケラトプス・ホリドゥスをトリケラトプス・ホリドゥス（荒々しい3本角の顔）として再記載したのである。マーシュはケラトプスやトリケラトプスを角竜（ケラトプシア）という新グループに分類し、ビソン・アルティコルニスも角竜であると考えるようになったのだった。

■ トリケラトプスの種

1889年のトリケラトプス・ホリドゥスの命名以来、多数の種がトリケラトプス属として命名されてきた。しかしそれらの種のほとんどはシノニムか疑問名（→p.140）とされ、今日独自性のある種として認められているのは2種だけである。

∷ トリケラトプスの成長

　トリケラトプスの頭骨は、頭骨長40cmほどの幼体から2.4mに達する大きな成体まで、様々なサイズのものが発見されている。

　トリケラトプス・プロルススはトリケラトプス・ホリドゥスから進化したと考えられており、トリケラトプス・ホリドゥスよりも後の時代に生きていた。両者の中間型の化石も知られている。両者の頭骨は、幼体のうちは形態では区別できないようだ。トロサウルスをトリケラトプスの老齢個体とする説もあるが、今日ほぼ否定されている。

幼体（頭骨長約40cm）
- 上眼窩角はごく短い
- フリル（→p.212）は箱形で縁が強く波打つ

大型幼体（頭骨長約1.4m）
- 上眼窩角は上向きにカーブしながら伸びる
- フリルが扇形に広がる
- フリルの縁に矢じり形のホーンレット（縁後頭骨）を持つ

大型亜成体（頭骨長約1.8m）
- 上眼窩角が付け根のあたりから前方にカーブする
- 縁後頭骨が鈍い形状になる

トリケラトプス・ホリドゥス

長い 太い

カーブが強い

トリケラトプス・プロルスス

成体（頭骨最大2.4m）
- 上眼窩角全体が前方にカーブする
- 頭骨全体の癒合が進む
- 眼窩の周りの張り出しが発達する

フリル　やや短めで、頭頂骨窓を二次的に退化させている。ティラノサウルス（→p.28）に噛みちぎられ、治癒した化石が知られている。

皮膚　胴体の広範囲で皮膚痕（→p.224）が見つかっている。非常に大きな鱗で覆われ、鱗の一部はトゲ状に突出する。腹部の鱗はワニと似ている。

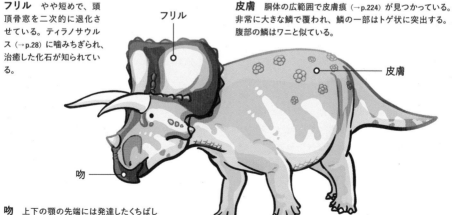

フリル

皮膚

吻

吻　上下の顎の先端には発達したくちばしを持っている。歯はデンタルバッテリー（→p.210）を形成しており、植物を細かく裁断する能力に優れていたようだ。

体型　角竜としては飛びぬけて巨大で、がっしりしている。全長（→p.142）は最大9mほどだが、体重（→p.143）はティラノサウルスよりもずっと重い。

メガロサウルス

| めがろさうるす | *Megalosaurus*

1824年、聖職者にして腕利きの古生物学者であるウィリアム・バックランドによって、「最初の恐竜」が命名された。「巨大なトカゲ」を意味する名を与えられたそれは、太古の巨大な爬虫類という恐竜のイメージを決定付けるものだった。以来、肉食恐竜の代名詞になるかに思われたメガロサウルスを待っていたのはしかし、「ゴミ箱」となる運命であった。

::「最初の恐竜」の発見

　恐竜の化石は17世紀からイギリスでたびたび発見されていたが、それらがきちんと分類されることはなかった。中には「魚の歯」と呼ばれたものや、ローマ軍がブリテン島に連れてきた戦象あるいは聖書の巨人の大腿骨とされた化石（どういうわけか「巨人の陰嚢」という意味のスクロトゥム・フマヌムと呼ばれたこともある）もあったが、それ以上突っ込んだ研究はなされなかったのである。

　18世紀の後半から19世紀の初頭にかけ、イギリスのストーンズフィールドの採石場で巨大な動物の化石がいくつか発見された。これの研究に取り組むことになったバックランドは、ウィリアム・ダニエル・

コニーベア（首長竜（→p.86）の研究で有名）やフランスのジョルジュ・キュヴィエ（比較解剖学の権威として様々な古生物の研究経験があった）といった研究仲間たちとともに、これらが巨大な絶滅爬虫類のものであることを確認した。研究発表をキュヴィエにせっつかれたバックランドは、コニーベアのアイデアを採用し、この巨大な爬虫類に「巨大なトカゲ」、メガロサウルスの名を与えたのである。

　バックランドはメガロサウルスの全長を12mほどと推定し（後に別の標本に基づき18〜21mに上方修正した）、水陸両生と考えた。バックランドは断片的な化石の中から独特の形態の大腿骨を見いだし、この動物がトカゲやワニとは違って直立歩行していたことを見抜いていた。

:: ゴミ箱送り

　リチャード・オーウェンは1842年に「恐竜」という分類群を設立したが、これの初期メンバーとなっていたのがメガロサウルス、イグアノドン（→p.34）、そしてヒラエオサウルスであった。この時点でイグアノドンのまとまった部分骨格（後にマンテリサウルスと考えられるようになった）が知られていた一方、メガロサウルスの化石はストーンズフィールドやそれ以外の産地で発見された様々な化石の寄せ集めといった状況が続いていた。こうした中で、オーウェンはクリスタル・パレス（→p.148）の庭園に実物大の恐竜像を制作・展示することになり、メガロサウルスをワニとクマのハイブリッドのような動物として

復元（→p.134）したのであった。

　その後様々な化石が発見され、メガロサウルスが二足歩行していたことが確実視されるようになった。一方、保存状態のよい獣脚類の骨格が続々と発見されるにつれて、肝心のメガロサウルスは実態のよくわからない恐竜ともなっていった。「典型的な獣脚類」である以上のことははっきりせず、メガロサウルス属はよくわからない獣脚類の種を詰め込んでおく「ゴミ箱分類群」（くずかご分類群とも）となったのである。映画でよく知られたディロフォサウルスですら、当初メガロサウルス属の新種として命名される始末であった。

:: メガロサウルスの復権

メガロサウルス属がゴミ箱分類群と化しているという状況は、1970年代から徐々に改善に向かった。様々な種が新属へと割り振られ、メガロサウルス属は最終的に模式種（属を設立する際の基準となった種）であるメガロサウルス・バックランディイだけになったのである。

獣脚類の現代的な研究が進むにつれ、ヨーロッパ各地のジュラ紀中期から後期にかけての地層から発見されていた様々な獣脚類（メガロサウルス属とされていたものもある）がメガロサウルスと近縁であることが判明し、さらにアメリカのモリソン層（→p.178）産のトルヴォサウルスまでメガロサウルス類であることが明らかになった。

メガロサウルス類はジュラ紀の中期から後期にかけて世界各地で繁栄したグループで、メガロサウルスはその初期のメンバーであった。依然としてまとまった骨格は発見されておらず、その真の姿は謎に包まれている。

メガロサウルス　今日、メガロサウルスに属すると考えられている化石は上下の顎や肩、腰、四肢の骨が主である。全長は7m以上あるとみられ、ジュラ紀前期の獣脚類と比べてがっしりしている。

トルヴォサウルス　最大最後のメガロサウルス類で、メガロサウルスに特に近縁とみられている。メガロサウルスと同様に非常に長く鋭い歯を持っており、獣脚類としては特に頭でっかちだったようだ。前肢はがっしりしてみえるが、体格の割にごく短い。

エウストレプトスポンディルス　原始的なメガロサウルス類で、どことなくスピノサウルス類（→p.66）に似た面立ちをしている。メガロサウルス類の中で最も完全な骨格が発見されているが、これは比較的若い個体のもので、かなり華奢である。

イグアノドン

| いぐあのどん | *Iguanodon*

✖ ガロサウルスと並び、イグアノドンは「最初に発見された恐竜」として名高い。巨大な植物食の爬虫類が太古のイギリスをのし歩いていたという事実は人々を熱狂させ、恐竜ブームを巻き起こした。やがて海の向こうのベルギーで大量のイグアノドンの全身骨格が発見されるのだが、事態は思わぬ方向へ動くことになる。

イグアノドンの命名

19世紀初頭のイギリスでは、様々なアマチュア地質学者や化石ハンターたちが黎明期の古生物学を牽引していた。若き開業医のギデオン・マンテルもその一人で、同年代のメアリー・アニング（→p.250）の存在に触発されて盛んに化石を採集し、学界でも名の知れた存在になっていた。

1822年、マンテルは妻メアリを連れて往診に出かけた。その際、メアリ夫人は夫の診察中にそばの工事現場で奇妙な歯の化石を見いだした（マンテル本人が拾ったという話もある）。マンテルはこれに強い興味を抱き、その後付近の石切り場でも同様の歯を見つけるようになった。マンテルはこれらの歯が巨大な植物食爬虫類のものであることを見抜き、ロンドン王立協会で発表したが、学界の反応は冷ややかであった。比較解剖学の権威であるフランスのジョルジュ・キュヴィエはこれをサイの歯と同定したが、マンテルは粘り強く研究を続けた。当初発見された化石は摩耗した歯ばかりだったが、ついにマンテルは摩耗していない（生え変わる前の）歯の化石を発見し、これを見たキュヴィエは植物食性の爬虫類のものであることに太鼓判を押した。晴れてマンテル夫妻の発見の重要性が認められたのである。

マンテルはこれらの歯がイグアナのものに似ていることに気付き、この直前に命名されていたメガロサウルスをもじってか、イグアナサウルスと命名しようとした。が、友人のウィリアム・ダニエル・コニーベアのアドバイスを受け、結局イグアノドンと命名することにした。メガロサウルスの命名から1年後、1825年のことである。

復元への道

1834年、イギリスで巨大な動物の部分骨格が発見され、マンテルは歯の形態からイグアノドンの骨格と同定し、大枚をはたいてこれを購入した。「マンテル・ピース」と通称されるこの骨格は、恐竜のまとまった骨格としては史上初の発見であり、マンテルは別の場所で発見された「角」の化石を組み合わせてイグアノドンの復元（→p.134）を試みた。

1842年、学界でマンテルと敵対関係にあったリチャード・オーウェンは、メガロサウルスとイグアノドン、ヒラエオサウルス（1833年にマンテルが命名）をまとめた分類として「恐竜」を提唱した。オーウェンは恐竜が「哺乳類的」な爬虫類であることを指摘し、イグアナの拡大版に過ぎなかったマンテルの復元を批判した。

1854年、オーウェンはクリスタル・パレス（→p.148）の庭園に、自らの研究の結晶として「マンテル・ピース」に基づくイグアノドンの復元模型を制作・展示させた。マンテルはこの時点で「マンテル・ピース」の前肢がほっそりしていることを見抜いていたが、これが復元に反映されることはなかった。

∷ ベルニサール炭鉱へ

　その後アメリカでハドロサウルス（→p.36）が発見され、オーウェンによるイグアノドンの復元は疑問視されるようになった。1878年、ベルギーのベルニサール炭鉱（→p.252）の地下深くで大量のイグアノドンの化石が発見され、一夜にしてイグアノドンの全貌が明らかになった。関節した（→p.164）ほぼ完全な骨格が多数発見され、1882年には「ゴジラ立ち」（→p.270）にマウント（→p.264）された骨格がお披露目されたのである。ここでようやく、マンテルによる復元以来イグアノドンの吻に載せられていた「角」が手の第Ⅰ指（親指）の末節骨（→p.217）であることも判明した。

　イグアノドンの研究はその後も続き、イギリスのワイト島でも保存状態のよい骨格が発見されるように

なった。そして、マンテルが最初に記載（→p.138）した「イグアナに似た歯」が果たしてイグアノドンといえるのか疑問視されるようになった。ベルニサール炭鉱をはじめ、「がっしり型」と「華奢型」のイグアノドンが各地で発見されていたが、これらやイグアノドンの近縁属は歯の形態で区別できなかったのである。紆余曲折の末、イグアノドンの模式種はベルニサール炭鉱産の「がっしり型」に基づくイグアノドン・ベルニサールテンシスに変更され、マンテルが最初に記載した歯に与えられたイグアノドン・アングリクスという学名は疑問名（→p.140）となった。また、「マンテル・ピース」はワイト島やベルニサール炭鉱の「華奢型」イグアノドンと同じ種であると考えられるようになり、今日ではイグアノドン属ですらないと判断されてマンテリサウルス・アザーフィールデンシスと呼ばれている。

イグアノドンの復元の変遷

 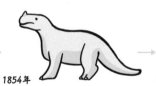 

1834年
マンテルによる「マンテル・ピース」（マンテリサウルス）に基づく復元

1854年
オーウェンとベンジャミン・ウォーターハウス・ホーキンスによる「マンテル・ピース」に基づく復元

1895年
ベルニサール炭鉱のイグアノドンに基づく復元

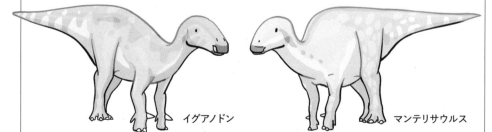

イグアノドン　　　　マンテリサウルス

イグアノドンとマンテリサウルス　どちらも同じ地層（→p.106）で多産し、1つのボーンベッド（→p.170）に混在していることもある。同じ種の性的二形（オスとメスで形態が大きく異なること）とみる意見もあったが、細部の特徴も別物である。

ハドロサウルス

| はどろさうるす | *Hadrosaurus*

今日では恐竜王国・恐竜研究の本場として知られているアメリカだが、恐竜化石の研究が始まったのはヨーロッパと比べてかなり遅く、しかも当初は歯の化石しか見つかっていなかった。そんなアメリカの運命を変えたのは1858年の夏、ニュージャージーの農場の片隅での出来事だった。

：： バカンスと恐竜

1858年夏、全米自然科学アカデミーの会員だったウィリアム・パーカー・フォークはアメリカ東部、ニュージャージー州のハッドンフィールドでバカンスを楽しんでいた。フォークはこの時、ハッドンフィールド在住のホプキンスという男が、20年ほど前に農場で化石を掘り出したという話を聞きつけた。農場の隅には海成層（→p.108）を構成する泥灰土（肥料に使う灰緑石を含んでいる）の採掘坑がかつて存在し、そこで大量の化石が発見されたのだという。フォークはアカデミーの伝手で古生物学者のジョゼフ・ライディに協力を仰ぎ、その結果ヨーロッパ産の恐竜をしのぐ完全度の骨格が姿を現した。

：： 史上初！ 恐竜の復元骨格

ライディはこの恐竜がイグアノドン（→p.34）に似た新種であることをすぐ見抜き、年内にハドロサウルス・フォーキイ（フォークの大きなトカゲ）と命名した。

前肢が後肢と比べてずっと短く華奢であったことから、ライディはハドロサウルスが二足歩行していたと考えた。6年前にクリスタル・パレス（→p.148）で展示された恐竜の模型は四足歩行であり、ハドロサウルスの発見は恐竜の復元（→p.134）に革命をもたらすことになった。

1860年代後半になると、ニューヨーク市のセントラルパークに古生物の博物館を建設する計画が生まれ、目玉としてハドロサウルスなどの復元骨格を展示することになった。クリスタル・パレスの復元模型を手掛けたベンジャミン・ウォーターハウス・ホーキンスが招聘され、ライディの監修の下、史上初となる恐竜の復元骨格がマウント（→p.264）されることになったのである。

ホーキンスはセントラルパークに工房を置き、そこでレプリカ（→p.132）の制作と復元骨格の組み立

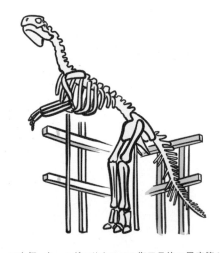

てを行った。ハドロサウルスの復元骨格の量産第1号は無事完成したが、市の博物館施設に関する補助金を巡る政争に巻き込まれ、ならず者たちの襲撃を受けて骨格は全て破壊されてしまった。ホーキンスはどうにかハドロサウルスのレプリカ型を持ち出し、他の博物館向けに数体の復元骨格を量産したのだった。

::: ハドロサウルスの仲間たち

アメリカにおける恐竜研究の扉を開いたハドロサウルスだったが、その後新たな骨格が見つかることはなかった。発掘の中心は化石戦争（→p.144）とともにアメリカ西部へと移っていき、そこでハドロサウルスの近縁種が続々と発見されるようになる。

今日ではオーストラリアを除く全ての大陸で白亜紀後期の地層からハドロサウルス類の化石が発見されており、ハドロサウルス類が「白亜紀の牛」と呼ばれるほどの大繁栄を遂げていたことが明らかになった。多数の種で全身骨格が発見されており、皮膚痕（→p.224）やミイラ化石（→p.162）もいくつかの種で知られている。日本でもカムイサウルス（→p.38）とヤマトサウルスが発見・命名されている。

ハドロサウルス類は非常に多様なグループで、特に頭骨のクレスト（トサカ状や背ビレ状などの装飾構造）は種によって様々である。ハドロサウルスは頭骨がほとんど残っていなかったためクレストの有無はわかっていない。

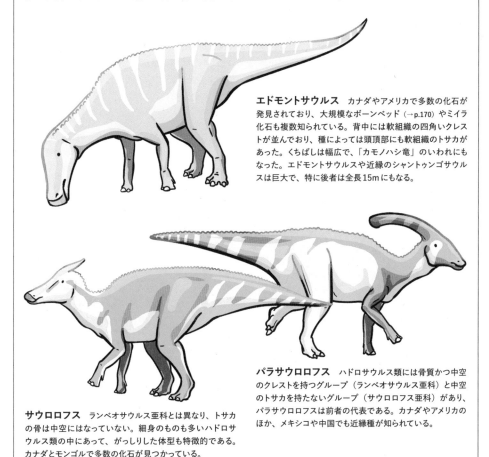

エドモントサウルス　カナダやアメリカで多数の化石が発見されており、大規模なボーンベッド（→p.170）やミイラ化石も複数知られている。背中には軟組織の四角いクレストが並んでおり、種によっては頭頂部にも軟組織のトサカがあった。くちばしは幅広で、「カモノハシ竜」のいわれにもなった。エドモントサウルスや近縁のシャントゥンゴサウルスは巨大で、特に後者は全長15mにもなる。

パラサウロロフス　ハドロサウルス類には骨質かつ中空のクレストを持つグループ（ランベオサウルス亜科）と中空のトサカを持たないグループ（サウロロフス亜科）があり、パラサウロロフスは前者の代表である。カナダやアメリカのほか、メキシコや中国でも近縁種が知られている。

サウロロフス　ランベオサウルス亜科とは異なり、トサカの骨は中空にはなっていない。細身のものも多いハドロサウルス類の中にあって、がっしりした体型も特徴的である。カナダとモンゴルで多数の化石が見つかっている。

カムイサウルス

│ かむいさうるす │ *Kamuysaurus*

1 980年代から日本各地で続々と恐竜化石が発見されるようになったが、その多くは陸成層からの産出で、海成層からはほとんど期待できないと誰もが考えていた。そんな中、北海道で発見された「首長竜の骨」がハドロサウルス類のものであることが判明する。発見場所に残されていたのは、ほぼ完全な「竜のカムイ」（アイヌ語で神の意）だった。

▪️ 発見と発掘

　北海道の西側では、白亜紀後期に主に海で堆積した地層「蝦夷層群」を各地で見ることができる。むかわ町穂別地区では蝦夷層群の函淵層が露出しており、アンモナイト（→p.114）やイノセラムス（→p.115）の産地として有名だ。

　2003年、地元の化石コレクターが発見してむかわ町穂別博物館に持ち込んだ化石は、当初、首長竜（→p.86）の尾椎と考えられた。クリーニング（→p.130）の優先度の低い標本だったが、2011年にはこれがむかわ町で初めてとなる恐竜化石、それもハドロサウルス類（→p.36）の尾の先端近くの部分であることが判明した。

　発見地点での再調査の結果、全長8m近いハドロサウルス類の骨格がその場に埋まったままになっている可能性が浮上。「むかわ竜」の愛称の付いた化石の発掘が、2013年から始まった。

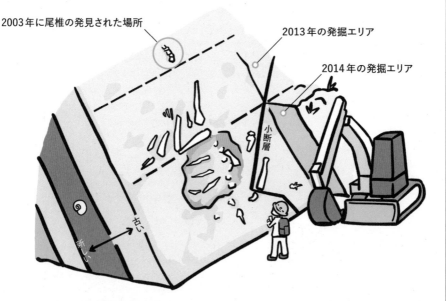

2003年に尾椎の発見された場所

2013年の発掘エリア

2014年の発掘エリア

小断層

古い

新しい

　むかわ竜が発見されたのは林道脇の崖の中腹で、重機で崖を掘り下げながら発掘が行われた。むかわ竜の骨格はおおむね関節した（→p.164）状態で、

体の右側をかつての海底面に横たえた状態で埋まっていた。地層が逆転していたため、むかわ竜の右半身側＝かつての海底面側から発掘された。

■ むかわ竜からカムイサウルスへ

むかわ竜の発掘は 2014 年でほぼ終了、2018 年の 3 月までクリーニングが続けられた。その結果、吻と尾の先端を除くほぼ全身が保存されていること

が明らかになった。2018 年 9 月 6 日に起きた北海道胆振東部地震を乗り越え、2019 年 9 月、むかわ竜は新属新種のハドロサウルス類カムイサウルス・ジャポニクス *Kamuysaurus japonicus* として記載（→p.138）・命名されたのである。

カムイサウルス　　　　エドモントサウルス

頭部　カムイサウルスはハドロサウルス類の中でも、エドモントサウルスやシャントゥンゴサウルスに近縁と考えられている。一方で、頭の上にはブラキロフォサウルスのような骨質のトサカがあった可能性が指摘されている。

板状のトサカ
（未発見）

ハドロサウルス類の中でも
高さのある頭骨

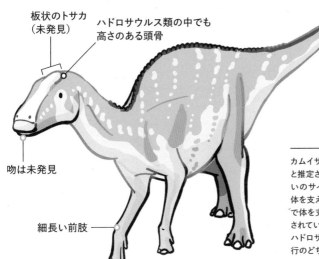

吻は未発見

細長い前肢

棘突起　肉付けすると見えなくなるが、胴体の中ほどでは椎骨の棘突起が斜め前を向く。これはハドロサウルス類の中でもカムイサウルスにしかみられない。

カムイサウルスのホロタイプは全長 8m ほどと推定され、ハドロサウルス類としては中くらいのサイズになる。推定体重は後肢のみで体を支えていたと仮定した場合で約 4t、四肢で体を支えていたと仮定した場合で約 5.3t とされている。もっとも、カムイサウルスも他のハドロサウルス類と同様、二足歩行と四足歩行のどちらも可能だっただろう。

関節した骨格が沖合の地層で見つかったことから、海岸近くで暮らしていたものが死後すぐに沖合まで運ばれ、そこで沈んで埋積された可能性が高い。一方でカムイサウルスのホロタイプには虫食い状の穴が多数あり、海底に沈んでからしばらくの間、海に住む小さな動物に骨をかじられていたようだ。函淵層は化石の宝庫であり、アンモナイトやイノセ

ラムス、さらにはモササウルス類（→p.92）の化石も見つかっている。また、陸の植物の化石も豊富で、陸で堆積した地層もわずかに含まれている。

日本の中生代の地層の多くは函淵層と同じ海成層（→p.108）で、恐竜の発見はあまり期待されていなかった。カムイサウルスの発見で、海成層での恐竜化石探しが大きく盛り上がっている。

マイアサウラ

| まいあさうら | *Maiasaura*

恐竜の卵化石は19世紀の中頃にはすでに発見されており、化石ハンターのロイ・チャットプマン・アンドリュース率いるアメリカ自然史博物館の調査隊によって1920年代には大量の標本が採集されていた。しかし、胚や孵化直後の幼体は発見されず、恐竜の繁殖様式については長らく謎のままであった。

▓ 子育て恐竜（？）の発見

　アメリカ・モンタナ州には、白亜紀後期の後半にララミディア（→**p.184**）のやや内陸で堆積したトゥー・メディスン層の露頭が広がっている。この地層は20世紀初めの調査で角竜や鎧竜の化石が発見されていたが、それ以来まとまった恐竜発掘が行われていない地層であった。

　1978年、トゥー・メディスン層の広がるバッドランド（→**p.107**）のとある牧場で、小さな恐竜の化石が散乱しているのが発見された。連絡を受けて駆け付けた古生物学者のジョン（ジャック）・ホーナーとその相棒ボブ・マケラがそこで目にしたのは、くぼみの中に散乱した小さな恐竜の化石であった。掘り下げてみると小さな恐竜のバラバラになった骨格が大量に産出しただけでなく、卵殻（→**p.122**）まで現れるようになった。謎のくぼみは恐竜の巣が埋まったもので、中に含まれていたのは幼体とその卵殻だったのである。

　巣の内部からは11体分の、巣から2m以内の場所でさらに4体分のハドロサウルス類（→**p.36**）の幼体の骨格が発見されたが、これらのハドロサウルス類は全長90cmほどで、巣の中に残っていた破片から復元された卵と比べて明らかに大きいサイズであった。しかも、巣から100mほど離れた場所からは未知のハドロサウルス類の成体まで発見されたのである。これらのハドロサウルス類は全て同じ種に属するとみて間違いないものであった。

　巣の中から明らかに孵化後ある程度成長した幼体がまとまって産出したこと、付近から親ともとれる個体が産出したことで、ホーナーはこれらをハドロサウルス類の子育ての証拠であると断定した。恐竜ルネサンス（→**p.150**）の勢いが止まらない1979年、ホーナーとマケラはこれらのハドロサウルス類に「良母トカゲ」を意味するマイアサウラという属名を与えたのだった。

▓ マイアサウラのいた風景

　その後マイアサウラの巣が密集しているものが発見され、マイアサウラが集団で営巣していたことが明らかになった。さらにマイアサウラの大規模なボーンベッド（→**p.170**）も発見されるようになり、骨の断面の観察による組織学的（→**p.204**）な研究も盛んに行われるようになった。マイアサウラの様々な年齢の個体が発見されたことで、恐竜の繁殖と成長に関する理解は大きく深まることになったのである。

　トゥー・メディスン層はマイアサウラの発見で大きく注目されるようになり、その後今日に至るまで活発に調査が行われている。複数のトロオドン類の卵や巣の化石も成体の骨格とともに発見されたことから、一帯はマイアサウラやトロオドン類の営巣に適した場所だったようだ。今日では、トゥー・メディスン層は様々なグループの恐竜化石の一大産地として有名である。

マイアサウラの営巣地 マイアサウラの巣は直径約3m、高さ約1.5mの塚になっており、それぞれの巣は7mほど離れていた。この距離はマイアサウラの成体の全長と同じくらいで、親が巣を踏みつけないようになっていたようだ。

営巣地があったのはララミディア内陸部の標高のやや高い地域で、西部内陸海路（→p.186）沿いの低地と比べると乾燥していたとみられている。

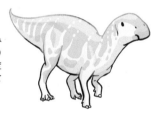

マイアサウラの巣 塚の中心には直径約2m、深さ90cmほどのくぼみが開けられており、そこに長径15cmほどの卵（スフェロウーリトゥス卵科）を産み付けた。1つの巣あたりの個数ははっきりしないが、20～30個程度とみられている。卵の表面は植物で覆われ、日光と植物の発酵熱で温めていたようだ。孵化した時のサイズは全長35cmほどと考えられている。

復元された卵のサイズ（長径15cm）

∷ 実は子育てをしていなかった？

　マイアサウラの営巣地では、全長35cmほどの個体（胚ないし孵化直後）がまとまって産出する例と、全長90cmほどのものがまとまって産出する例、そしてそれらが混在して産出する例が知られている。このうち、小さな個体では四肢の骨の関節が骨化しておらず、孵化直後はまだ歩けないと考えられた。このため、全長1m程度になるまでの1～2ヶ月間、巣の中で親の世話を受けていたと考えられたのである。

　しかし、ニワトリのヒナは関節の骨化が進んでいない時期でも歩けることから、マイアサウラの幼体も孵化直後から歩けたとみる意見もある。幼体が1ヶ所に集まって生活する例が現生爬虫類で知られていることもあり、マイアサウラが孵化後の幼体の世話をしていたとする意見への反論は根強い。恐竜の繁殖様式に関する研究は盛んであり、今後も議論は続いていくことだろう。

アロサウルス

| あろさうるす | *Allosaurus*

日本で一番有名な恐竜とは何だろう。今日最も有名な恐竜がティラノサウルスであることは間違いないが、かつてティラノサウルスよりも日本における認知度が高かったかもしれない獣脚類がいる。古くはアントロデムスとも呼ばれたアロサウルスは、日本で初めて復元骨格が展示された恐竜であり、肉食恐竜の代表として怪獣のモチーフになったことさえあったのだ。

アロサウルスの発見

アロサウルスの最初の化石がモリソン層（→p.178）で発見されたのは、化石戦争（→p.144）真っ只中のことであった。この標本はごく断片的であり、今日の目で見ると種としての独自性を認識するには厳しいものがあったのだが、エドワード・ドリンカー・コープとの激しい「戦争」の中にあったオスニエル・チャールズ・マーシュは、背骨の含気化（→p.222）に注目した。背骨の特徴は当時知られていたどの恐竜とも異なるように思われたため、マーシュはこの断片的な骨格をホロタイプとしてアロサウルス・フラギリス（繊細な異なるトカゲ）を命名したのである。

化石戦争が進むにつれて、コープとマーシュ双方はかなりの数のアロサウルスの骨格を発見するようになった。コープはかなり完全な骨格を入手したのだが、この標本の重要性に気付くことはなく、ジャケット（→p.126）すらまともに開封しないままだった。一方のマーシュ陣営は、ホロタイプが産出したのと同じボーンベッド（→p.170）からもう1体の完全な骨格を発見したのだが、デス・ポーズ（→p.258）で保存されていたこの標本は、発掘中に発破でうっかり尾が粉砕されるという悲劇に見舞われる。コープもマーシュもモリソン層産のアロサウルスに似た獣脚類を新種として多数命名したが、アロサウルスの研究はその間ほとんど進むことはなかった。

アントロデムス現る

コープの入手したアロサウルスの骨格はアメリカ自然史博物館に他のコレクションもろとも売却され、1908年にはアパトサウルスの死骸を漁るジオラマ風の復元（→p.134）骨格として展示公開された。この骨格は恐竜としては初めてフリーマウント（→p.265）されたもので、奇しくも「ゴジラ立ち」（→p.270）ではなく、現代的な水平姿勢に近いポージングであった。マーシュの入手した（爆破された尾以外）ほぼ完全な骨格はスミソニアン博物館へと渡り、チャールズ・W・ギルモアが詳しい研究にあたった。ギルモアはこの骨格こそが本来アロサウルス・フラギリスのホロタイプにふさわしかったと感じ

つつも、アロサウルス・フラギリスの命名以前にすでに似たような恐竜が命名されていたことを見いだした。わずか尾椎1点（しかも不完全）をホロタイプとしていたのだが、ギルモアはこのアントロデムス・ヴァレンスがアロサウルス・フラギリスのシニアシノニム（→p.140）であることを指摘した。以来、アロサウルスはアントロデムスと呼ばれるようになったのである。

今日ではアントロデムスは疑問名（→p.140）として扱われ、アロサウルスのシノニムにはなり得ないとされている。アロサウルス・フラギリスのホロタイプも極めて断片的であるため、スミソニアン博物館の骨格を新模式標本（ネオタイプ）に指定しようという動きが長年続いている。

:: アロサウルスの墓場と日本

1927年、ユタ州のモリソン層で大規模な恐竜のボーンベッドが発見された。恐竜のボーンベッドはモリソン層では珍しくないのだが、1960年に始まった本格的な発掘で、化石のほとんどが大小様々なアロサウルスであることが判明したのである。後に「クリーヴランド＝ロイド・クオリー」と呼ばれるこの産地では少なくとも46体のアロサウルスの骨格が発見され、一躍アロサウルス化石の大供給源として知られるようになった。ここで発見された骨格のうち、サイズの合いそうなものがコンポジット（→**p.262**）の復元骨格となり、世界各地へ販売された。そのうちの1体はアメリカ在住の日本人実業家である小川勇吉氏によって上野の国立科学博物館に寄贈され、1964年に現日本館の正面ホールに展示されることとなる。頭骨の大部分を除けばほぼ全てのパーツが実物化石のコンポジットで構成されたこの骨格は、日本で初めて展示された恐竜の復元骨格であった。小川氏は他にも多数の化石を収集、寄贈しており、そのコレクションは日本各地の博物館で見ることができる。

頭部 丸顔から面長まで、同じボーンベッドの化石でも、個体によって顔立ちがかなり異なる。眼窩の前方には三角形の角状の突起があり、鼻筋の2列のうねとつながっている。この部分は種によって発達度合いが異なるようだ。口を非常に大きく開けることができ、短いナイフ状の歯の並んだ上顎を叩き付けるようにして獲物を攻撃したと考えられている。

頭部

首 大型の獣脚類としてはかなり長い。頭部を振り下ろす動作が得意だったらしく、顎を相手に叩き付ける攻撃方法に適している。

尾 アロサウルスの復元骨格のほとんどはコンポジットであり、尾が非常に長く復元されていることが多い。実際の尾は他の大型獣脚類と同様、ほどほどの長さで、先の方はかなり細い。

尾

首

卵 アロサウルスと断定できる胚や卵、巣の化石が知られているが、本格的な研究はこれからだ。

四肢

四肢 前後肢ともそこそこの長さで、手の指は3本とも発達している。骨折したり感染症で骨が変形した例もよく知られており、過酷な生活ぶりを物語っている。

アロサウルスの種 今日広く認められているアロサウルス属の種は3種だけで、同じ時代に複数種が共存していたわけではないようだ。アメリカのモリソン層だけでなく、同時代のポルトガルの地層でも産出例がある。モリソン層ではアロサウルスより大型であるサウロファガナクスも知られているが、これをアロサウルス属に含める意見も強い。

ステゴサウルス

| すてごさうるす | *Stegosaurus*

> **背**中に大きな皮骨のプレートが並んだその独特のフォルムから、ステゴサウルスは古くより高い知名度を誇ってきた。様々な復元の歴史を経て、様々な怪獣のデザインにインスピレーションを与えてきたこの恐竜は、今日も人気恐竜の地位を保っている。

∷ 発見と復元の歴史

アメリカ西部で繰り広げられた化石戦争（→p.144）の過程で数々の恐竜が発見・命名されたが、ステゴサウルスもその一つである。1877年にオスニエル・チャールズ・マーシュは巨大な皮骨板（→p.214）の断片を含んだモリソン層（→p.178）産の部分骨格を記載（→p.138）し、ステゴサウルス・アルマトゥスと命名した（今日では疑問名（→p.140））。見つかった皮骨板は1枚だけだったが、屋根瓦のように背中を覆っていたと考え、「屋根トカゲ」という属名を与えたのである。翌年にはより完全な部分骨格が発見され、マーシュはこれをステゴサウルス・ウングラトゥスと命名した。この標本には皮骨板数枚に加えてスパイク数本も含まれており、皮骨板と一緒に背中に生えていたように思われた。

1885年になり、ステゴサウルスのほぼ完全かつ関節した（→p.164）骨格が発見された。背中に沿って2列の皮骨板が互い違いに並んだ状態で保存されており、さらに皮骨の小さな粒が喉のあたりに散乱していた。この骨格では尾のスパイクはばらけた

状態だったが、別のステゴサウルス類の標本で関節した尾の先端に2対（4本）のスパイクが並んだものも発見された。後に「ロードキル」と呼ばれるようになったこの骨格（車に轢かれたように見える）のプレパレーション（→p.128）は難航し、マーシュはステゴサウルスの骨格図を制作するにあたって、ステゴサウルス・ウングラトゥスをメインに据え、クリーニング（→p.130）の終わっていたステゴサウルス・ステノプスの頭とプレートを組み合わせることにした。こうして、背中に1列の巨大なプレートを背負い、尾に4対（8本）のスパイクが並んだステゴサウルス・ウングラトゥスの復元（→p.134）が世に送り出されたのである。

「ロードキル」のプレパレーションが完了すると、ステゴサウルス・ステノプスの皮骨板（プレート）がステゴサウルス・ウングラトゥスのものより大型であることが判明した。プレートが「ロードキル」の産状（→p.160）で見られるように背骨に沿って2列が互い違いに並んでいたのか、それとも左右対称に並んでいたのかについては意見が分かれたが、結局は2列互い違いで間違いないと考えられるようになった。

ステゴサウルス・ウングラトゥスの復元の変遷

⁞⁞ ステゴサウルスと仲間たち

多数の化石が発見されているステゴサウルスは剣竜類の代表格であり、独特のフォルムもあって様々なアプローチで研究の対象とされている。化石はアメリカに限らずポルトガルの同時代層でも産出しており、分布が広かったことがうかがえる。

剣竜類は主にジュラ紀後期に栄えたが、「屋根」のような大きな皮骨のプレートを持っているのはステゴサウルスやその直接の祖先と思しきヘスペロサウルス、そして謎の多い白亜紀のウエルホサウルスだけである。これまでに発見されている剣竜の多くはスパイクとプレートの中間型のような皮骨（「スプレート」と呼ばれる）を持っており、背中に2列左右対称で並んでいたと考えられている。

剣竜類の進化史には謎が多いが、白亜紀前期のうちに絶滅したと考える意見が強い。インドの白亜紀後期の地層から剣竜類とされる化石がたびたび報告されているが、保存状態が非常に悪いものも多く、その実態は定かではない。

プレート（皮骨板）　表面は角質で覆われており、種によって形、枚数が異なる。機能については様々な意見があるが、ディスプレイ（求愛や威嚇のために体や動作を誇示する行動）と体温調整の補助を兼ねていたのは間違いないとみられている。ある程度左右に動かすことができたり、興奮すると表面の血管が拡張して赤っぽく見えたという意見もあったが、特には支持されていない。

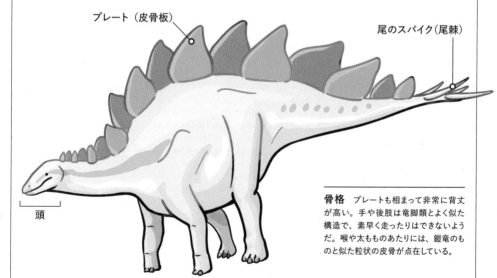

プレート（皮骨板）

尾のスパイク（尾棘）

頭

骨格　プレートも相まって非常に背丈が高い。手や後肢は竜脚類とよく似た構造で、素早く走ったりはできないようだ。喉や太もものあたりには、鎧竜のものと似た粒状の皮骨が点在している。

頭　恐竜の中でも特に小顔で、歯も単純な構造である。口先は丸みを帯びたくちばしになっている。脊髄の入る空間が腰の部分で肥大しており、本来の脳を補助する「第2の脳」だったのではないかといわれたことがある。鳥類ではここに「第2の脳」ではなくグリコーゲン体と呼ばれる構造が存在し、ステゴサウルスも同様だったとみられている。

尾のスパイク（尾棘）　サゴマイザー（→p.216）と呼ばれる棘が2対生えていた。幼体では比較的もろいが、成体では非常に緻密な骨で、捕食者を撃退する強力な武器となっていた。折れた部分から感染症にかかった個体も知られている。

ブラキオサウルス

| ぶらきおさうるす | *Brachiosaurus*

かつて「世界最大の恐竜」として長く君臨していたのがブラキオサウルスである。骨格の研究も非常によく進んでおり、名実ともに最もよく知られた竜脚類であったはずのブラキオサウルスだが、この十数年で一気に謎の恐竜へと逆戻りしてしまった。ブラキオサウルスとして最もよく知られていたアフリカ産の種は、ブラキオサウルスではなかったのである。

∷ アメリカのブラキオサウルス

　ブラキオサウルス属の模式種であるブラキオサウルス・アルティトラックスのホロタイプが発見されたのは、化石戦争（→p.144）が終わって一段落した1900年のことである。シカゴのフィールド博物館の調査隊は、コロラド州の荒野に広がるモリソン層（→p.178）で巨大な竜脚類の部分骨格を発見した。隊員が思わず巨大な「大腿骨」（実際には上腕骨だった）の隣に寝転んで記念写真を撮るほどで、うわさを聞き付けた大勢の周辺住民の前で発掘が行われた。

　この骨格のプレパレーション（→p.128）が進むにつれて、大腿骨だと思っていた骨が上腕骨であったこと、上腕骨ひいては前肢が後肢よりもずっと長い

らしいことが判明した。骨格は胴体と肩、尾の一部、上腕骨と大腿骨しか残っていなかったが、調査隊を率いたエルマー・S・リッグスはこの竜脚類がキリンのような体型で、尾がかなり短いことを正確に見抜き、「（高い胴の）腕トカゲ」という意味の学名を与えたのだった。

　ブラキオサウルス・アルティトラックスの化石はモリソン層でも非常に珍しく、リッグス隊の発見から100年以上が過ぎた現在でも骨格の大部分は未発見のままである。一方、かつて「ブロントサウルスの頭骨」（→p.244）とされていた化石が実際にはブラキオサウルスの頭骨であることも近年になって判明した。また、ウルトラサウロスとされていた化石のいくつかがブラキオサウルスのものであったことも判明した。

∷ アフリカのブラキオサウルス

　20世紀初頭、ドイツ帝国の植民地だったアフリカのタンザニアでは、ドイツの地質学者、古生物学者によって精力的な調査が行われていた。恐竜のボーンベッド（→p.170）が多数発見され、ブラキオサウルス属と思しき大量の化石が産出した。中には完全な頭骨や骨格の大部分も含まれており、ブラキオサウルス・ブランカイとして記載（→p.138）されたこれらの化石やそのレプリカ（→p.132）で「世界最大の恐竜」の復元（→p.134）骨格が制作されたのだった。

　ブラキオサウルス・アルティトラックスの骨格が不完全にしか発見されていなかったこともあり、こうして

「ブラキオサウルスといえばブラキオサウルス・ブランカイ」という認識が広がった。また、ブラキオサウルス・アルティトラックスをマウント（→p.264）する際には、欠損部がブラキオサウルス・ブランカイのレプリカで補完された。

　しかし、1980年代になるとブラキオサウルス・ブランカイを別属とすべきだという指摘がなされるようになった。この説はなかなか受け入れられなかったが、今日では広く受け入れられ、ギラファティタン・ブランカイ（ブランカのキリンの巨人）と呼ばれている。ほぼ完全な骨格が知られていることから、ブラキオサウルス科に関する理解のほとんどはギラファティタン頼りとなっている。

頭部　頭骨の長さは1mほどもあるが、骨格全体からするとごく小さい。骨格の外鼻孔は頭頂部にあるが、生きていた時には口先に近い場所に鼻の穴があったようだ。ブラキオサウルスはギラファティタンより吻が短い。映画でよく見られるようには咀嚼せず、摘み取った植物は丸呑みしていたようだ。

胴体　背骨の含気化（→p.222）は竜脚類の中でも特によく進んでいる。ブラキオサウルスとギラファティタンでは胴体の長さが異なり、ギラファティタンと比べるとブラキオサウルスはやや胴長である。ギラファティタンの背中は肩のあたりに高まりがあるが、ブラキオサウルスではよりなだらかな背中だったようだ。

四肢　ブラキオサウルスもギラファティタンも四肢は非常に細長く、竜脚類の中でも特にすらりとしている。前肢の指はほぼ退化しており、爪状の末節骨（→p.217）は第I指（親指）にしか残っていない。後肢もすらりとしているが、前肢に比べるとかなり短い。

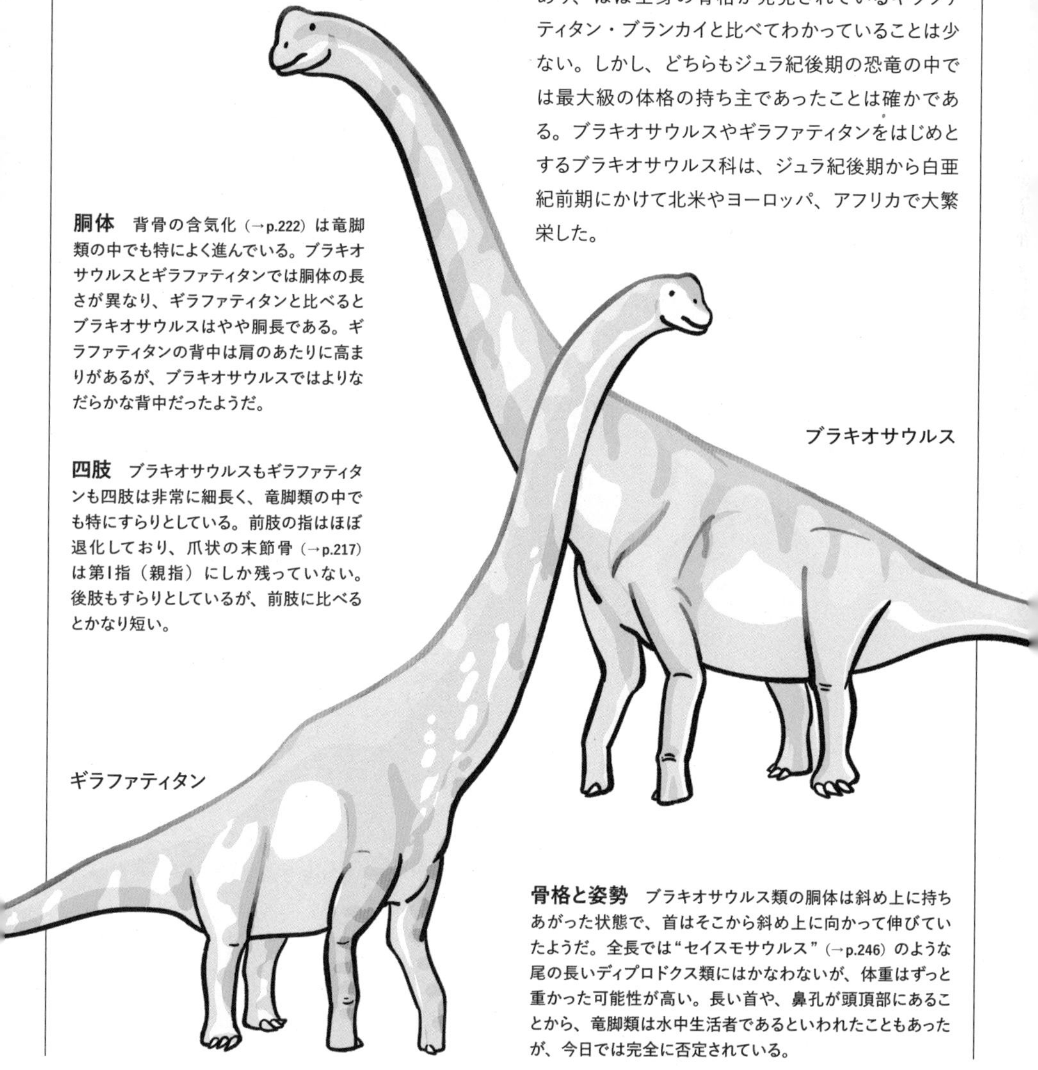

ギラファティタン

■ ブラキオサウルスと　ギラファティタン

　今日ブラキオサウルス属として広く認められている種はブラキオサウルス・アルティトラックスだけであり、ほぼ全身の骨格が発見されているギラファティタン・ブランカイと比べてわかっていることは少ない。しかし、どちらもジュラ紀後期の恐竜の中では最大級の体格の持ち主であったことは確かである。ブラキオサウルスやギラファティタンをはじめとするブラキオサウルス科は、ジュラ紀後期から白亜紀前期にかけて北米やヨーロッパ、アフリカで大繁栄した。

ブラキオサウルス

骨格と姿勢　ブラキオサウルス類の胴体は斜め上に持ちあがった状態で、首はそこから斜め上に向かって伸びていたようだ。全長では"セイスモサウルス"（→p.246）のような尾の長いディプロドクス類にはかなわないが、体重はずっと重かった可能性が高い。長い首や、鼻孔が頭頂部にあることから、竜脚類は水中生活者であるといわれたこともあったが、今日では完全に否定されている。

デイノニクス

| でぃのにくす | *Deinonychus*

1930年代初頭、アメリカ自然史博物館の化石ハンターであるバーナム・ブラウン率いる調査隊がアメリカ・モンタナ州の白亜紀前期の地層で発掘調査を行った。明らかな新属新種の恐竜化石が多数発掘されたが、この恐竜たちが記載されることはなかった。

　時は流れて1964年、ジョン・オストロム率いるイェール大学ピーボディ博物館の調査隊がこの地にやって来た。彼らがここで発見した化石は、恐竜研究の暗黒時代を打ち破り、「恐竜ルネサンス」を呼び起こすことになる。

::: 鎌形の鉤爪

　1964年8月、オストロム率いる調査隊が出くわしたのは小型獣脚類のボーンベッド（→p.170）であった。獣脚類の部分骨格が5体に、中型鳥脚類の部分骨格も1体含まれていたのだが、獣脚類の化石は非常に奇妙であった。足の第II趾には巨大な鎌形の末節骨（→p.217）（カーブの内側に"刃"がある）があり、関節した（→p.164）状態の尾に至っては、関節突起と血道弓（尾椎骨にぶら下がるようにして関節した骨で、血管が通る大きな空間がある）がそれぞれ伸びて絡み合うものだったのである。

　オストロムは当初、この獣脚類の化石が全くの新発見のものであると考えていたのだが、標本観察のために訪れたアメリカ自然史博物館で、同じ種と思しき部分骨格2体と出くわした。"ダプトサウルス"という仮の名前を与えられていたその恐竜は、マウント（→p.264）のためにドリルで穴をあけられた状態で収蔵庫に眠っていたのである。オストロムはさらに、アメリカ自然史博物館に収蔵されていたドロマエオサウルスやヴェロキラプトル（→p.50）の断片的な化石もよく似た形態であることに気が付いた。

　1969年、オストロムは短報を発表し、自らのチームが発見した獣脚類をデイノニクス・アンティロプス（尾でバランスを取る、恐ろしい鉤爪）と命名した。棒状になった尾を利用して、激しい狩りの中でもバランスを崩すことなく動けたと考えてのネーミングである。オストロムは短報に続いて詳細な記載（→p.138）を出版したが、そこには口絵として教え子のロバート・バッカーによる疾走するデイノニクスのイラストが添えられていた。これほど躍動感に溢れた恐竜の復元画が論文に載せられるのは数十年ぶりのことであり、バッカーはやがて「恐竜温血説」（恐竜が鳥や哺乳類のように常に高い体温を保ち、常時活発に活動できるとする説）を推し進めるようになる。こうして19世紀から20世紀初頭にかけての「恐竜に対する古い見方」が様々な科学分野とのコラボレーションで復活し、「恐竜ルネサンス」（→p.150）が始まった。

∷ 鳥の起源

オストロムはデイノニクスの発見をきっかけに、獣脚類と鳥類に関する研究に力を注ぐようになった。当時、鳥類は恐竜とは近縁ではあるが全くの別系統とみなす意見が主流だったが、デイノニクスの化石は驚くほど「最初の鳥」始祖鳥（→p.78）とよく似ていたのである。デイノニクスは始祖鳥よりもずっと新しい時代の動物だったが、デイノニクスのような

姿の恐竜が鳥の祖先であったとオストロムは考えたのである。この意見はやがて主流となり、中国での「羽毛恐竜」（→p.76）の発見、そして始祖鳥よりも古い時代の地層から多数の羽毛恐竜が発見されたことで確実視されるようになった。

デイノニクスのまとまった全身骨格はいまだに発見されていない。しかし、様々な切り口で今日まで研究が続いており、ドロマエオサウルス科の中でも特に有名なものであり続けている。

頭部 体に対して非常に大きい。ドロマエオサウルス類としてはがっしりしており、吻も短めである。含気化（→p.222）が進んでおり、かなり軽量なつくりだった。歯はあまり長くない。

尾 付け根の部分は上下方向の可動性が高く、垂直にはね上げることもできたようだ。付け根以外は棒状になっているが、少なくとも水平方向には比較的よく曲げられたとみられる。

尾

胴体 コンパクトなつくりだが、獣脚類としては横幅がある。胸部や肋骨、骨盤の構造は鳥類と似ている。

頭部

胴体

前肢

前肢
非常に長く、鳥類と同様に肘を曲げると連動して手首が折りたたまれる。手は大きく、末節骨もよく発達している。

後肢 細長いが、特別に高速走行に適した構造でもないようだ。足はがっしりしており、"シックル・クロー"（草刈り鎌のような形態で、他の指のものと比べて極端に大きくなった末節骨）以外の末節骨も大きめである。

後肢

羽毛

生態 オストロム隊の発見したボーンベッドは、テノントサウルスと相討ちになったデイノニクスの群れと解釈されることがある。一方で、この「群れ」が今日のオオカミなどにみられるような集団であったかについては疑問も多く、デイノニクスの共食いの結果とみる向きもある。

羽毛 デイノニクスの化石そのものからは羽毛の痕跡は見つかっていないが、系統関係から判断して、羽毛を持っていたことはほぼ確実である。一方で、デイノニクスは最大で全長4mとドロマエオサウルス類の中でもかなり大型であるため、そのあたりも考慮して復元する必要がある。

ヴェロキラプトル

| ゔぇろきらぷとる | *Velociraptor*

映画での主役級の扱いにより、ヴェロキラプトルは今日最もよく知られた恐竜の一つとなっている。"ラプトル"の俗称でもよく知られているが、実際のヴェロキラプトルの姿は映画の"ラプトル"とはあまり似ていない。キャラクターではない、実在したヴェロキラプトルとはどのような動物だったのだろうか。

最初の発見

ヴェロキラプトルの化石が初めて発見されたのは、1923年、化石ハンター（→p.250）のロイ・チャップマン・アンドリュース率いるアメリカ自然史博物館の中央アジア探検隊による調査でのことである。「炎の崖」での調査中、大量の「プロトケラトプスの卵」（→p.52, p.122）に加えてオヴィラプトル（→p.54）をはじめとする様々な獣脚類の化石が発見されたが、その中にはすらりとした小型獣脚類の完全な頭骨も含まれていた。

研究にあたったヘンリー・フェアフィールド・オズボーンは当初この恐竜を"オヴォラプトル・ジャドフタリ"と呼んでいたが、考え直してヴェロキラプトル・モンゴリエンシスと命名した。同時に命名されたオヴィラプトルが「卵泥棒」として有名になる一方で、頭骨と手の一部しか発見されなかったヴェロキラプトルの知名度は当時かなり低かったようである。実はこの時、顎の断片とともに"シックル・クロー"を含めた足の大部分も発見されていたのだが、この化石はデイノニクス（→p.48）の発見まで特に注目されることはなかった。

人気恐竜への道

ヴェロキラプトルが一躍脚光を浴びたのは、1970年代に入ってからのことである。「モンゴル娘子軍」として知られたポーランド-モンゴル共同調査隊がゴビ砂漠で発見したのは、関節した（→p.164）プロトケラトプスとヴェロキラプトルの骨格が絡み合った「格闘化石」（→p.166）であった。非常に興味深い産状（→p.160）だった上に、ヴェロキラプトルひいてはドロマエオサウルス類の完全な骨格が発見されるのは初めてのことだったのである。

1980年代に入り、ヴェロキラプトルに関する「珍説」が現れた。デイノニクスをヴェロキラプトルのシノニム（→p.140）とし、デイノニクス・アンティロプスをヴェロキラプトル・アンティロプスとみなす意見である。ヴェロキラプトルの記載（→p.138）がほとんど進んでいなかったこともあって他の研究者に受

け入れられることはなかったこの説だが、一般向けの書籍で紹介されたことで思わぬ混乱が生まれた。とあるSF作家がこの書籍を参考として執筆した小説が大ヒットし、映画化されて世界的な人気を呼んだのである。『ジュラシック・パーク』の"ラプトル"（→p.260）ことヴェロキラプトルは、ヴェロキラプトル・アンティロプスすなわちデイノニクスをモチーフとしたものであった。

デイノニクスをモチーフとした映画の"ラプトル"のキャラクターは今日まで引き継がれているが、ヴェロキラプトルの研究はその後も活発に続いている。現生鳥類に見られる風切り羽の付着点に似た構造がヴェロキラプトルでも確認され、全身が羽毛（→p.76）で覆われていたこともほぼ確実となった。ヴェロキラプトル属が複数の種を含んでいた可能性も指摘されている。

:: ヴェロキラプトルの姿

頭部　種によって吻の長さに差があるようだが、いずれにせよデイノニクスや映画の"ラプトル"と比べてずっと長く、頭が非常に大きく見える。強膜輪(→p.206)の研究で、夜行性だった可能性が指摘されている。

　今日ヴェロキラプトルの化石はそれなりの数が発見されており、関節した骨格も少なくない。白亜紀後期のゴビでは珍しくない恐竜だったようだ。映画などで一般化した"キャラクター"としての姿との違いを比べてみよう。

頭部	首・胴体・尾

前肢

後肢

実際の
ヴェロキラプトル

首・胴体・尾　基本的なつくりはデイノニクスと同様だが、より華奢なつくりである。首はデイノニクスよりも長めのようだ。肩の構造はデイノニクス以上に鳥類と似ているが、デイノニクスよりも鳥に近縁というわけではない。

前肢　デイノニクスと似ているが、やや短くなっており、手の末節骨(→p.217)も小さめである。鳥のように折りたたんだり、羽ばたきに近い動作ができた一方で、ヒトのように手首を回転させることはできない。鳥類の骨格で見られる風切り羽の付着点と同様の構造が確認されているが、鳥類のものと比べるとずっと貧弱である。翼に近い構造だった可能性は高いものの、現生鳥類のようなものだったかは別問題である。

後肢　デイノニクスとよく似ているが、より長い。シックル・クローはカーブが弱く、デイノニクスと比べてほっそりして見える。

映画などで描かれる
"ラプトル"

サイズ　"ラプトル"はデイノニクスと同じかそれ以上のサイズとして描かれがちだが、ヴェロキラプトルは最大で全長2.5mほどと考えられている。それでも、尾を除いたサイズ感は大型犬に匹敵する。

プロトケラトプス

| ぷろとけらとぷす | *Protoceratops*

「**角**竜」といえばその巨大な角でよく知られているが、角竜の進化史において角を持ったものは最後の最後に現れたグループでしかない。「角のない角竜」として古くからよく知られているプロトケラトプスは、その膨大な量の化石でも有名である。

謎の動物化石

1922年9月、化石ハンター（→p.250）のロイ・チャップマン・アンドリュース率いる中央アジア探検隊は、多数の恐竜と哺乳類の化石を採集して初年度の調査を終えようとしていた。すでに初秋を迎えていたゴビ砂漠では寒さが厳しくなりつつあり、一刻も早い撤収が必要だったのだが、あろうことか探検隊は道に迷い、3日間も無駄にしてしまっていた。9月2日、車の到着を待つために一人残された発掘隊のカメラマンは、夕日を浴びて燃えるように輝く崖で両手に載るほどの動物の頭骨化石を発見した。炎の崖（フレーミング・クリフ）と名付けられたこの場所では日没までにいくつかの骨片と卵の殻（→p.122）が発見されたが、帰路を急いでいたため、本格的な調査は翌年度に持ち越しとなった。

炎の崖は当初新生代の地層かに思われ、発見された頭骨も哺乳類のものであると考えられた。だが、クリーニング（→p.130）の結果現れたのは、角を持たない以外は角竜にそっくりな化石だった。かくしてこの化石をホロタイプとして、プロトケラトプス・アンドリューシ（アンドリュースの原始的な角の顔）が1923年に命名された。フリル（→p.212）すら持たないと思われていたホロタイプだったが、同年の調査でプロトケラトプスの膨大な量の追加標本が発見され、このホロタイプがフリルが欠けただけの幼体であったことがわかった。

1923年の調査では、炎の崖で大量の卵や巣の化石が発見された。これは実際にはオヴィラプトル（→p.54）やその近縁種のものだったのだが、当時胚の化石は発見されず、この産地で最も多産するプロトケラトプスの卵だと消去法で判断された。

白亜紀の羊

アンドリュース隊による発見から100年が過ぎたが、プロトケラトプスはその後も膨大な数の化石が発見され続けている。プロトケラトプスの化石はかつての砂漠や半砂漠環境で堆積した地層から産出しており、「格闘化石」（→p.166）が有名である。関節した（→p.164）骨格が斜め上や真上を向いた状態で見つかることもよくあり、生き埋めになったものが脱出しようとして力尽きたり、巣穴で休んでいたものがそのまま砂嵐で埋まった可能性が指摘されている。

アンドリュース隊の発見できなかった生まれたて

の幼体や真の「プロトケラトプスの卵」、巣や胚は最近になってようやく発見され、プロトケラトプスの卵がトカゲやワニのようなやわらかい殻だったことが判明した。角竜の卵化石と断定できるものは他に知られておらず、その理由として、殻がやわらかいために化石化しにくかったという可能性も考えられそうだ。

プロトケラトプスやその近縁種は多数の化石が知られており、恐竜の中でも特によく研究の進んだ種である。あまりの産出量に「白亜紀の羊」とも呼ばれ、時に化石ハンターたちを辟易させてきたプロトケラトプスの発掘の勢いは、まだまだとどまるところを知らない。

■■ プロトケラトプスとその仲間

ゴビ砂漠一帯で多数の化石が知られているプロトケラトプスやその近縁種だが、プロトケラトプス科は中央アジアでしか発見されていない。北米でも似たような姿の原始的な角竜類が知られているが、これらは今日では別のグループ（レプトケラトプス科）とされている。

生態 同じくらいのサイズの個体が数体まとまって産出することがよくあり、群れがそのまま生き埋めになったものとみられている。強膜輪（→p.206）の形態から、昼夜関係なく活動していた可能性が指摘されている。

胴体・尾 胴体は前後に非常に短いが、その分左右幅はある。腰は左右幅が非常に広く、プシッタコサウルスのような二足歩行のより原始的な角竜とほとんど変わらない。尾は棘突起が伸長してヒレ状になっているが、泳ぎに使ったという意見はあまり肯定的にみられていない。

プロトケラトプス・
ヘレニコリヌス

頭部 角竜の中でも特に頭でっかちで、正面から見ると頭から四肢が生えているように見える。フリルの縁にはホーンレットのような波打ちがあり、吻には鼻角のような突起がある。プロトケラトプス・アンドリューシは口先に釘状の歯を持つが、後に現れたプロトケラトプス・ヘレニコリヌスでは退化している。

胴体・尾

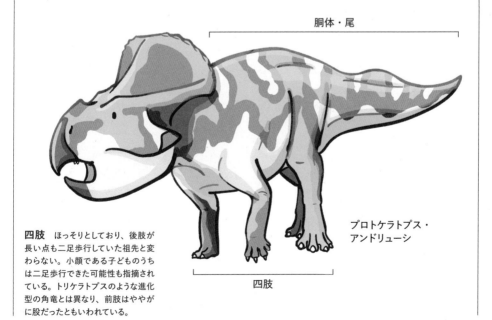

四肢 ほっそりとしており、後肢が長い点も二足歩行していた祖先と変わらない。小顔である子どものうちは二足歩行できた可能性も指摘されている。トリケラトプスのような進化型の角竜とは異なり、前肢はややがに股だったともいわれている。

プロトケラトプス・
アンドリューシ

四肢

オヴィラプトル

| おゔぃらぷとる | *Oviraptor*

モンゴルで発見された夥しい数の恐竜の卵化石。巣の傍らで息絶えたその小型獣脚類は、卵泥棒の汚名を着せられることになる。それから100年、オヴィラプトルの汚名はそそがれたが、その正体はいまだモンゴルの赤い砂の中にある。

「卵泥棒」の発見

1920年代前半、伝説の化石ハンター（→p.250）であるロイ・チャップマン・アンドリュース率いるアメリカ自然史博物館の中央アジア探検隊はモンゴルで盛んに調査を行った。中でも「炎の崖」で行われた調査では、恐竜の卵の化石（→p. 122）が大量に発見された。中身は保存されていなかったが、一帯で見つかる恐竜化石はほとんどがプロトケラトプス（→p.52）だったため、これらの卵化石もプロトケラトプスのものだと考えられるようになった。さらに「炎の崖」では、「プロトケラトプスの巣」とそこに覆いかぶさった未知の小型獣脚類の骨格まで発見された。この骨格は風化で下半身が失われていたが、上半身は関節した（→p.164）状態で保存されていた。「プロトケラトプスの巣」を襲った小型獣脚類が砂嵐で巣ごと生き埋めになったと判断したヘンリー・フェアフィールド・オズボーンは、この恐竜に「角竜の卵が好きな卵泥棒」という意味のオヴィラプトル・フィロケラトプスという学名を与えたのだった。

冤罪の証明と正体不明

こうしてオヴィラプトルは「卵泥棒」として描かれるようになったが、1990年代に状況は一変した。中国の内モンゴル自治区で、「プロトケラトプスの巣」の真ん中に現生鳥類の抱卵姿勢のようなポーズで座り込んだオヴィラプトル類の骨格が発見されたのだ。

さらに、モンゴルでは「プロトケラトプスの卵」に入ったオヴィラプトル類の胚化石が確認された。プロトケラトプスの卵とされていた化石は、いずれもオヴィラプトル類のものだったのである。そして「オヴィラプトル類の巣」に座り込んだオヴィラプトル類の化石が続々と発見され、「卵泥棒」が冤罪だったことが明白になった。オヴィラプトルのホロタイプも、自分の卵を守りながら生き埋めになったのである。

冤罪が晴れた一方、分類学的な研究が進むにつれ、それまでオヴィラプトル・フィロケラトプスとされていた化石のほとんどが別種のものとみられるようになった。オヴィラプトルの化石は保存状態のよくないホロタイプとその卵、そしてその脇から新たに見いだされた胚の化石だけになってしまったのだ。

巣は塚状で、ドーナツ状に卵が2つずつ産み付けられている。複数のメスが巣を共同で利用することもあったようだ。孵化した子どもはすぐに歩けたと思われる。卵は細長く、中国では青緑色の色素が残った化石が知られている。

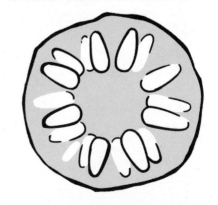

∷ オヴィラプトルと仲間たち

　オヴィラプトル科の化石はアジアでしか見つかっていないが、近縁のカエナグナトゥス科は北米でも見つかっており、全長7mに達するギガントラプトルも含まれる。いずれのグループも頭にクレストを持つものが多いが、肝心のオヴィラプトルのクレストは未発見である。

オヴィラプトル科の祖先に近いカウディプテリクスでは首から胴体にかけて羽毛（→p.76）の存在が確認されており、前肢や尾の先端には飾り羽のような長い羽毛があった。オヴィラプトル科やカエナグナトゥス科では尾端骨（→p.221）が発見されていることから、尾に飾り羽があった可能性が考えられる。

頭部　軽いつくりだが、特に下顎は頑丈な構造だ。オヴィラプトルのクレストは未発見だが、同科ではリンチェニア（右）よりはシチパチ（左）に近いタイプだったと思われる。

営巣している個体が自分の体温で直接卵を温めていたかどうかははっきりしない。同じオヴィラプトル科のシチパチではオスが営巣していた可能性がある。

前肢　オヴィラプトル科の前肢の長さは様々だ。オヴィラプトルやシチパチの前肢（上）は長いが、オクソコの前肢（下）は極端に短く、しかも2本指である。

∷ 結局何を食べていたの？

　オヴィラプトル科の頭骨は非常に変わった形態で、食性に関しては様々な意見があった。ある研究者はオヴィラプトル科が半水生だったと考え、下顎が頑丈な構造であることから貝を食べていたと考えた。今日ではオヴィラプトル科は半水生とは考えられておらず、化石が砂漠の風成層で見つかることも多いため、この説はあまり肯定的には見られていない。

　オヴィラプトル科は肉を切り裂いたり引きちぎったりするための歯や尖ったくちばしを持たないため、肉食でなかったという点では研究者の意見が一致している。様々な研究者が植物食の可能性を指摘しており、木の実や種子を食べていたともいわれている。一方で、オヴィラプトル科が産出する地層では花粉（→p.202）化石があまり見つからず、当時の植生がわかっていない場合も多い。

　オヴィラプトル科の頭骨が木の実や種子のような硬いものを食べるのに適した構造だとすると、卵の殻を噛み割ることもできたかもしれない。栄養豊富な卵が目の前にあった時、オヴィラプトルはどう行動しただろうか。

デイノケイルス

| でいのけいるす | *Deinocheirus*

2013年、一つの発表が学界を震撼させた。40年以上にわたって謎の恐竜として知られてきたデイノケイルスの骨格が、一挙に2体報告されたのである。頭骨と足のほかはほぼ完全だったそれらの骨格は、2000年代に推測されていた姿とは全く異なっていた。そして2014年、発表をまとめたものが論文として出版されたことで学界はさらに騒然となった。頭と足まで揃ったデイノケイルスの姿がそこにあったのである。

‖ モンゴルの超巨大獣脚類

　1960年代、ポーランドはモンゴルと共同でゴビ砂漠の発掘調査を盛んに行っていた。ポーランドから女性研究者が多く参加していたこの調査隊は、後に中国の研究者から「娘子軍」と呼ばれることになる。そして1965年、ネメグト層で巨大な恐竜の腕が発見された。

　現場に残されていたのは完全な肩帯と前肢、そしてわずかな肋骨や腹肋骨の破片だけだった。形態は明らかに獣脚類のものであったが、そのサイズは腕だけで2.4mに達するものであった。

　記載（→p.138）にあたったハルシュカ・オスモルスカは、この化石の特徴の多くがオルニトミムス類（→p.58）と一致することに気が付いた。一方で末節骨（→p.217）の形態は既知のものとはかなり異なっており、オルニトミムス類としてはあまりにも巨大だった。この恐竜に「恐ろしい手」を意味するデイノケイルスの属名を与えたオスモルスカは、悩んだ末にこれをメガロサウルス類（→p.32）に分類した。

‖ 謎の巨大ダチョウ恐竜

　デイノケイルスの新標本が一向に見つからない中、テリジノサウルス（→p.60）とデイノケイルスがともに長い腕を持つことから、両者を近縁と考える研究者が現れた。さらに1990年代初頭には巨大な腕を持つティラノサウルス（→p.28）のような姿や、全長10mを超える巨大オルニトミムス類風、"セグノサウルス類"風の姿まで、様々なデイノケイルスの復元（→p.134）が乱立するようになった。

　2000年代に入ると、デイノケイルスがオルニトミモサウルス類（オルニトミムス類を含むより大きなグループ）であることは確実視されるようになり、大御所になっていたオスモルスカもこれを支持した。デイノケイルスとオルニトミムス類の類似を見抜いたオスモルスカの目に狂いはなかっ

たのだ。とはいえ、依然としてデイノケイルスの標本はホロタイプのみで、復元も既知のオルニトミムス類の腕をデイノケイルスと差し替えるのがやっとであった。

∷ 盗掘された全身骨格

2006年から、韓国とモンゴルのゴビ砂漠共同調査が始まった。この調査には日本やアメリカ、カナダ、中国の研究者も相乗りし、国際色豊かなチームでの発掘調査となった。

初年度の2006年、ネメグト層で奇妙な獣脚類の骨格が発見された。盗掘者にひどく荒らされていたが、それでも調査隊は肩から尾までひと続きの背骨と骨盤の一部、そして足を除く後肢を採集することができた。この恐竜は全長7m以上あると推定されたが、既知のネメグト層産の恐竜化石と一致する特徴は見当たらなかった。

2008年、韓国-モンゴル共同調査隊はデイノケイルスのホロタイプの発掘現場を再発見し、掘り残しがないか調査を行った。ここでタルボサウルスの歯

型の付いた骨が発見され、デイノケイルスのホロタイプがタルボサウルスに食べられた可能性が浮上した。しかし、それ以上の化石は見つからなかったのだった。

2009年、韓国-モンゴル共同調査隊は巨大な盗掘現場に出くわした。当初タルボサウルスの盗掘跡と思われたその現場から出てきたのは、なんとデイノケイルスの肩帯だった。

発掘現場に残っていた骨格は関節した（→p.164）状態で、頭と手、足は盗掘者によって持ち去られていた。この骨格の特徴は2006年に発見されたものと一致し、2006年に発見された骨格もデイノケイルスのものであることが判明したのである。

2011年、化石販売業者からの情報をもとに、研究者たちがベルギーに飛んだ。そこにあったのは、2009年に発見された骨格の頭と手、足だった。これらの盗掘された化石は日本を経由し、ベルギーのコレクターへと売られたものであった。これらの化石は2013年にモンゴルに返還され、2014年になって一挙に論文として発表されたのだった。

頭 基本的な構造は他のオルニトミムス類と同様だが、吻が非常に長く、下顎の高さがあるため、一見全く異なって見える。口先の左右幅が広く、ハドロサウルス類に似ている。

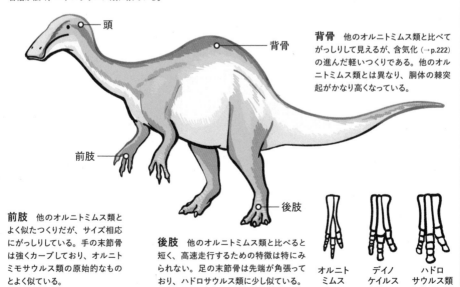

背骨 他のオルニトミムス類と比べてがっしりして見えるが、含気化（→p.222）の進んだ軽いつくりである。他のオルニトミムス類とは異なり、胴体の棘突起がかなり高くなっている。

前肢 他のオルニトミムス類とよく似たつくりだが、サイズ相応にがっしりしている。手の末節骨は強くカーブしており、オルニトミモサウルス類の原始的なものとよく似ている。

後肢 他のオルニトミムス類と比べると短く、高速走行するための特徴は特にみられない。足の末節骨は先端が角張っており、ハドロサウルス類に少し似ている。

オルニトミムス　デイノケイルス　ハドロサウルス類

オルニトミムス

| おるにとみむす | *Ornithomimus*

「**ダ**チョウ恐竜」として古くから知られてきたのが、オルニトミムスをはじめとするオルニトミモサウルス類である。20世紀初頭からダチョウに似た姿の全身骨格がいくつも知られてきたオルニトミモサウルス類だが、その進化や生態について詳しくわかってきたのは比較的最近になってからであった。

マーシュの「鳥もどき」

オルニトミモサウルス類の最初の化石が発見されたのは「化石戦争」（→p.144）真っ只中の1889年のことで、アメリカ・コロラド州で発見された手と足の断片はオスニエル・チャールズ・マーシュの手に渡った。足の形態はそれまでに発見されたどんな恐竜よりも現生鳥類に似ており、後に「アークトメタターサル」（→p.218）と呼ばれる独特の構造を備えていた。足の構造は現生鳥類と似ている一方、手の構造は特に似ておらず、マーシュはこの恐竜に「鳥もどき」という意味のオルニトミムスという属名を与えたのだった。

その後アメリカ西部でよく似た足の化石がいくつか発見されるようになり、マーシュはそれらもオルニトミムス属とした。こうした化石のほとんどは実際にはオルニトミモサウルス類のものではなく、小さなアルヴァレズサウルス類や大きなティラノサウルス類（→p.28）のものまで含まれていた。マーシュがオルニトミムスの一種とみなした化石の中には、ティラノサウルス・レックスそのものの後肢まで含まれていたが、それが判明したのはティラノサウルスの命名後しばらく経ってからであった。

世界のダチョウ恐竜

20世紀に入るとカナダで保存状態のよい骨格がいくつも発見されるようになり、オルニトミムスが「ダチョウもどき」といえる姿であったことが明らかになった。オルニトミムス属やその近縁はダチョウのような長い首に小さな頭、長い後肢を備えていたが、一方で細長い前肢と比較的長い尾もあわせ持っていたのである。その後アジアやヨーロッパでもオルニトミモサウルス類が発見されるようになり、白亜紀のローラシア（→p.176）に広く分布していたことが明らかになった。

白亜紀後期のオルニトミモサウルス類の多くは「ダチョウ恐竜」と呼ぶにふさわしい姿で、白亜紀前期のものもさほど変わらない姿であった。オルニトミモサウルス類は進化の早い段階で基本的な姿が完成し、その後ゆるやかに骨格の構造が洗練されていったようだ。一方で、デイノケイルス（→p.56）のように「ダチョウ恐竜」とはかけ離れた体型・サイズのものがいたことも最近になって判明し、オルニトミモサウルス類の姿や生態がこれまで考えられていたよりはるかに多様であったことが示唆されている。

オルニトミモサウルス類はしばしばボーンベッド（→p170）をなすことがあり、集団で行動することがあったようだ。歯やくちばしの形態が肉の切り裂きに適さず、胃石（→p.125）も発見されることから、雑食ないし植物食だったと考えられている。羽毛（→p.76）やくちばしの角質が化石化していたものも知られており、様々な観点から研究が進められている。

:: ダチョウ恐竜の進化

オルニトミモサウルス類の化石のほとんどはローラシアだった地域で発見されているが、最古のオルニトミモサウルス類であるンクウェバサウルスは当時ゴンドワナ（→p.182）だった南アフリカの白亜紀初頭の地層から産出している。他にゴンドワナでオルニトミモサウルス類と断定できる化石は知られておらず、ジュラ紀のオルニトミモサウルス類の化石も知られていない。かなり遠縁だが似たような姿の

ノアサウルス類の化石が混同されることもあり、混乱が続いている。

原始的なオルニトミモサウルス類には小さな歯があり、中には合計約220本もの歯を持っていたペレカニミムスも知られている。原始的なものは他の獣脚類と同様に趾（あしゆび：足の指を特にこう呼ぶ）が4本あったが、白亜紀後期に現れた進化型のタイプでは第I趾（足の親指）が退化して3本指になり、足の甲もアークトメタターサル構造となってより高速走行に適したスタイルとなっている。

頭部 体に対してかなり小さく、巨大な眼窩が目立つ。吻の先端は種によって形態が異なる。ペレカニミムスでは、後頭部に軟組織の小さなクレストが保存されていたほか、喉袋と思しき構造も確認されている。

胴体・尾 胴体は進化型の獣脚類としては前後に長めである。いくつかのオルニトミモサウルス類で、大量の胃石がまとまった状態で発見された例がある。尾はやや短いが、オヴィラプトロサウルス類と比べるとずっと長い。中ほどから急に細くなり、棒状の尾になる。デイノケイルスでは先端が尾端骨（→p.221）化している。

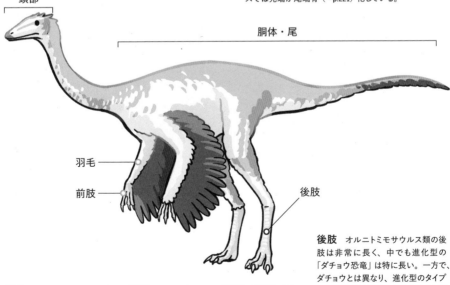

頭部

胴体・尾

羽毛

前肢

後肢

後肢 オルニトミモサウルス類の後肢は非常に長く、中でも進化型の「ダチョウ恐竜」は特に長い。一方で、ダチョウとは異なり、進化型のタイプでも接地する趾は3本のままである。進化型のタイプでは足がアークトメタターサル化しており、進化型のティラノサウルス類の幼体と区別が付きにくい。

前肢 非常に細長く、手の指も長い。手の形態は種ごとにかなりの違いがあるが、基本的に獲物を攻撃するのには不向きな構造である。

羽毛 オルニトミムスで繊維状の単純な羽毛が発見されている。また、前肢の骨には羽毛の付着点らしき構造も確認されている。尾の先端にも飾り羽のようなものがあった可能性があるが、直接証拠はまだない。

テリジノサウルス

| てりじのさうるす | *Therizinosaurus*

2 1世紀に入って20年以上が経過した今もなお、謎の恐竜は数多く存在する。モンゴルで発見されたテリジノサウルスは、当初恐竜かどうかさえ定かではなかった。近縁種の研究が進んだことで徐々にその姿は推定できるようになりつつあるが、依然としてテリジノサウルスの正体は謎に包まれたままである。

:: 謎の巨大ガメ？

1948年、モンゴルで恐竜化石の新たな産地を開拓していたソ連の調査隊は、ネメグト層で巨大な末節骨（→**p.217**）の化石を3つ発見した。そのうちの1つは長さ50cmを超えるサイズで、近くには中手骨らしいものや、長さ1.2mを超える肋骨の断片も転がってい

た。肋骨は異様に分厚く幅広で、プロトステガやアーケロンのような白亜紀の巨大なウミガメに似ているように思われた。この動物の正体はさっぱりわからなかったが、肋骨の類似から、カメのような幅広で平べったい体型をした水生動物であると考えられた。末節骨はおそらく前肢のもので、水草を刈り集めるのに使われていたとされた。

:: 竜脚類？ 獣脚類？ それとも？

1970年代に入ると、テリジノサウルスの正体について大きな手がかりが得られるようになった。1973年に肩帯と前肢の化石が発見されたのである。この頃、モンゴルでは奇妙な恐竜の化石が続々と発見されていた。セグノサウルス類と呼ばれていたそれらの恐竜は、"古竜脚類"のような頭骨と足に加えて長い首、幅広の胴体をあわせ持っていた。恥骨が後ろ向きになった骨盤は、獣脚類のものとは大きく異なるように見えた。

テリジノサウルスの肩や前肢はセグノサウルス類と似ており、かくして1990年代に入るとテリジノサウルスは巨大なセグノサウルス類であると考えられるようになった。テリジノサウルスが1954年に命名された際にテリジノサウルス科も設立されていたため、セグノサウルス類はテリジノサウルス類と呼ばれるようになった。

セグノサウルス類の分類については1990年代まで激しい議論が交わされ、獣脚類ではなく"古竜脚類"に近いグループであるとする意見も強かった。しかし、1999年になって中国で発見された原始的なテリジノサウルス類のベイピャオサウルスは、獣脚類の特徴を数多く備えていた。テリジノサウルス類にみられる"古竜脚類"的な特徴は独自に発達したものと考えられるようになり、テリジノサウルス類は獣脚類ということで意見の一致をみたのだった。

テリジノサウルス類の分類を巡る議論は収束したが、依然としてテリジノサウルスの化石は肩帯と腕、そしてテリジノサウルスか他のテリジノサウルス類のものなのかはっきりしない足の骨に限られている。同じネメグト層で発見された「腕だけ恐竜」デイノケイルス（→**p.56**）は近年になって全身骨格が発見されたが、テリジノサウルスの全身骨格が発見されるのはいつになるだろうか？

∷ テリジノサウルスの体

テリジノサウルスと断定できる化石は肩帯と前肢に限られているが、テリジノサウルス類全体に目を向ければ様々な部分の化石が発見されている。「答え合わせ」がいつになるかはわからないが、テリジノサウルスの全身について考えてみよう。

頭　小型のテリジノサウルス類であるエルリコサウルスでは、完全な頭骨が見つかっている。同じ地層で見つかったセグノサウルスの下顎は下に向かってカーブしており、テリジノサウルス類の頭骨がかなり多様だったことを示している。

羽毛
ベイピャオサウルスでは羽毛（→p.76）が発見されており、鳥類には見られない単純な構造の羽毛で全身が覆われていたようだ。尾端骨（→p.221）も発見されており、飾り羽を持っていた可能性がある。一方でテリジノサウルスはベイピャオサウルスの4倍以上の全長がある。ベイピャオサウルスと比べて温暖な環境に住んでいたとも考えられており、羽毛で保温する必要はなさそうだ。

首と胴体、尻尾　ナンシュンゴサウルスでほぼ完全な首と胴体の化石が発見されている。胴体は腰のあたりの幅が非常に広く、骨盤は胴体を受け止めるように左右に大きく広がっている。尾は太いが短めで、腰からはね上がるようにして伸びていた。他の二足歩行の恐竜と違い、上半身を起こして歩いていたと考えられている。

前肢　体に対して極端に長いわけではなかったようだ。テリジノサウルスの前肢はテリジノサウルス類の中でも独特で、末節骨が非常に薄く、カーブが非常にゆるい。テリジノサウルス類の前肢はあまり可動域が広くなかったとみられており、腕を大きく広げて爪を振りかざしたりできたかは怪しい。

後肢　知られている化石の限りでは、テリジノサウルス類の脛は長めだったらしい。全体的に非常にがっしりしており、足首から先は一見"古竜脚類"のような構造になっている。足の末節骨は4つとも非常に大きく、薄い鉤爪状だ。4本趾の特徴的な足跡を残したようである。

アンキロサウルス

| あんきろさうるす | *Ankylosaurus*

オステオダームを発達させた装盾類のうち、プレート状のものを背中に並べ、尾からサゴマイザーを伸ばしたものが剣竜類、オステオダームで全身をくまなく覆ったものが鎧竜類である。そして鎧竜の中でもとりわけ有名なものがアンキロサウルスだが、その実態はいまだによくわかっていない。

鎧竜の発見

鎧竜類は恐竜の中でも最初期に発見されたものの一つである。1832年にイギリスで発見された鎧竜の化石は恐竜史上初めて発見された関節した（→p.164）部分骨格で、翌1833年、ギデオン・マンテルはこれに「武装した森のトカゲ」、ヒラエオサウルス・アルマトゥスという学名を与えた。これはメガロサウルス（→p.32）、イグアノドン（→p.34）に続いて史上3番目に命名された恐竜だったが、それ以降ほとんど化石は発見されておらず、今日でも実態はあまりよくわかっていない。

アンキロサウルスの謎

鎧竜の骨格はその後ヨーロッパだけでなくアメリカでも発見されるようになったが、「鎧竜類」という分類は1920年代まで確立されず、ステゴサウルス（→p.44）と同じ剣竜類に属するものとして扱われていた。

鎧竜の中でも特に有名なアンキロサウルスの化石が発見されたのは、20世紀に入ってからのことである。1906年、伝説の化石ハンター（→p.250）のバーナム・ブラウン率いるアメリカ自然史博物館の調査隊がアメリカ・モンタナ州のバッドランド（→p.107）で、頭骨を含む部分骨格を発見したのである。1908年にブラウンはこれをアンキロサウルスと命名したが、骨格はかなり部分的で、尾を含めた欠損部をステゴサウルスで補完した骨格図が残されている。

1920年代に入り、尾の先にハンマーを持つ鎧竜が存在することがようやく確認された。また、鎧竜の中にはハンマーを持つものと持たないものがいることもここで初めて判明した。アンキロサウルスは前者のタイプであり、やがてハンマーの化石も発見されるに至る。しかし今日でも、アンキロサウルスの全身骨格は未発見のままである。

奇跡の化石たち

モンゴルでは、砂嵐で生き埋めになったり、死後急速に埋積された結果、全身が関節した状態で化石化した鎧竜がいくつも知られている。これらの骨格はうつぶせの状態で、脇腹の鎧までよく保存されているが、背中の鎧が風化・侵食で失われやすい。北アメリカでは、水流で運搬されている際に腐敗ガスの影響で仰向けになり、その後ガスが抜けて沈んだ鎧竜の化石がしばしば発見される。これらの骨格では脇腹の鎧は保存されにくいものの、胴体の下敷きになった背中側の鎧は完全な状態であることが多い。中にはボレアロペルタのように、上半身がまるごとミイラ化（→p.162）したものもある。

∷ 鎧竜の復元

　鎧竜類のグループ内における系統関係は未解明の部分が多く、活発な議論が続いている。一般に進化型の鎧竜類はアンキロサウルス類とノドサウルス類に分けられ、それ以前に枝分かれしたグループがゴンドワナ（→p.182）で白亜紀末まで生き残っていたとみられている。鎧竜最大の特徴である皮骨（→p.214）の「鎧」だが、その配置が完全に解明されているものは存在しない。鎧竜の復元（→p.134）は恐竜の中でも特に難題だが、近縁種では皮骨の配置パターンは共通らしい。

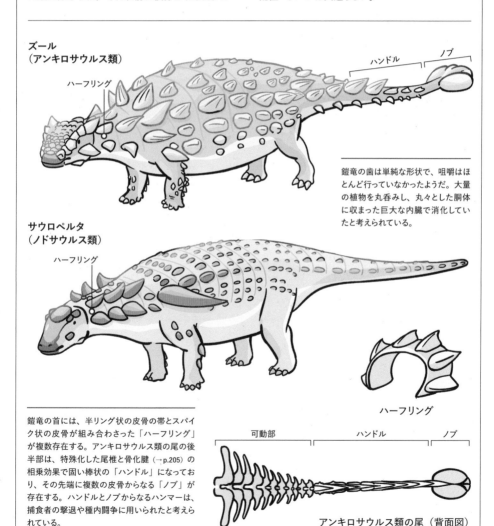

ズール
（アンキロサウルス類）

ハンドル

ノブ

ハーフリング

鎧竜の歯は単純な形状で、咀嚼はほとんど行っていなかったようだ。大量の植物を丸呑みし、丸々とした胴体に収まった巨大な内臓で消化していたと考えられている。

サウロペルタ
（ノドサウルス類）

ハーフリング

ハーフリング

鎧竜の首には、半リング状の皮骨の帯とスパイク状の皮骨が組み合わさった「ハーフリング」が複数存在する。アンキロサウルス類の尾の後半部は、特殊化した尾椎と骨化腱（→p.205）の相乗効果で固い棒状の「ハンドル」になっており、その先端に複数の皮骨からなる「ノブ」が存在する。ハンドルとノブからなるハンマーは、捕食者の撃退や種内闘争に用いられたと考えられている。

可動部

ハンドル

ノブ

アンキロサウルス類の尾（背面図）

パキケファロサウルス

| ぱきけふぁろさうるす | *Pachycephalosaurus*

> **パ** キケファロサウルスに代表される堅頭竜類（厚頭竜類とも）は、一見すると頭の形が少し変わっただけの鳥脚類のように見える。しかし堅頭竜類は角竜類と近縁なグループで、体型も鳥脚類とは全く異なっているのだ。「ドーム」の化石ばかり発見されることで有名だった堅頭竜類だが、近年その研究は大きく進展しつつある。

::: 堅頭竜類とトロオドン

堅頭竜類の最初の化石が発見されたのは19世紀後半のアメリカである。この化石は頭骨の断片で、当初はトカゲかアルマジロのような何かの化石と考えられ、その後忘れ去られた。

堅頭竜類が恐竜として認識されたのは20世紀に入ってからで、カナダの白亜紀後期の地層から頭頂部の「ドーム」が発見され、ステゴケラスと命名された。これだけでは全体像が全くわからず、角竜の鼻角（属名は「屋根状の角」という意味である）とも鎧竜とも考えられたが、1920年代になって急展開を迎えた。完全な頭骨を含むステゴケラスの部分骨格が発見されたのである。

これを研究したチャールズ・ギルモアは、「ステゴケラスの頭骨」に生えている歯がトロオドンと名付けられていた化石とよく似ていることに注目した。今日トロオドン類は鳥類にごく近縁な獣脚類としてよく知られているが、当時発見されていたのは歯の化石だけで、恐竜かどうかもよくわかっていなかったのである。ギルモアはステゴケラスがトロオドンの正体であると判断し、ステゴケラスをトロオドンのシノニム（→p.140）とした。以来、堅頭竜類はトロオドン類と呼ばれるようになったのだった。

::: パキケファロサウルス誕生

「トロオドンの骨格」は奇妙な特徴をいくつも備えていた一方で背骨はほとんど残っておらず、体型については謎が増えただけでもあった。そうこうしているうちにカナダやアメリカで堅頭竜類の化石がさらに発見されていったが、「ドーム」の化石ばかりで、頭骨全体はおろか背骨さえ満足に発見されないままであった。

1931年、アメリカ・ワイオミング州の白亜紀末の地層で「トロオドンの新種」が発見された。このトロオドン・ワイオミンゲンシスも「ドーム」だけだったのだが、その後ヘル・クリーク層（→p.190）で「トロオドンの頭骨」とは著しく異なる堅頭竜類のほぼ完全な頭骨が発見され、パキケファロサウルス・グレンジャーリと命名された。その後両者は同じ種と考えられ、学名はパキケファロサウルス・ワイオミンゲンシスとなった。

1940年代の後半になり、トロオドンが獣脚類であり、堅頭竜類とは全く別の恐竜であることがようやく判明した。しかし、その後も一般向けの書籍などでステゴケラスはたびたびトロオドンとして紹介される始末であった。1960年代以降、モンゴルのゴビ砂漠でポーランドとモンゴルによる共同調査が行われ、プレノケファレやホマロケファレといった新たな堅頭竜類が発見された。特にホマロケファレは骨格のかなりの部分を保存しており、ステゴケラスとあわせて堅頭竜類の奇妙な骨格の構造が明らかになった。近年ではパキケファロサウルスらしき部分骨格も発見され、頭骨以外の研究も進みつつある。

∷ 別種？ 同一種？

　堅頭竜類は同じ地層から複数種が記載（→p.138）されている例があり、頭頂部に「ドーム」を持つものとそうでないものが同じ地層から産出することがある。かつて「ドーム」のないものは単に原始的な堅頭竜類と考えられてきたが、実際には「ドーム」以外の頭骨の装飾（後頭部の鋲ないしスパイク状の皮骨（→p.214）の配置や本数、形態など）が同じ地層から産出する「ドーム」のあるものと酷似していることが確認され、前者は後者の幼体であるとも考えられるようになった。恐竜の成長にともなう形態変化の研究は近年盛んに行われており、堅頭竜類は角竜類と並んで格好の題材となっている。

頭部　鋲やスパイク形の皮骨で覆われているが、基本形は原始的な角竜とよく似ている。頭頂部の「ドーム」は、体のサイズがかなり大きくなってから急速に発達するようだ。脳のサイズは鳥盤類の中では最大級である。上下の顎の先端近くには牙状の歯がいくつか存在する。

胴体・尾　胴体から尾の付け根にかけては、二足歩行の恐竜としては異様なほど左右幅が広い。大きな内臓が収まっていたとみられている。尾の後半部は「筋骨竿」と呼ばれる特殊なタイプの骨化腱（→p.205）が発達しており、尾の骨をカゴのように取り巻いている。

頭部　｜　胴体・尾

四肢

頭突きはした？ しなかった？
堅頭竜類の頭部の「ドーム」の機能に関しては様々な意見があり、種内闘争や捕食者への反撃として頭突きに用いたという説が有名である。
反論も多い一方、近年では頭突きが原因とみられる「ドーム」表面の負傷の痕跡も確認されており、活発な議論が続いている。

四肢　手の形態は全くわかっていないが、前肢は非常に短い。両脚が体の中心からかなり離れた位置から生えており、他の二足歩行の恐竜のような「モデル歩き」（足が正中線を跨いで接地する歩き方）をすることはなさそうだ。

パキケファロサウルス　　スティギモロク　　ドラコレックス

パキケファロサウルスの成長
パキケファロサウルスの産出するヘル・クリーク層では、他にスティギモロクとドラコレックスが産出している。これらの頭骨はドームの有無とスパイクの長さを除いてそっくりであり、ドラコレックスはパキケファロサウルスの幼体、スティギモロクはパキケファロサウルスの亜成体とみられている。

スピノサウルス

| すぴのさうるす | *Spinosaurus*

独特のフォルムとその巨体で人気を集めるスピノサウルスだが、最近まで、もとい今日でも謎の多い恐竜である。スピノサウルスを巡る議論は近年ヒートアップしており、今最もアツい恐竜の一つとなっているのだ。

■ 失われたホロタイプ

　20世紀初頭、世界でも有数の科学大国であったドイツは植民地をはじめ、海外での学術遠征調査を盛んに行っていた。こうした中、ドイツ貴族で地質学者のエルンスト・シュトローマーは化石ハンター（→p.250）たちを引き連れ、当時イギリスの植民地であったエジプトの奥地へと挑んだのである。一行はバハリヤ・オアシスで白亜紀中頃の動物化石を多数発見した。以降、第一次世界大戦でイギリスと戦争状態になるまでの数年間で、恐竜をはじめとする膨大な量の化石が発掘されてはドイツへと送られた。シュトローマーはミュンヘンの博物館でこうした化石の記載（→p.138）に忙殺されたが、中でも注目したのが、巨大な"背ビレ"を持つ獣脚類の部分骨格であった。四肢は全く残っていなかったが、胴体の骨格は比較的揃っており、胴椎の棘突起はこれまでどんな恐竜でも知られていなかったほど伸長していたのである。この棘突起は巨大な"背ビレ"を形作っていたと考えられた。

　シュトローマーはこの恐竜を「エジプトの棘トカゲ」を意味するスピノサウルス・アエギプティアクスと命名し、こつこつ研究を重ねた。バハリヤ・オアシスではスピノサウルスのものと思しき後肢を含んだ小さな部分骨格も発見され、シュトローマーはこれを"スピノサウルスB"と呼んだ。

　第二次世界大戦が始まると、シュトローマーはミュンヘンの博物館に収蔵されていた一連のバハリヤ・オアシス産の化石の疎開を館長に訴えた。だが、日頃ナチスとの折り合いが悪かったシュトローマーに対し、熱心なナチス党員であった館長は聞く耳を持たなかった。1944年4月24日、博物館とともにスピノサウルス2体も灰燼に帰した。あとに残ったのは論文の図版と、博物館で展示されていた時の写真数枚だけだったのである。

■ 新しい仲間たち

　ホロタイプ（と本当にスピノサウルスかどうかはっきりしない"スピノサウルスB"）が失われたため、第二次世界大戦後、スピノサウルスの研究は極めて難しい状況になってしまった。しかし、北アフリカにはバハリヤ・オアシスと同時代の地層が点在しており、時折スピノサウルスらしき化石が新たに発見されることもあった。

　1990年代に入ると、モロッコでバハリヤ・オアシス産と同じ種の恐竜が発見されるようになった。肝心のスピノサウルスのまとまった骨格はなかなか産出しなかったのだが、モロッコの白亜紀中頃の地層は商業標本の産地として注目され、モロッコ産のスピノサウルスの歯化石が大量に流通するようになった。また、バリオニクスをはじめとする白亜紀前期のスピノサウルス類の研究も進んだ。こうして、失われたホロタイプにモロッコ産の断片的な化石と白亜紀前期の近縁種の情報を組み合わせ、ティラノサウルス（→p.28）をも上回るスピノサウルスの巨体が復元（→p.134）されるようになった。

∷「新復元」と現在

　こうして復元されたスピノサウルスは、同科のバリオニクスやスコミムスと同様の、すらりとした長い後肢を持った姿であった。だが、2014年になって衝撃的な「新復元」が発表された。モロッコで新たに発見された部分骨格の後肢は"スピノサウルスB"とよく似た形態で、体の割に非常に短く貧弱だったのである。「新復元」を発表した研究チームは、様々な特徴から考えてスピノサウルスは半水生であり、陸上を移動する際は（後肢が短いので）前肢も使って四足歩行したと考えた。研究チームはさらに、新たに発見された部分骨格を焼失したホロタイプに代わる新たな模式標本（ネオタイプ）とした。一方、ネオタイプがキメラ（複数の分類群の化石が混在した状態）であることを疑う意見もあった。

　こうした事情もあり、「新復元」の研究チームはネオタイプ産地の再発掘を行い、掘り残されていたほぼ完全な尾を発見した。この発見でネオタイプがキメラでなかったことが示されただけでなく、スピノサウルスの尾が水生・半水生の両生類や爬虫類と似た形態であったことも明らかになった。研究チームはスピノサウルスは高速で泳ぎ、水中で狩りをするハンターだと考えているが、これには異論も多い。

　命名から100年以上を経て、スピノサウルスの研究はようやくスタート地点に立ったばかりなのだ。

頭部　化石はほとんど吻しか知られていないが、細長く左右幅の狭い頭骨の持ち主だったことは確かだ。鼻孔はかなり後ろに付いており、鼻先を水に突っ込んだ状態でも呼吸が可能である。歯は魚食性のワニとよく似た形状で、魚を食べていたことは間違いない。低いクレストを持っていたが、形状ははっきりしない。

背ビレ　体温調節やディスプレイなど、その機能については様々な意見があるが、詳しいことはわかっておらず、背ビレ全体の形状すらよくわかっていない。スピノサウルスや近縁のイクチオヴェナトルの棘突起はぐにゃぐにゃに曲がった状態で産出しており、柔軟性の高い骨だったのかもしれない。

尾　スピノサウルスをはじめ、いくつかのスピノサウルス類でヒレ状になった尾が知られている。一見ワニなどの尾で水をかく動物のものに似ているが、それほど筋肉質でもないようだ。

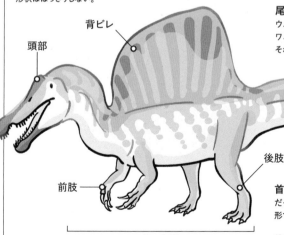

背ビレ

頭部

頭部

背ビレ

尾

後肢

前肢

首・胴体

前肢　指は長かったらしいが、それ以外のことはほとんど何もわかっていない。バリオニクスやスコミムスの前肢は頑丈だがかなり短い。

首・胴体　首は長くがっしりしており、かなり柔軟だったようだ。胴体は獣脚類としては珍しく、円筒形である。

後肢　すらりとしているが、かなり短い。テリジノサウルス類以外の獣脚類としては珍しく、足の第I趾（親指）も接地していたようだ。水かきがあった可能性も指摘されており、泳いだり湿地を歩く際に役立ったのかもしれない。

カルノタウルス

| かるのたうるす | *Carnotaurus*

白亜紀のゴンドワナにはローラシアとは異なるグループの恐竜たちが繁栄していたが、それが明らかになったのは比較的最近のことである。白亜紀のゴンドワナで栄えた中型～大型肉食恐竜のアベリサウルス類がグループとして認識されたのは、1980年代半ば、カルノタウルスが発見されてからのことであった。

∷ 肉食の雄牛

インドやアルゼンチンの白亜紀後期の地層は20世紀前半から研究されており、当時から様々なゴンドワナ産（→p.182）の竜脚類や獣脚類が発見・記載（→p.138）されてきた。しかし、それらの恐竜化石はいずれも断片的で、特に獣脚類に関しては分類さえおぼつかないものだった。例えば、今日インド産のアベリサウルス類として知られているインドスクスは当初アロサウルス類（→p.42）とされ、1960年代から80年代にかけてはティラノサウルス類（→p.28）と考えられていたほどである。

1970年代後半からアルゼンチンでの恐竜発掘が盛んに行われるようになり、保存状態のよい恐竜化石が続々と採集された。そうした中で、南米で初めてとなる関節した（→p.164）大型獣脚類の骨格が発見された。

この骨格は固い菱鉄鉱のノジュール（→p.168）に包まれており、クリーニング（→p.130）にはかなりの時間を要することになったが、発掘直後からその奇妙な特徴は明らかだった。大型獣脚類としては非常に小顔で、しかも頭部には雄牛のような2本の短い角が生えていたのである。また、前肢はティラノサウルス以上に短かった。さらに、骨格の周囲から皮膚痕（→p.224）まで発見されたのである。

雄牛のような角と発掘現場となった牧場の所有者にちなみ、この恐竜は1985年に「サストレの肉食の雄牛」カルノタウルス・サストレイと命名された。同じ年に部分的な頭骨に基づいて命名されたアベリサウルスとカルノタウルスが近縁であることもすぐに判明し、これらの恐竜はまとめてアベリサウルス類と呼ばれるようになった。また、インドやアルゼンチンでそれまでに発見されていた大型獣脚類の断片的な化石がアベリサウルス類のものであることも判明した。こうして、アベリサウルス類が白亜紀のゴンドワナで一般的な存在だったことが明らかになったのである。

∷ ゴンドワナの王者

1990年代になるとマダガスカルで保存状態のよいマジュンガサウルスの化石が続々と発見され、カルノタウルスとは体型の大きく異なるアベリサウルス類も存在したことが判明した。また、ヨーロッパからもアベリサウルス類の化石がいくつか発見され、白亜紀後期にはゴンドワナからアベリサウルス類が侵入・定着していたことも明らかになった。

ギガノトサウルス（→p.70）をはじめとするカルカロドントサウルス類が白亜紀中頃に絶滅した後、ゴンドワナで頂点捕食者の座についたのはアベリサウルス類であるとこれまで考えられてきた。しかし、最近になって大型のメガラプトル類（→p.72）が白亜紀末まで南米に存在したことも判明した。ゴンドワナに生息していた恐竜の研究はまだまだこれからであり、世界の古生物学者たちが熱い視線を送っている。

:: ケラトサウルスの系譜

アベリサウルス類はジュラ紀後期のケラトサウルスと近縁なグループで、骨格の多くの特徴を引き継いでいる。ケラトサウルスと同時代にはすでにゴンドワナに広がりつつあり、白亜紀に入って勢力を伸ばしたようである。アベリサウルス類はケラトサウルスと違って歯が短いが、頭骨は頑丈なつくりで、たくましい首を活かして獲物から肉を噛みちぎっていたようだ。

ケラトサウルスに近縁なもう一つのグループにノアサウルス類があるが、こちらはアベリサウルス類以上に謎が多い。ジュラ紀後期にはゴンドワナだけでなくローラシアでも繁栄していたが、白亜紀後期になるとゴンドワナでしか見られなくなる。成長にともなって歯が消失するものも知られており、少なくとも一部のノアサウルス類は植物食だったようだ。ノアサウルス類は全長2mほどのものが多いが、全長7mを超えるものもいた。

カルノタウルス 南米のアベリサウルス類の代表格で、その中でも特に進化したタイプである。アベリサウルス類の中でも後肢を動かす筋肉が特に発達していたらしく、速く走ることができたようだ。

マジュンガサウルス 保存状態のよい化石が多数発見されている。白亜紀末に生息したアベリサウルス類だが、カルノタウルスなどの南米のものとはやや遠縁で、長い首や短い後肢など、体型は大きく異なっている。インドやヨーロッパのアベリサウルス類と近縁らしい。

リムサウルス ノアサウルス類の中でもかなり古い時代（ジュラ紀後期）のもので、かつ全身骨格が発見されている唯一のものである。幼体から成体まで多数の化石が知られており、成長にともなって歯が消失し、ダチョウ恐竜（→p.58）によく似た姿になる。胃石（→p.125）も発見されており、食性について研究が進められている。

ギガノトサウルス

| ぎがのとさうるす | *Giganotosaurus*

長らく最大最強の獣脚類として君臨していたティラノサウルスだが、その座を揺るがす出来事が1995年に起こった。アルゼンチン産の超巨大獣脚類、ギガノトサウルスが命名されたのである。「ティラノサウルスより巨大」をキャッチコピーに一躍人気恐竜の座に上り詰めたギガノトサウルスだが、その実態にはいまだ謎が多い。

■ エル・チョコン湖の怪物

1980年代以降、南米での恐竜発掘が急激に活発化し、ほとんど何もわかっていないに等しい状況だったゴンドワナ（→p.182）の恐竜に対する理解が急速に進んだ。続々と新たな恐竜が記載（→p.138）・命名されていく中で、アルゼンチノサウルス（→p.74）のような研究者の度肝を抜く発見も相次いだのである。

1993年、アルゼンチンはパタゴニアのバッドランド（→p.107）に横たわるエル・チョコン湖のほとりで、アマチュア化石ハンターが巨大な「竜脚類」の化石を発見した。だが、連絡を受けて現場に急行した地元研究者らがそこで確認したのは巨大な獣脚類であった。しかも骨格は部分的に関節した（→p.164）状態で、全身のかなりの部分が保存されていたのである。頭骨はかなり不完全だったが、それでもこの恐竜がティラノサウルス（→p.28）と互角以上のサイズであることは明らかだった。

こうして1995年、この巨大獣脚類は発見者の名にちなんで「カロリニの巨大な南のトカゲ」ギガノトサウルス・カロリニイと命名された。分類についてはっきりしたことはわからなかったのだが、エジプトやモロッコで産出した巨大獣脚類カルカロドントサウルスに近縁とする意見と、ゴンドワナ各地で発見されていたアベリサウルス類とする意見があった。命名からさほど間を置かずに復元（→p.134）骨格がお披露目されたが、これは全長13mと、最大のティラノサウルスよりもわずかに長いものとなっていた。アベリサウルスを参考に復元された頭骨は長さ約180cmもあり、ティラノサウルスと比べて30cmほど長かったのである。この復元頭骨はカルカロドントサウルスと比べてかなり間延びした姿であったため、ギガノトサウルスをカルカロドントサウルス類と考える研究者からは批判もあった。

■ カルカロドントサウルス類の王者

その後の研究でギガノトサウルスはカルカロドントサウルス類で間違いないことが判明し、復元頭骨のアーティファクト（→p.136）は何の根拠もないどころか不適切なものとなってしまった。アクロカントサウルスなど、完全な状態で発見されているカルカロドントサウルス類の頭骨はアロサウルス（→p.42）と比較的似ていたのである。

ギガノトサウルスの化石はその後、下顎の断片が発見されただけだが、南米ではその後も様々なカルカロドントサウルス類の化石が発見され続けている。ギガノトサウルスで未発見となっている部位も他の南米産カルカロドントサウルス類で確認できるようになり、ギガノトサウルスの復元をより高い精度で行うことができるようになっているのだ。新発見が続く中でもギガノトサウルスは最大のカルカロドントサウルス類の地位を保っており、ティラノサウルスと互角以上の体格の持ち主として君臨している。

▦ 徹底比較！ ティラノサウルス vs. ギガノトサウルス

　ティラノサウルスとギガノトサウルスは共に獣脚類としては極めて巨大であり、最大最強の「肉食恐竜」として語られることがある。強さ比べに意味はないが、生態系の頂点に君臨した2つの巨大獣脚類について見ていこう。

頭部　カルカロドントサウルス類としては頑丈な構造で、鼻面や眼窩の上には角質の峰があったようだ。復元頭骨のアーティファクトは長すぎだが、それでもギガノトサウルスの頭骨は最大のティラノサウルスよりも長かったようである。

　一方でティラノサウルスと比べるとずっと華奢なつくりで、歯も薄いナイフ状である。太い歯と強靭な顎で獲物を骨ごと噛み砕くティラノサウルスに対し、切れ味鋭い歯で獲物の肉をそぎ取るのが得意だったようだ。

頭部　｜　首・胴体・尾

ギガノトサウルス

前肢 — 　　　後肢

前肢　ギガノトサウルスでは全く発見されていないが、近縁のメラクセスではほぼ完全なものが知られている。前肢の長さはティラノサウルス並みであり、3本指とはいえ爪はむしろティラノサウルスよりも小さかった可能性が高い。

首・胴体・尾　ティラノサウルスと比べると、ギガノトサウルスは全体的に華奢である。ティラノサウルスは胴体の幅が広いが、ギガノトサウルスではアロサウルスのように幅が狭かったようだ。カルカロドントサウルス類は総じて背骨の棘突起が高めで、ギガノトサウルスも低い背ビレ状の構造を持っていた可能性がある。

頭部　｜　首・胴体・尾

ティラノサウルス

前肢　　　後肢

サイズ　イラストはギガノトサウルスのホロタイプ（上）と、最大のティラノサウルスとして知られる"スー"（→p.240）を同一縮尺で並べたものである。ギガノトサウルスはホロタイプよりわずかに大きな個体の化石が知られている一方、"スー"より大きいと断言できるティラノサウルスの骨格は知られていない。ギガノトサウルスの全長がティラノサウルスよりも長かったことはほぼ確実だが、一方でギガノトサウルスはティラノサウルスと比べてだいぶ華奢である。速く走るのに適した特徴を保持しているにもかかわらず、ティラノサウルスの最大個体の方がギガノトサウルスの最大個体よりも重かった可能性が高い。

後肢　ギガノトサウルスは決して短足ではないが、ティラノサウルスと比べると短めである。ティラノサウルスがアークトメタターサル（→p.218）のような特殊な構造を備えているのに対し、ギガノトサウルスの後肢はごく普通のつくりである。メラクセスでは完全な足が発見されており、ギガノトサウルスもメラクセス同様、第Ⅱ趾（足の人差し指）にかなり大きな末節骨（→p.217）があったかもしれない。

メガラプトル

| めがらぷとる | *Megaraptor*

白 亜紀後期、ゴンドワナ大陸では巨大な鉤爪を持った獣脚類が栄えていた。メガラプトル類と呼ばれるその恐竜たちの姿は、おぼろげながら明らかになりつつある。

手の爪？足の爪？

1980年代から南米で盛んに恐竜の発掘が行われるようになり、それまで知られていなかった様々なグループの恐竜が発見されるようになった。その中には、中型獣脚類の四肢の一部と巨大な鉤爪状の末節骨（→p.217）からなる標本も含まれていた。

四肢の特徴はそれまでに知られていた他の獣脚類とは一致しなかったが、どことなくコエルロサウルス類のような形態であった。鉤爪は巨大で薄く、出刃包丁のような断面形状はドロマエオサウルス類の"シックル・クロー"にそっくりだった。ドロマエオサウルス類そのものかどうか判断はつかなかったが、それでもこの恐竜はドロマエオサウルス類のような姿をしていたように思われたのである。ユタラプトルのような巨大ドロマエオサウルス類と同じかそれ以上のサイズを持つこの恐竜には「メガラプトル」の属名が与えられたのだった。

2002年になり、待望のメガラプトルの新標本が発見されると衝撃的な事実が明らかとなった。新標本は肘から先が関節した（→p.164）状態で残っていたが、足の第II趾（人差し指）ではなく手の第I指（親指）にシックル・クローが付いていたのである。この新標本は肘から先を除けばかなり不完全な骨格で、メガラプトルの分類についてはよくわからない状況が続くことになった。この新標本をもとにしたカルカロドントサウルス類風の復元（→p.134）骨格が制作される一方で、メガラプトルがスピノサウルス類（→p.66）である可能性を指摘する研究者も出てきたのだ。

正体不明の鉤爪たち

2010年代に入ると、メガラプトルを取り巻く状況は大きく変わった。南米で発見されていた様々な獣脚類がメガラプトルと近縁であることが判明したのである。オーストラリアで発見されたアウストラロヴェナトルや、日本のフクイラプトル（→p.232）も原始的なメガラプトル類であると考えられるようになった。また、この時期になると上半身の大部分が関節したメガラプトルの幼体や、メガラプトル類のかなり完全な後頭部なども発見された。これによって、メガラプトル類全体でいえば骨格のかなりの部分が揃ったのである。

獣脚類の中でのメガラプトル類の位置付けについては、カルカロドントサウルス類に近いとみる意見と、原始的なコエルロサウルス類とみる意見の二つに割れており、現在でも議論が続いている。最近になって白亜紀最末期の地層でも大型のメガラプトル類の化石が発見されるようになり、全長9mを超えるメガラプトル類が白亜紀の最後まで繁栄していたらしいことが明らかになった。

これからのメガラプトル類

　これまでにメガラプトル類の骨格が1体丸ごと発見されたことはなく、同じ種の中で複数の部分骨格が発見された例もメガラプトルに限られている。このため、メガラプトル類の復元には、様々なメガラプトル類を組み合わせる必要がある。フクイラプトルはほぼ四肢しか発見されていないが、後の時代のより進化したメガラプトル類と比べると、前肢が短く、手の末節骨もずっと小さい。メガラプトル類とひと口にいっても、場所も時代も形態も様々で、組み合わせて復元する際には細心の注意が必要だ。

　実態が不明瞭なこともあり、今なおメガラプトル類の分類は揺れ動いている。白亜紀中頃の地層から発見された獣脚類の断片的な骨格がメガラプトル類に分類されることはしばしばあるが、それらの化石が本当にメガラプトル類なのかどうか疑わしい場合も少なくない。

　ゴンドワナ大陸（→p.182）のうち、少なくとも現在の南アメリカではアベリサウルス類とともに白亜紀の最後まで栄えたメガラプトル類だが、北半球では遅くとも白亜紀の中頃までにはカルカロドントサウルス類ともども絶滅し、進化型のティラノサウルス類（→p.28）に取って代わられたようだ。恐竜たちの興亡史を解き明かす上で、メガラプトル類は大きなカギを握っている。

頭　メガラプトル類の完全な頭骨は未発見のままだが、メガラプトルの幼体で吻や後頭部の一部が、ムルスラプトルで後頭部の大部分や下顎の後半部が知られている。進化型のタイプの頭は小さめで、吻が細長い。

首・胴体・尾　進化型のメガラプトル類であるメガラプトルの幼体では首と胴体がほぼ完全に残っており、同じく進化型のアエロステオン、トラタイェニアでも胴体や腰の大部分が発見されている。首はやや長く、胴体はティラノサウルス類と似て胸部の幅がかなり広い。腰帯も一見ティラノサウルス類と似ている。尾の化石はあまり見つかっていない。

首・胴体・尾

頭

後肢

前肢

後肢　体に対して長めで、原始的なタイプではかなり華奢なつくりである。原始的なタイプであるフクイラプトルやアウストラロヴェナトルでは趾がかなり長い。

前肢　フクイラプトルのような原始的なメガラプトル類では、末節骨こそ薄くなっているが、基本的なつくりはアロサウルス（→p.42）などとさほど変わらなかったようだ。メガラプトルなどの進化型のタイプでは手が非常に大きく、特に第Ⅰ指（親指）の末節骨が著しく長い上にシックル・クロー化する。第Ⅲ指（中指）はかなり短く、末節骨もごく小さい。第Ⅳ中手骨（薬指の甲）が消失せずに残っている。

アルゼンチノサウルス

| あるぜんちのさうるす | *Argentinosaurus*

1970年代から90年代にかけて、「最大の恐竜」を巡るバトルが過熱していた。北米で続々と巨大なディプロドクス類やブラキオサウルス類の化石が発見され、一時は全長52mとまでいわれた"セイスモサウルス"を筆頭に、その推定全長や体重を競い合う状況となっていたのである。こうした中で、1993年にアルゼンチンから真打ちが登場したのだった。

世界最重の恐竜

アルゼンチンで盛んに恐竜発掘が行われるようになっていた1987年、中西部ネウケン州の白亜紀中頃の地層で巨大な「珪化木」(→p.203) が発見された。連絡を受けて現地を訪れた地元博物館のスタッフは、これが木の幹ではなく竜脚類の脛の一部の化石であることを確認し、1989年から周辺の本格的な発掘が行われた。その結果、巨大な胴椎や骨盤が発見されたのである。胴椎も骨盤も、それまで発見された竜脚類ひいては陸上生物の中で最大のものであった。

この恐竜は1993年に、アルゼンチノサウルス・ウインクレンシスとして記載 (→ p.138)・命名された。北米産のジュラ紀の巨大恐竜とは異なり、白亜紀のゴンドワナ (→p.182) で栄えたティタノサウルス類の原始的なものと考えられた。

当時、ティタノサウルス類の体型やその多様性についてはあまりよくわかっておらず、アルゼンチノサウルスの全長 (→p.142) はずんぐりした小型のティタノサウルス類にあてはめて30mほど、首や尾の長い体型と仮定すると35～40mほどと推定された。一方で、ティタノサウルス類は全体としてディプロドクス類やブラキオサウルス類 (→p.46) と比べてずっとがっしりしていることは当時から知られており、アルゼンチノサウルスの体重 (→p.143) が他のあらゆる恐竜よりも重かったことは確実視された。全長という点では首や尾の非常に長いディプロドクス類に一歩譲るものの、体重の点では間違いなく世界最大の恐竜といえるものだったのである。アルゼンチノサウルスの体重は、80～100tほどと推定されたのだった。

巨大ティタノサウルス類の王国

2000年代に入ると、アルゼンチンの白亜紀の地層から相次いで巨大なティタノサウルス類の化石が産出するようになった。中でもフタロンコサウルスは、アルゼンチノサウルスと比べると明らかに小さかったが、首や胴体、骨盤がほぼ完全な状態で関節して (→p.164) 産出したのである。この発見により、大型のティタノサウルス類の中に首の長い体型のものが存在することが判明したのだった。他にも様々な保存状態のよい化石が発見されるようになり、大型のティタノサウルス類全般がティタノサウルス類と

しては首の長い体型であることが明らかになっていったのである。

こうした中で、2010年にアルゼンチンで巨大なティタノサウルス類のボーンベッド (→p.170) が発見された。いずれの個体も関節が外れた不完全な骨格だったが、それらを組み合わせることで頭骨を除く骨格の大部分が揃ったのである。全長37m、体重69tと推定されたこの恐竜はパタゴティタンと命名され、アルゼンチノサウルスとごく近縁であることが明らかになった。

:: 史上最大の恐竜

パタゴティタンはアルゼンチノサウルスよりもわずかに巨大であるとして記載されたが、両者で部位が重複する化石に関してはアルゼンチノサウルスの方がわずかに大きく、これには批判も多い。また、パタゴティタンの尻尾の長さの見積もりが長すぎるという意見もある。とはいえ、"セイスモサウルス"（→p.246）をはじめとする北米産のジュラ紀のディプロドクス類の推定全長が軒並み下方修正された現在では、パタゴティタンが最長かつ最重量級の恐竜であることも確かである。そして、アルゼンチノサウルスはそれよりもわずかに大きい可能性があるのだ。

南米では全長30mを超える巨大なティタノサウルス類が白亜紀前期から終わり頃にかけて入れ代わり立ち代わり繁栄しており、その一部は北米にも侵入したとみられている。ゴンドワナに暮らした恐竜たちの研究はローラシア（→p.176）のものと比べてまだまだ発展途上にあり、アルゼンチノサウルスより巨大かつより完全なティタノサウルス類の化石が今後発見される可能性は大いにある。

アルゼンチノサウルス
パタゴティタンよりもわずかに大きく、なおかつがっしりしているようだ。ティタノサウルス類としては背中の棘突起が高い。

パタゴティタン　巨大なティタノサウルス類としては全身のパーツがまんべんなく発見されており、その実態の解明に大きな期待が寄せられている。2017年に記載されたばかりのため、詳しい研究はこれからだ。

プエルタサウルス　いくつかの背骨が発見されているだけだが、首や胴体の横幅が非常に広く、胴体に至ってはアルゼンチノサウルスよりも幅が広かったと思われる。パタゴティタンよりも明らかに首が長く、アルゼンチノサウルスをも全長・体重で上回る可能性も残っている。

羽毛
| うもう | feather

1996年、衝撃的なニュースが学界を駆け巡った。中国遼寧省、熱河層群（ねっか そうぐん）で発見された小さな恐竜の化石には、全身を覆う羽毛が残されていたのだ。

それから25年以上が過ぎ、羽毛の生えた復元画は珍しいものではなくなった。羽毛の残った恐竜化石もかなりの数が発見されており、羽毛を持つ恐竜がいたことはもはや疑う余地がない。

⊞ 羽毛の確認された恐竜のグループ

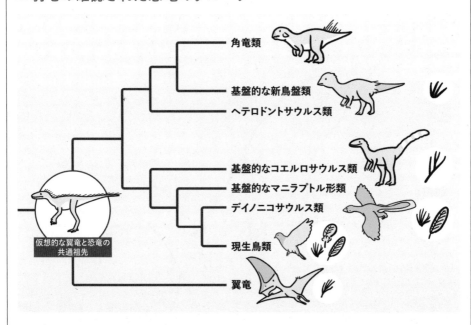

角竜類

基盤的な新鳥盤類

ヘテロドントサウルス類

基盤的なコエルロサウルス類

基盤的なマニラプトル形類

デイノニコサウルス類

現生鳥類

翼竜

仮想的な翼竜と恐竜の
共通祖先

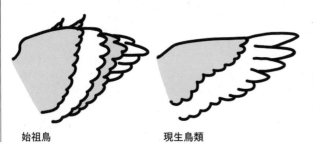

始祖鳥

現生鳥類

デイノニコサウルス類のミクロラプトルやアンキオルニス、始祖鳥（→ p.78）は風切り羽のある翼を持っていたが、風切り羽1枚1枚は現生鳥類よりもずっと細く、弱い構造らしい。現生鳥類と比べて風切り羽の枚数がずっと多く、雨覆いのカバーする範囲も広い。これによって飛行に必要な強度をなんとか稼いでいたようだ。

⠿ 様々な羽毛恐竜

　羽毛の生えた恐竜化石が珍しかった当時、そうした恐竜は特に「羽毛恐竜」と呼ばれることがあったが、「羽毛恐竜」の化石が氾濫するようになった今日ではあまり用いられなくなっている。羽毛は骨よりも分解されやすく、死後体から抜け落ちることも多い。羽毛が化石として残るためには死骸が急速に堆積物などで覆われ、なおかつ酸素から遮断されるなど、様々な条件が必要だ。このため、羽毛の化石が見つかる地層は限られており、そうした地層はラガシュテッテン（→p.172）としてよく知られている。逆にいえば、そうした地層以外では「羽毛恐竜」の羽毛が化石として発見される可能性はほぼ皆無である。

　羽毛の化石にはメラノソームと呼ばれる色素を含んだ細胞小器官が保存されていることがあり、そこから羽毛の色をざっくりと推定することができる。羽毛恐竜の全身の色や模様が徐々に明らかになりつつあるのだ。

プシッタコサウルス（角竜類）

羽毛の化石証拠が発見されている恐竜は多岐にわたる。羽毛を持たない恐竜も、祖先は羽毛恐竜だった可能性があるのだ。

アンキオルニス
（アヴィアラエ類
（広義の鳥類））

シノサウロプテリクス
（基盤的なコエルロサウルス類）

クリンダドロメウス
（基盤的な新鳥盤類）

始祖鳥

| しそちょう | *Archaeopteryx*

1 860年頃、当時すでに化石の名産地として知られていたドイツのゾルンホーフェン石灰岩で、1枚の化石化した風切り羽が発見された。一帯が石版印刷（リトグラフ）用の石灰岩の採掘場でもあったことからこの化石は「石版始祖鳥」アルカエオプテリクス・リトグラフィカと命名されたが、その翌年にはほぼ完全な骨格が発見されることになる。

■ 始祖鳥の発見

1861年にゾルンホーフェン石灰岩（→p.173）で発見された鳥類と思しきほぼ完全な骨格は大英自然史博物館によって購入され、「恐竜」という分類の設立で知られるリチャード・オーウェンが研究にあたった。この標本は手の指が翼から独立して存在しており、しかも爬虫類のような長い尾まで持っていたことから、「爬虫類から鳥への移行段階の化石」として物議をかもした。ダーウィンが『種の起源』で進化論を確立してわずか2年後の出来事であり、オーウェン自身も含め進化論に強硬に反対する研究者も多かったのである。オーウェンはこの「ロンドン標本」が始祖鳥のものであり、骨格が現生鳥類の胚と似ていることを見抜いた。一方で、「歯のある鳥類」という概念のなかった時代ということもあり、オーウェンはロンドン標本で保存されていた歯の付いた上顎を魚類のものと誤認したのだった。

1874年頃、ゾルンホーフェンで新たな始祖鳥の化石が発見された。この骨格は頭骨も含めてほぼ完全な状態であり、羽毛の印象（→p.226）もロンドン標本よりもずっと良好な状態で残されていた。ロンドン標本と同様、この標本でも購入を巡る暗闘が繰り広げられ、最終的に今日のベルリン自然史博物館が購入することとなった。かくしてこの標本は「ベルリン標本」として知られるようになったのである。

その後長らく始祖鳥の化石は発見されなかったが、ロンドン標本とベルリン標本は「最初の鳥」始祖鳥の化石として広く知られるようになった。始祖鳥が鳥と爬虫類の間をつなぐ「ミッシング・リンク」であることも広く受け入れられるようになっていった。「爬虫類と鳥の中間生物」として、進化論を体現する存在である始祖長は教科書に必ず取り上げられるほどになったのである。

■ 鳥類の起源

こうして爬虫類から鳥類が枝分かれしたことは広く受け入れられるようになったが、始祖鳥の祖先については謎に包まれていた。19世紀後半から20世紀初頭にかけて、様々な研究者が始祖鳥の骨格が恐竜とよく似ていることを指摘したが、20世紀前半になると叉骨（一部の恐竜と鳥類にみられる二叉状の骨。ウィッシュボーンとも）の有無に重きを置いた議論がなされるようになった。獣脚類には叉骨はおろか、その原型となりそうな鎖骨すら無いよう

に思われたのである。獣脚類は祖先の持っていた鎖骨を完全に退化させており、始祖鳥との類似は収斂進化すなわち他人の空似であると考えられた。このため、始祖鳥は恐竜よりも原始的な鎖骨を持つ爬虫類から進化したと考えられるようになったのである。

始祖鳥と恐竜の骨格の類似は「恐竜ルネサンス」（→p.150）で再び注目を集め、「羽毛恐竜」（→p.76）や獣脚類の叉骨の発見で、鳥類が恐竜から進化したことは確実視されるようになった。鳥類は特殊化した獣脚類の1グループだったのだ。

▓ 始祖鳥の現在

鳥類が恐竜から進化したことは確実視されている一方で、始祖鳥の系統的な位置付けについては議論が続いている。アヴィアラエ類（広義の鳥類）に含まれるという意見が強いが、一方でドロマエオサウルス類やトロオドン類とごく近縁（＝アヴィアラエ類ではない）とみる意見もある。

「羽毛恐竜」の発見当初、それらの恐竜はジュラ紀後期の始祖鳥よりもずっと新しい時代のものであることが問題視されたこともあった。しかし、今日ではアンキオルニスをはじめ、ジュラ紀中期の様々

な始祖鳥に似た化石が知られている。ジュラ紀中期から後期にかけて、世界各地で恐竜とも鳥類ともつかない動物が繁栄していたのである。

今日、「始祖鳥」アルカエオプテリクスは複数種からなるとみられており、ベルリン標本はアルカエオプテリクス・ジーメンシイに分類されることが多い。ロンドン標本は今日、アルカエオプテリクス・リトグラフィカのネオタイプとされている。また、始祖鳥と呼ばれた標本の中にはアンキオルニスに近縁の別属とされた標本もある。骨格・羽毛とも形態がよくわかっているのは *A.* ジーメンシイだけであり、始祖鳥そのものに関する研究も続いている。

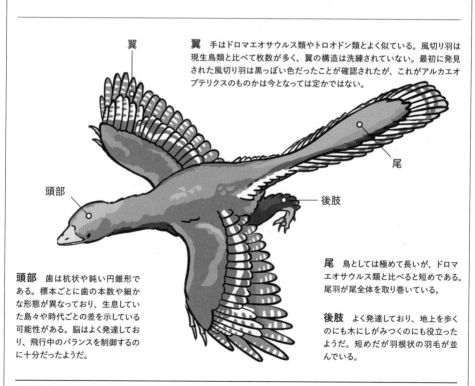

翼

翼 手はドロマエオサウルス類やトロオドン類とよく似ている。風切り羽は現生鳥類と比べて枚数が多く、翼の構造は洗練されていない。最初に発見された風切り羽は黒っぽい色だったことが確認されたが、これがアルカエオプテリクスのものかは今となっては定かではない。

頭部

尾

後肢

頭部 歯は杭状や鈍い円錐形である。標本ごとに歯の本数や細かな形態が異なっており、生息していた島々や時代ごとの差を示している可能性がある。脳はよく発達しており、飛行中のバランスを制御するのに十分だったようだ。

尾 鳥としては極めて長いが、ドロマエオサウルス類と比べると短めである。尾羽が尾全体を取り巻いている。

後肢 よく発達しており、地上を歩くのにも木にしがみつくのにも役立ったようだ。短めだが羽根状の羽毛が並んでいる。

飛行能力 始祖鳥は白亜紀以降の鳥類にみられる骨化した胸骨を欠いており、羽ばたき飛行は苦手だった可能性が指摘されている。熱帯の浅い海に浮かぶ島々で暮していた

と考えられ、こうした島々には低木しかなかったとみられているが、それでも滑空飛行の飛び立ちには十分だったのだろう。

翼竜

| よくりゅう | Pterosauria

三畳紀後期、羽ばたき飛行のできる脊椎動物が地球史上初めて姿を現した。それが翼竜であり、以後白亜紀末までの長きにわたって大繁栄することとなる。しばしば恐竜と混同される翼竜類だが、れっきとした別グループである一方、恐竜とかなり近縁でもある。飛行動物として当初から完成された姿で現れた翼竜は、どんな動物だったのだろうか。

:: 翼竜の起源と進化

翼竜の化石が最初に発見されたのは1784年のことで、ラガシュテッテン（→p.172）として有名なドイツのゾルンホーフェン石灰岩で小型翼竜プテロダクティルスの完全な骨格がいきなり発見された。翼状のヒレで泳ぐ動物とみなされたり、コウモリの有袋類版と考えられたこともあったが、19世紀前半には飛行する爬虫類であると理解されるようになった。世界各地で様々な時代の翼竜が発見されているが、含気化（→p.222）の進んだ骨格は化石化しにくく、保存状態のよい骨格の産地は世界でもわずかである。

翼竜の最古の化石記録は、三畳紀後期まで遡ることができる。同時代の恐竜が祖先の鳥頸類の特徴を色濃く残していたのに対し、「最古の翼竜」たちはいずれも翼竜としかいいようのない姿であった。このため、ひょろりとした恐竜のような姿の鳥頸類からどのように翼竜が進化したのか、詳しいことはほとんど何もわかっていない。

初期の翼竜は長い尾を備えているものが多かったが、ジュラ紀後期になると短い尾をもつ進化型のタイプが現れ、原始的なタイプに取って代わった。原始的なタイプの翼竜は大きいものでも翼開長（→p.142）2mほどだったが、進化型のタイプは翼開長5mほどのものも珍しくなく、白亜紀後期には翼開長10mに達するものも出現した。小型翼竜は新興グループの鳥類にニッチ（生態系における居場所）を奪われたともいわれているが、近年では白亜紀末の地層からも小型翼竜の発見が相次いでおり、これからの研究が待たれる。

頭部 形状は様々で、進化型のタイプでは歯が消失したもの、巨大なクレスト（トサカ）を持つものも多い。歯をクジラのヒゲのように変化させた、フラミンゴのような濾過食性の翼竜もいた。

羽毛（→p.76） 単純な構造の羽毛がいくつかの種で発見されており、体温を維持するために備えていたとみられている。

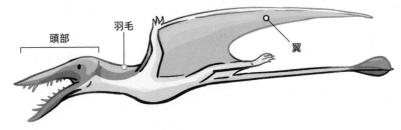

骨格 含気化が極めてよく進んでいる。羽ばたきのための筋肉を支える肩や胸の骨格は進化型のタイプでは特に頑丈で、肩のあたりの背骨が一体化して「ノタリウム」と呼ばれる構造になっている。

翼 第IV指（薬指）が長く伸び、頑丈な皮膜を支えている。原始的なタイプでは後肢と尾の間にも皮膜（腿間膜）があったが、尾の短い進化型のタイプでどうなっていたのかはよくわかっていない。長い尾の先に小さなヒレが付いているものも知られており、尾翼として機能したといわれている。

▓▓ 翼竜と飛行

保存状態のよい翼竜化石で知られる産地は世界的にも限られており、翼竜に関する研究はこうした限られた時代・地域の標本に依存している。皮膜の皮膚印象（→p.226）や体を覆う羽毛を保存した化石の産地はさらに限られるため、翼の形状を厳密に推定できる翼竜はわずかである。このため、翼竜の空力学的な特性や飛行能力に関する研究は一筋縄ではいかない。

原始的なタイプの翼竜は地上では四足で這いつくばるようにしか移動できなかったとみられるが、飛行能力は当初から十分高かったようだ。進化型の翼竜の中には、半ば直立した姿勢で軽快に歩くことのできるものもいたようである。一方で、プテラノドン（→p.82）や近縁のニクトサウルスのように、飛行能力に特化して地上・樹上での運動能力をほぼ捨てたようにみえる進化型のタイプも存在する。着水して泳げるものや、潜水して狩りをするものがいたという意見すらある。

飛行の様式（短距離を常に羽ばたいて飛行するのか、気流に乗って最小限の羽ばたきで長距離を飛行するのか、など）や地上での運動能力は翼竜によってかなり異なるようである。これは現生鳥類でも同じことで、翼竜の生態が様々であったことを示している。

翼竜の繁殖様式については謎が多いが、卵（→p.122）は硬い殻を持たないタイプ（軟質卵）も発見されている。胚や幼体の化石も珍しいが、基本的に孵化後すぐに飛行することができたと考えられており、子どものうちは成体とは異なった場所で暮らしていたとみられている。

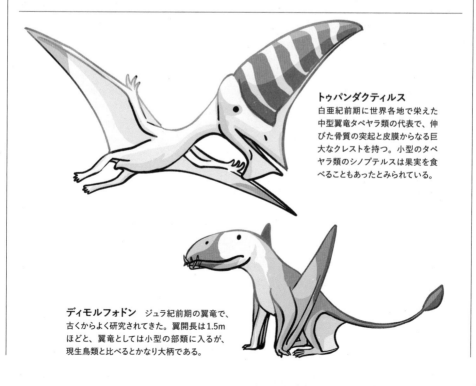

トゥパンダクティルス
白亜紀前期に世界各地で栄えた中型翼竜タペヤラ類の代表で、伸びた骨質の突起と皮膜からなる巨大なクレストを持つ。小型のタペヤラ類のシノプテルスは果実を食べることもあったとみられている。

ディモルフォドン　ジュラ紀前期の翼竜で、古くからよく研究されてきた。翼開長は1.5mほどと、翼竜としては小型の部類に入るが、現生鳥類と比べるとかなり大柄である。

プテラノドン

| ぷてらのどん | *Pteranodon*

中生代の空の覇者、翼竜の中でも特に有名なものの一つがプテラノドンだ。目を引く巨大なクレストの存在感も相まって、「恐竜時代」のイメージイラストでは火山をバックにティラノサウルスの上を飛んでいるのがお約束だ。

プテラノドンの研究は1990年代に飛躍的に進んだが、今日みられるプテラノドンのイメージの多くは昔とそれほど変わっていない。現代の研究から垣間見える、プテラノドンの真の姿とはいかなるものだろうか。

▓ プテラノドンの生きていた時代

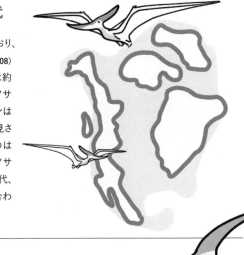

プテラノドンの化石産地はアメリカに限られており、中でもカンザス州やコロラド州の海成層（→p.108）に集中している。これらの海成層が堆積したのは約8550万〜7950万年前と考えられており、ティラノサウルスが出現する1000万年以上前にプテラノドンは絶滅していたとみられる。 海成層から化石が発見されることが示唆するように、ある程度育ったものは海の上を飛び回って生活していたようだ。ティラノサウルス（→p.28）の祖先はプテラノドンと同じ時代、近い地域で暮らしていたはずだが、両者が顔を合わせる機会は少なかっただろう。

▓ プテラノドンの性別

頭頂部のクレスト（トサカ）の形態に基づき、これまでにプテラノドン類は数々の種が命名されてきた。現在一般に認められているのは2種だけだが、同じ種の中でもクレストの形態や体のサイズが異なる2つのタイプ（二形）が確認されている。これは性的二形を意味していると考えられている。体格の大きいタイプ（オス?）では、ある程度成長してから初めてクレストが大きく発達したようだ。プテラノドン・スターンバーギを別属のゲオステルンベルギアとする意見もあるが、これはあまり広く受け入れられてはいない。

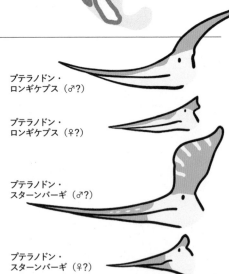

プテラノドン・
ロンギケプス（♂?）

プテラノドン・
ロンギケプス（♀?）

プテラノドン・
スターンバーギ（♂?）

プテラノドン・
スターンバーギ（♀?）

:: プテラノドンの姿

プテラノドンの化石は多数発見されているが、そのほとんどは関節が外れてバラバラになった骨格の一部だけで、全身が関節して（→p.164）発見された例はわずかである。プテラノドン・ロンギケプスのオスとされているものでは、翼開長（→p.142）が7mを超えるものも知られている。

北米では大型のプテラノドン類は7950万年前頃に姿を消したが、近い系統のニクトサウルス類は白亜紀の末まで栄えていたようだ。ニクトサウルスはプテラノドンと共存していたが、ずっと小型で、手の指が完全に退化している。プテラノドンやニクトサウルスはアホウドリのように非常に長い時間・距離を飛び続けることができたとみられる一方で、地上ではほとんど無防備だったことだろう。

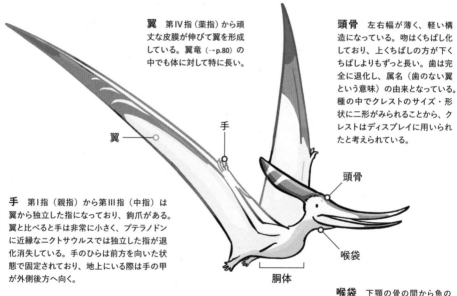

翼 第Ⅳ指（薬指）から頑丈な皮膜が伸びて翼を形成している。翼竜（→p.80）の中でも体に対して特に長い。

頭骨 左右幅が薄く、軽い構造になっている。吻はくちばし化しており、上くちばしの方が下くちばしよりもずっと長い。歯は完全に退化し、属名（歯のない翼という意味）の由来となっている。種の中でクレストのサイズ・形状に二形がみられることから、クレストはディスプレイに用いられたと考えられている。

翼

手

頭骨

喉袋

胴体

手 第Ⅰ指（親指）から第Ⅲ指（中指）は翼から独立した指になっており、鉤爪がある。翼と比べると手は非常に小さく、プテラノドンに近縁なニクトサウルスでは独立した指が退化消失している。手のひらは前方を向いた状態で固定されており、地上にいる際は手の甲が外側後方へ向く。

胴体 胸のあたりの背骨や肋骨が一体化して「ノタリウム」という構造になっている。ノタリウムや胸の骨は翼竜の中でも特によく発達しており、強力な背筋・胸筋を持っていたようだ。成長とともに、背骨は肩から腰まで完全に一体化する。

喉袋 下顎の骨の間から魚の化石が発見された例があり、魚を丸呑みにして喉袋に収めていたようだ。

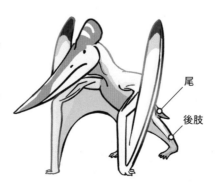

尾

後肢

後肢 ほっそりとしており、爪は非常に小さい。狩りに用いることはできなかっただろう。

尾 短いが非常に細く、後半部の骨は一体化して割る前の割り箸のような奇妙な構造になっている。

ケツァルコアトルス

| けつぁるこあとるす | *Quetzalcoatlus*

白亜紀の進化型の翼竜には、翼開長が5mを超えるものが少なくない。プテラノドンのように、翼開長が7mに達するものも知られている。だが、それ以上の翼開長を持つ翼竜は一部のグループに限られている。巨大なアズダルコ類の中でも特に巨大で、「最大の翼竜」としてよく知られているのがケツァルコアトルスである。

ケツァルコアトルスの発見

1971年、メキシコとの国境にほど近いアメリカ・テキサス州のビッグベンド国立公園で、1本の巨大かつ細長い化石が発見された。白亜紀末近くの地層からの発見であったが、恐竜にしては含気化（→p.222）が進みすぎており、一方で翼竜（→p.80）や鳥類にしてはあまりにも巨大すぎるという正体不明の化石である。しかし、発見場所の再調査でこの化石は翼竜のものであることが判明し、未知の巨大翼竜の存在が明らかになったのだった。

1973年、ビッグベンド国立公園で翼竜のボーンベッド（→p.170）が続々と発見された。これらの翼竜化石はいずれも1971年に発見された巨大翼竜の半分ほどのサイズの個体のものだったが、形態はよく似ており、少なくとも同じ属とみてよさそうであった。かくして1975年、巨大翼竜の化石をホロタイプにケツァルコアトルス・ノースロッピが命名された。属名はアステカ神話の「羽毛のある蛇」の神に、種小名は翼竜に似た巨大な全翼機（機体全体が巨大な1枚の翼になっている飛行機）を試作した軍用機メーカーにちなんだネーミングであった。

半世紀越しの記載

ケツァルコアトルス・ノースロッピのホロタイプは左の翼の骨格しか残っていなかったが、「ケツァルコアトルスの一種」とされたボーンベッド由来の中型翼竜は膨大な量の化石が採集された。しかし、ボーンベッドの化石はプレパレーション（→p.128）が難航したこともあって研究はほとんど進まず、翼竜の研究者でさえもケツァルコアトルスの化石を見たことがないという事態が続いた。

ケツァルコアトルス・ノースロッピの翼開長（→p.142）は当初15.5～21mと、プテラノドンの2倍以上あると考えられていた。しかし、その後近縁種がローラシア（→p.176）各地の白亜紀後期の地層で発見されるようになり、翼開長の推定は10～12mほどに大きく下方修正された。それでもケツァ

ルコアトルスがいくつかの近縁種と並んで最大級の翼竜の一つであることに変わりはなかった。

ケツァルコアトルスをはじめとするアズダルコ類の中で、骨格の大部分が発見されていたのは「ケツァルコアトルスの一種」と中国のジェージャンゴプテルスだけであった。このため、1990年代以降はこれらの翼竜を組み合わせてケツァルコアトルスが復元（→p.134）されるようになった。一方で、「ケツァルコアトルスの一種」の研究はほとんど進まないままだった。

2021年、発見から半世紀を経て、ついにケツァルコアトルス・ノースロッピと「ケツァルコアトルスの一種」ことケツァルコアトルス・ローソニの詳細な記載論文（→p.138）が発表された。ケツァルコアトルスの命名から50年、研究はまだ始まったばかりなのだ。

∷ 飛べる？ 飛べない？

　ケツァルコアトルス・ノースロッピはその巨大さから大きな注目を集め、命名直後から飛行能力についての様々な議論が巻き起こった。鳥類をモデルにすると推定体重（→p.143）は500kg程度になるため重すぎて飛べないという意見から、人間と同じ程度の体重しかないため余裕で飛べるといった意見まであったが、これらの議論はケツァルコアトルスの実際の化石に基づくモデルを利用したわけではなかった。ケツァルコアトルス属の骨格を初めて詳しく記載した2021年の研究では、翼開長4.5mのケツァルコアトルス・ローソニで体重20kg、推定翼開長10mのケツァルコアトルス・ノースロッピで体重

150kgと推定されている。翼竜の飛行能力の研究については現生鳥類を参考とするほかないのが現状だが、今後はケツァルコアトルスの実際の化石に基づくモデルを用いた研究が進んでいくことだろう。

　ケツァルコアトルス属の化石はどちらの種も内陸部で堆積した地層から発見されている。吻が非常に細長く、左右幅も狭いことから、恐竜を襲ったりするのではなく、水辺の巻貝や甲殻類を箸でつまむようにして食べていたと考えられている。韓国では大型のアズダルコ類の足跡化石（→p.120）が発見されており、四足歩行で軽快に移動していたらしい。飛行能力の有無にかかわらず、ケツァルコアトルスが地上を歩き回って餌を食べていたのは確かなようだ。

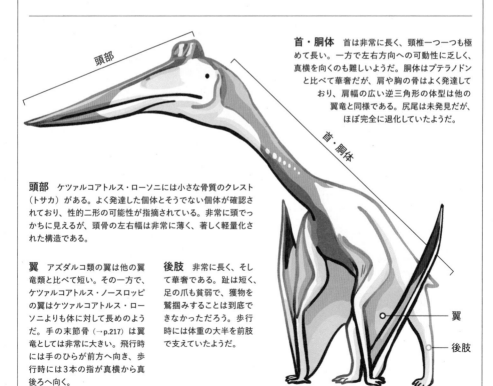

首・胴体　首は非常に長く、頸椎一つ一つも極めて長い。一方で左右方向への可動性に乏しく、真横を向くのも難しいようだ。胴体はプテラノドンと比べて華奢だが、肩や胸の骨はよく発達しており、肩幅の広い逆三角形の体型は他の翼竜と同様である。尻尾は未発見だが、ほぼ完全に退化していたようだ。

頭部　ケツァルコアトルス・ローソニには小さな骨質のクレスト（トサカ）がある。よく発達した個体とそうでない個体が確認されており、性的二形の可能性が指摘されている。非常に頭でっかちに見えるが、頭骨の左右幅は非常に薄く、著しく軽量化された構造である。

翼　アズダルコ類の翼は他の翼竜類と比べて短い。その一方で、ケツァルコアトルス・ノースロッピの翼はケツァルコアトルス・ローソニよりも体に対して長めのようだ。手の末節骨（→p.217）は翼竜としては非常に大きい。飛行時には手のひらが前方へ向き、歩行時には3本の指が真横から真後ろへ向く。

後肢　非常に長く、そして華奢である。趾は短く、足の爪も貧弱で、獲物を鷲掴みすることは到底できなかっただろう。歩行時には体重の大半を前肢で支えていたようだ。

頭部

首・胴体

翼

後肢

首長竜

| くびながりゅう | Plesiosauria

中生代の海は様々な海生爬虫類の王国だったが、その中でも三畳紀末から白亜紀末まで栄えたのが首長竜である。今日でもしばしば「海の恐竜」として紹介され、恐竜（とりわけ長い首を持つ竜脚類）と混同されることもある首長竜は、どのような動物だったのだろうか。

▪️ 鰭竜類と首長竜類

首長竜（日本語の論文では長頸竜類と表記するのが一般的）の進化には謎が多く、その起源や分類については様々に意見が分かれていた。今日では、首長竜類は鰭竜類（きりゅうるい）と呼ばれる海生爬虫類のグループに含まれると考えられている。鰭竜類は魚竜類（→p.90）と近縁ともいわれており、カメの甲羅のように背中に皮骨（→p.214）の鎧が発達したものも知られている。様々な鰭竜類が三畳紀に繁栄したが、その中でもジュラ紀まで生き残ったのは首長竜類だけであった。

首長竜は非常に多様で、ジュラ紀から白亜紀まで様々な系統に枝分かれした。首長竜の中には「首の長い」首長竜と「首の短い」首長竜が存在するが、首の長さは分類とは特に関係がない。

いずれの首長竜も非常に長いヒレ状の四肢を備えており、水中を羽ばたくように遊泳したようだ。肩や腰の骨は背中側ではなく腹側に移動しており、陸に上がると構造上自重で胴体が潰れてしまうといわれている。卵から孵化するシーンが映画などで描かれることもあるが、胎児の骨格が体内で見つかった例もあり、わざわざ上陸して卵を産む必要のない卵胎生だったことは確実である。

よく知られたフタバサウルス（**フタバスズキリュウ**：→p.88）をはじめ、日本各地の白亜紀後期の海成層（→p.108）で首長竜類の化石が知られている。北海道では「ホベツアラキリュウ」をはじめ部分骨格がいくつも産出しており、鹿児島県ではエラスモサウルス類としてはアジア（北西太平洋）最古の「サツマウツノミヤリュウ」も発見されている。

頭部 首の短いタイプの大型種では長さ3m近くになる。歯は細長い円錐形が基本だが、細かい歯を多数持っているものも知られており、小さな動物を食べる濾過食性のものもいたようだ。

尾 皮膚痕（→p.224）の保存されていた標本で、小さな尾ビレらしきものが確認されている。

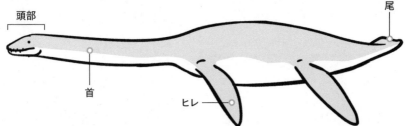

頭部

尾

首

ヒレ

首 鎌首をもたげて翼竜（→p.80）や鳥類を捕食する復元画（→p.134）がしばしば描かれてきたが、実際は可動性に乏しいようだ。

ヒレ 四肢の骨が板状に変化している。生きていた時のサイズは化石で見るよりかなり大きかったようだ。

プレシオサウルス　魚竜のイクチオサウルスと並び、化石ハンター（→p.250）のメアリー・アニングによる発見で名高い。首長竜の中でもかなり原始的であり、白亜紀後期の首の長いタイプと比べるとだいぶ首が短い。

▓ 様々な首長竜類

首長竜類は非常に多様なグループで、ジュラ紀、白亜紀を通じて様々なグループが入れ代わり立ち代わり繁栄と絶滅を迎えていたようだ。最初に発見され、グループ名の由来ともなったジュラ紀前期のプレシオサウルスはかなり原始的なタイプであり、同じく首の長い首長竜の代名詞である白亜紀後期のエラスモサウルスとはかなり遠縁である。

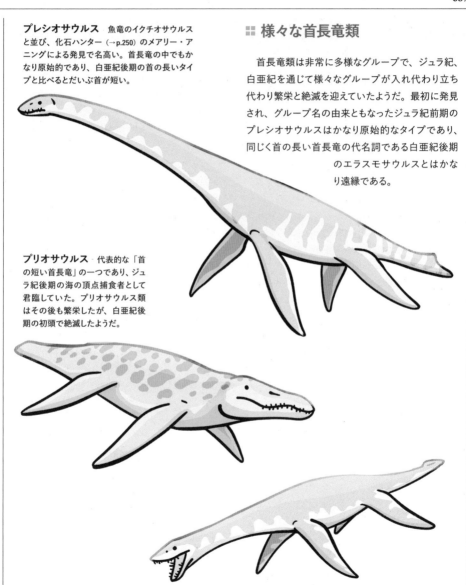

プリオサウルス　代表的な「首の短い首長竜」の一つであり、ジュラ紀後期の海の頂点捕食者として君臨していた。プリオサウルス類はその後も繁栄したが、白亜紀後期の初頭で絶滅したようだ。

アリストネクテス　白亜紀後期の「首の長い首長竜」であるエラスモサウルス類に属するが、その中では首が短めである。プリオサウルスと並ぶ最大級の首長竜の一つだが、こちらは細かな歯を多数備えており、濾過食者であったようだ。

フタバスズキリュウ

| ふたばすずきりゅう | *Futabasaurus suzukii*

1968年、国立科学博物館に福島県に住む化石好きの高校生から便りが届いた。叔母の家の裏を流れる川の崖で、動物の骨の化石を発見したというのだ。全てが手探りの中、姿を現したのは首長竜の関節した骨格だった！

世紀の大発見

福島県の浜通りには様々な時代の地層が露出している。新第三紀の地層から石炭が産出するため、この一帯では古くから地質調査が行われてきた。その過程で、いわき市やその周辺に露出する双葉層群（ふたばそうぐん）の調査もある程度行われていたのである。双葉層群は白亜紀後期の海成層（→p.108）で、アンモナイト（→p.114）やイノセラムス（→p.115）、サメの歯の化石が産出することが知られていた。

中学生の時に町の古本屋で見つけた本で地元の化石に興味を持つようになっていた鈴木少年は、叔母の家の裏を流れる大久川でよく化石を採集していた。大久川は双葉層群を削って流れており、川岸や河床が双葉層群の露頭になっていたのである。鈴木少年は国立科学博物館へ手紙を送って化石について質問したり、時には研究標本として自らの発見した化石を寄贈したりしていた。そして1968年の秋、サメの歯化石を採っていた鈴木少年が大久川で発見したのは、関節した（→p.164）背骨であった。

年明けに国立科学博物館の研究者が鈴木少年の案内で現地を訪れ、首長竜（→p.86）の関節した骨格が崖の奥に続いていることを確認した。自腹を切っての一次発掘で頭骨や腰帯、後ろビレが続々と発見され、1970年の秋から本格的な二次発掘が行われることになった。

この時代、日本にいた白亜紀の動物化石の研究者はいずれもアンモナイトやイノセラムスが専門であり、恐竜はおろか中生代の脊椎動物化石の専門家すら存在していなかった。たまたま日本を訪れたアメリカの研究者は、この化石を新属新種とみる意見に太鼓判を押したのだった。

手探りの発掘

第二次発掘に向けて化石の発見を広報することになり、ここで「長頸竜」の一般向けの用語として「首長竜」という言葉が考え出された。そしてこの首長竜化石には、地層の名前と鈴木少年を記念して「フタバスズキリュウ」の愛称が与えられたのである。

新聞社の後援の下、地元の土木事務所や研究会も巻き込んで大規模な発掘が始まった。道路を付け替えるほどの大規模な発掘はめったにないことで、何もかも手探りの状態の発掘だったという。手探りだからこそ発掘は慎重かつ丁寧に行われ、発掘状況の詳細な記録も残された。発掘現場には延べ1万人が見学に訪れ、発掘最終日に骨格のブロックを搬出する際にはお祓いも行われた。石膏ジャケット（→p.126）は製作せず、化石の露出する部分だけを石膏で覆って搬出が行われた。

プレパレーション（→p.128）が手探りで進められる中、クリーニング（→p.130）中のフタバスズキリュウの骨格はブロックごと巡回展で展示され、大きな注目を集めることになった。アメリカ産の首長竜の化石も参考にしつつ復元（→p.134）骨格の制作も行われ、第1号はいわき市に凱旋したのだった。

■ そして命名へ…

　フタバスズキリュウの発見は大きな話題となり、「海の恐竜」のキャッチコピーで紹介されたことで「日本の恐竜＝フタバスズキリュウ」という図式が生まれた。とある国民的漫画、そしてそのアニメ映画にもフタバスズキリュウの子どもをモデルとしたキャラクターが登場し、そのタイトルには堂々と「恐竜」が冠された。当時、日本中を沸かしていたネッシーブーム（→ **p.278**）も相まって、フタバスズキリュウは高い知名度を得ることになった。

　日本の中生代を代表する化石として有名になる一方で、フタバスズキリュウの研究は表立ってはなかなか進まなかった。フタバスズキリュウの骨格は大部分が揃っていたが、分類上重要な頭骨は発掘中にかなりダメージを受けており、日本国内に首長竜の専門家がいなかったこともあって、他の首長竜化

石との比較が困難だったのである。新属新種であることは発掘直後から確実視されていたが、論文にまとめることの難しい状況が長く続いた。新属新種の可能性を指摘したアメリカの研究者と鈴木少年にちなみ「ウエルスサウルス・スズキイ」という学名が提案されていたが、その名前で記載（→ **p.138**）されることはとうとうなかった。

　それでも2003年になり、ようやく本格的な記載を行うことのできる状況が整った。2006年、遂にフタバスズキリュウは「フタバサウルス・スズキイ」として記載されたのだ。

　双葉層群ではその後も首長竜の化石が時折発見されており、フタバスズキリュウのタフォノミー（→ **p.158**）についての研究も行われている。発見から50年以上が過ぎたが、フタバスズキリュウの研究はまだ終わらない。

フタバスズキリュウの骨格
復元骨格の参考になったのは、主にアメリカ産のヒドロテロサウルスとタラッソメドンである。フタバスズキリュウの頚椎の数ははっきりしていないが、エラスモサウルス科の中ではやや少なめだった可能性が指摘されている。

フタバスズキリュウとその仲間
フタバスズキリュウはエラスモサウルス科に属しているが、その中でもニュージーランドのものと特に近縁である可能性が指摘されている。白亜紀後期、太平洋の南北でよく似た首長竜が泳いでいたのかもしれない。

胃石（→ p.125）
首長竜の化石では胃石が見つかることがしばしばあり、消化の補助だけでなく、水中で体を安定させるバラスト（おもり）の役割があった可能性も指摘されている。フタバスズキリュウでも、胃石らしき様々なサイズの丸石が発見されている。

サメに襲われた？
フタバスズキリュウの骨格とともに80本以上のネズミザメ類の歯の化石が発見され、しかもそのうちの数本は骨に突き刺さっていた。フタバスズキリュウの骨格は腰が後ろビレごと引きちぎられた状態で化石化していたことが知られ、少なくとも大小2匹のサメの仕業だったと考えられている。フタバスズキリュウの死骸はその後干潟に打ち上げられ、そこで化石化したらしい。

魚竜

| ぎょりゅう | **Ichthyosauria**

様々な爬虫類のグループが三畳紀に海洋進出を果たしたが、その中でもとりわけ流体力学的に洗練されたボディプランを備えるに至ったのが魚竜類である。読んで字のごとくまさしく魚のような体型になった魚竜は、しかし白亜紀の中頃に絶滅する。今日のイルカやクジラの先駆けとなった魚竜とは、どんな動物だったのだろうか？

魚竜の発見

魚竜の化石は17世紀末から発見されていたが、本格的な研究は19世紀初頭に化石ハンターのメアリー・アニング（→ p.250）らによって保存状態のよい骨格が大量に発見されるようになってからである。恐竜の発見される前にあたるこの時代、太古の奇妙な爬虫類である魚竜や首長竜（→ p.86）は大衆の人気者となった。19世紀中頃までの魚竜の復元（→ p.134）は現代から見るとかなり不正確であり、クリスタル・パレス（→ p.148）の復元像も本来眼球の中に埋まっている強膜輪（→ p.206）が浮き出たような姿で造形されていた。

19世紀後半にドイツのラガシュテッテン（→ p.172）で軟組織の輪郭が保存された全身骨格がいくつも発見されるようになり、魚竜がまさしく魚のような体型であったことが明らかになった。軟組織で構成された三角形の背ビレや三日月形の尾ビレを持っていることが判明するとともに、妊娠中の個体の化石も複数発見され、卵胎生であることも明らかになった。

魚竜の起源と進化

魚竜類が出現したのは三畳紀前期だが、初期の魚竜類はウナギに喩えられる細長い体型で、背ビレは持っておらず、尾ビレの発達も弱かったようだ。三畳紀には魚竜類に近縁な様々な海生爬虫類のグループが他にも繁栄していたが、それらは三畳紀中期には絶滅してしまったようである。

魚竜の多様性は三畳紀後期にピークに達したといわれており、中には全長20mを超えるものもいたとみられている。三畳紀後期にはより「魚」らしい洗練された体型で、身体全体をくねらすことなく尾だけを左右に振って高速遊泳できる進化型のものが現れた。進化型の魚竜はジュラ紀にはさらに洗練された体型になっていき、白亜紀前期まで世界の海で繁栄したが、白亜紀後期の初頭には姿を消してしまった。魚竜の絶滅の原因については様々な意見があるが、白亜紀中頃に頻発していた海洋無酸素事変（海水中の酸素欠乏状態が世界規模で発生し、海洋環境が激変する現象。地球温暖化で誘発される）による海洋生態系の崩壊が大きかったようだ。

東北地方の太平洋沿岸部には三畳紀からジュラ紀にかけての海成層（→ p.108）が露出しており、特に宮城県南三陸町でみられる三畳紀前期の地層は世界的に有名である。ここではごく原始的な魚竜であるウタツサウルスの骨格がいくつも発見されており、魚竜の初期進化を探る上で重要な産地となっている。南三陸町では他にも三畳紀中期の"クダノハマギョリュウ"やジュラ紀の"ホソウラギョリュウ"が発見されており、詳しい研究が待たれている。

魚竜が絶滅したあと、白亜紀の海ではモササウルス類（→ p.92）が繁栄するようになった。モササウルス類の中には魚竜に似た体型のものも現れたが、その洗練され具合は三畳紀の魚竜と似たり寄ったりで、進化型の魚竜には程遠いものであった。

ウタツサウルス　最古級の魚竜の一つだが、同時代の魚竜に近縁な別グループの海生爬虫類と比べれば、すでにかなり洗練された体型である。カナダでもそれらしい化石が発見されており、広範囲に分布を広げられるだけの遊泳能力を備えていたとみられている。

▒ 様々な魚竜

　魚竜類は非常に多様なグループだが、特に進化型のものではいずれも洗練された体型のため、肉付けしてしまうと違いが非常にわかりにくくなる。

ショニサウルス　三畳紀後期の巨大な魚竜で、全長は15mに達するとみられている。大規模なボーンベッド（→p.170）が知られている。

**ユーリノサウルス
（エウリノサウルス）**
ジュラ紀前期の中型の魚竜で、カジキ類のように吻が細長く伸びている。生態もカジキ類に似ていたとみられている。

オフタルモサウルス　ジュラ紀中期から白亜紀後期初頭まで栄えたオフタルモサウルス類の代表格で、魚竜の中でも特に洗練された体型である。巨大な目にちなんで「目のトカゲ」を意味する属名が与えられたが、この特徴は魚竜全般に通ずる。

モササウルス

| もささうるす | *Mosasaurus*

中生代の海生爬虫類、俗にいう「海竜」は様々なグループが入れ代わり立ち代わり繁栄したが、白亜紀になってから出現したのがモササウルス類である。世界の海に適応したモササウルス類は、白亜紀の最後まで繁栄を続けたのだった。

▓ モササウルスの発見

　白亜紀後期のヨーロッパには浅い海が広がっており、円石藻（植物プランクトンの一種）が無数に漂っていた。炭酸カルシウムの殻を持つ円石藻の死骸は長い年月をかけ大量に堆積し、ヨーロッパ各地でチョーク質の浅海層を形成した。

　こうした浅海層は炭酸カルシウムの採石場として利用されるようになり、様々な化石が発見されるようになった。そして1760年代から1780年代にかけて、オランダのマーストリヒト近郊にあった採石場で、巨大な動物の頭の化石が立て続けに2つ発見されたのである。

　最初に発見された頭骨は顎しか残っていなかったが、2番目に発見されたものはほぼ全体が残っていた。1794年、マーストリヒトがナポレオン率いるフランス軍に占領されると、フランス軍は2番目の頭骨を戦利品としてパリに送った。

　マーストリヒトの外科医であるヨハン・レオナルド・ホフマンはこれらの化石をワニの頭骨だと考えていたが、巨大なハクジラだと考える学者もいた。1800年代の初頭にはオランダのペトルス・カンパーやフランスのジョルジュ・キュヴィエがオオトカゲとよく似ていることを指摘したが、この間化石に学名が与えられることはなかった。1822年にイギリスのウィリアム・ダニエル・コニーベアが「モササウルス」の属名を与え、1829年になってギデオン・マンテルがようやくホフマンにちなみ「ホフマンニ」の種小名を与えたのである。ホロタイプには、パリに運ばれた2番目の頭骨が指定された。

　19世紀の後半になるとアメリカでもモササウルス類の化石が大量に発見されるようになり、こうした「海トカゲ」の骨格の詳細が明らかになった。皮膚印象（→**p.226**）の保存された骨格も発見されるなど、モササウルス類の真の姿が明らかになりつつある。

歯　肉食恐竜とは違い、口を閉じると上下の顎の歯が噛み合う。喉には翼状骨歯が生えている。

鱗　全身は、主に菱形の細かな鱗で覆われていた。古い復元では背中にフリル状の背ビレが見られることがあるが、これは化石化した気管の誤認である。

■ モササウルス類の特徴

　近年、映画への登場でモササウルスの人気がかつてないほど高まっている。映画で描かれた姿とはずいぶん異なるモササウルス類の特徴について見ていこう。

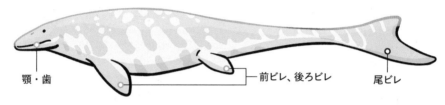

顎・歯

前ビレ、後ろビレ

尾ビレ

顎　モササウルス類の多くの頭骨はトカゲと同様に柔軟な構造で、下顎の骨を広げることができた。

前ビレ、後ろビレ　生きている時のヒレは骨格で見る時よりもずっと大きかったことが印象化石の発見で確認された。

尾ビレ　尾の骨はゆるやかに下にカーブし、その上に肉質のヒレが生えている。

■ 三 "大" モササウルス類

　映画で描かれたサイズには程遠いが、それでもモササウルス類の中には全長10mを超えるものも少なくない。モササウルスの化石は白亜紀末の北アメリカでもよく見つかっており、ティラノサウルス（→p.28）と顔を合わせる機会もあったかもしれない。

モササウルス　いくつかの種が知られており、モササウルス・ホフマンニでは下顎の長さが最大1.7mに達する。モササウルス・ホフマンニの完全な骨格は未発見だが、全長は最大13mほどと推定され、モササウルス類の中でも最大級のものの一つである。がっしりした体型で、吻は長めだ。

プログナトドン　短い吻と頑丈な歯をあわせ持っており、魚よりもウミガメのような大きめの獲物を噛み砕いていたらしい。短い吻にもかかわらず、下顎の長さが1.5mに達する種も知られている。

ティロサウルス　大きな種の全長はモササウルス・ホフマンニに匹敵するが、骨格はやや華奢である。吻の先端部が突出しており、獲物や敵にぶつけたともいわれている。

単弓類

| たんきゅうるい | Synapsida

こ30年ほどで生物の系統とその進化に関する理解は大きく進み、系統関係を踏まえた分類の見直しが進んでいる。かつて爬虫類から「哺乳類型爬虫類」を経て哺乳類が進化したとされていたが、今日では爬虫類と「哺乳類型爬虫類」は完全に別系統のグループであるとされ、「哺乳類型爬虫類」と哺乳類を合わせたグループを「単弓類」と呼んでいる。

∷ 単弓類の出現と「盤竜類」

最古の単弓類の化石は古生代石炭紀の終わり近くの地層から発見されているが、その姿はトカゲとさほど変わらなかったようだ。こうした「哺乳類型爬虫類」の中でも特に原始的なものは続く古生代ペルム紀に多様化し、背中に「帆」がある肉食のディメトロドン（→p.96）や植物食のエダフォサウルスといったよく知られているものが出現した。こうした「盤竜類」と俗に呼ばれるグループはペルム紀の初めから中頃にかけて隆盛を極め、陸上生活に適応した大型の両生類とともに陸上生態系で目立つ存在となっていた。しばしば恐竜と誤解されることもあるディメトロドンが頂点捕食者として陸上に君臨していた一方で、この時代の爬虫類は陸上ではさほど目立つ存在ではなかったようだ。

∷ 獣弓類の繁栄と二度の大量絶滅

「盤竜類」はペルム紀の後半に急激に衰退し、現生哺乳類の直接の祖先を含む、より進化した獣弓類に取って代わられた。ペルム紀の獣弓類は「盤竜類」と比べて洗練された体型で、尾はずっと短くほっそりしている。また、多様化にも成功し、全長4mを超える大型種も出現したが、ペルム紀末の大量絶滅でそのほとんどの系統が絶滅してしまった。

ペルム紀末の大量絶滅を乗り越えた獣弓類のグループが、キノドン類とディキノドン類である。キノドン類は大きいものでも全長2mほどであり、食性は様々であった。ディキノドン類は2本の牙とくちばしが特徴の植物食性のグループで、三畳紀の中期以降には全長3mを超えるものも現れた。一方で、ペルム紀の獣弓類とは異なり、三畳紀の獣弓類が陸上生態系で頂点捕食者となることはなかった。三畳紀の陸上生態系の頂点捕食者となったのは爬虫類であり、中でも主竜形類と呼ばれるワニや恐竜につながる系統のものであった。ディキノドン類は三畳紀の末には衰退し、キノドン類も三畳紀末の大量絶滅で大打撃を受けたのだった。

∷ キノドン類と哺乳類

ジュラ紀まで生き延びた単弓類はキノドン類の3系統だけで、そのうちの一つが現生哺乳類の直接の祖先を含む哺乳形類（→p.98）である。哺乳形類から哺乳類（単孔類、有袋類、有胎盤類）が出現したのはジュラ紀に入ってからのようだ。

哺乳形類以外のキノドン類は白亜紀前期まで生き残ったことが知られている。最後のものとみられる化石は手取層群（→p.230）で発見されている。

:: 様々な「哺乳類型爬虫類」

「単弓類」という言葉は、しばしば「哺乳類型爬虫類」（＝基盤的な単弓類）と同じ意味で用いられることがある。爬虫類にしか見えないものから、初期の恐竜と共存していたもの、哺乳類と一見して区別できないものまで、様々な基盤的単弓類を紹介する。

コティロリンクス　「盤竜類」の中でも特に巨大な植物食者で、全長6mに達する種も知られている。水生だった可能性がしばしば指摘されている。ペルム紀中頃に繁栄した。

イスキガラスティア　ディキノドン類の中でも最大級のものの一つで、最初期の恐竜であるヘレラサウルスやエオラプトル、エオドロマエウスなどと共存していた。

エステメノスクス　ペルム紀の半ば過ぎに栄えた初期の獣弓類で、全長4mに達する。角と牙を持った恐ろしげな外見だが、れっきとした植物食動物である。

モンティリクトゥス（モンチリクタス）
トリティロドン科に属し、哺乳形類ではない単弓類としては最後の生き残りである。「桑島化石壁」の裏を掘り抜くトンネル工事にともなって発見された。全長は30cmほどである。

ディメトロドン

| でぃめとろどん | *Dimetrodon*

「**恐**竜」を冠するコンテンツに、さも当然のような顔をして恐竜以外の古生物が紛れ込む例は、本書そのものをはじめ枚挙にいとまがない。マンモスやサーベルタイガーなど、「恐竜時代」の生物ではないどころか人類と共存していた動物が恐竜扱いされる例すらあるが、そうした中でも「帆のある恐竜」として誤解されがちなのが単弓類のディメトロドンである。

■■「盤竜類」の王

ディメトロドンは古生代ペルム紀の前期から中頃にかけて繁栄した動物であり、爬虫類ではなく単弓類（→p.94）に属する。つまり、恐竜などではなく、哺乳類（→p.98）に近い動物だ。ディメトロドンは単弓類の中でも原始的な「盤竜類」と俗称されるものであり、かつては「哺乳類型爬虫類」と呼ばれていたものの代表格である。

ディメトロドンの最初の化石が発見されたのは19世紀の中頃のことである。カナダ東部のプリンスエドワード島で発見されたこの上顎骨は三畳紀の化石とみなされ、恐竜のものと同定されて1853年にバティグナトゥス・ボレアリスと命名された。「化石戦争」（→p.144）真っ只中の1870年代にな

るとアメリカ・テキサス州でエドワード・ドリンカー・コープが率いる化石ハンターたちによって多数の化石が発見され、コープはそれらの標本を様々な属・種に分類した。1878年にコープはディメトロドン属を命名し、その後様々な種がディメトロドン属に含められるようになった。また、バティグナトゥスもディメトロドンと同属であると考えられるようになり、先取権を持たないもののポピュラーなディメトロドンの属名が「保全名」として残ることになった。

今日、ディメトロドン属は多数の種を抱えた大所帯となっている。属全体の生存期間は1000万年程度とかなり長く、非常に繁栄した属であったことは間違いない。初期のディメトロドン属の種は全長2mに満たないサイズだったが、後の時代の種では3mに達するものもみられる。

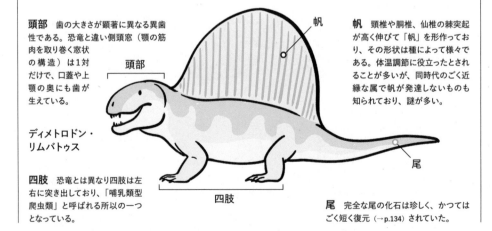

頭部 歯の大きさが顕著に異なる異歯性である。恐竜と違い側頭窓（顎の筋肉を取り巻く窓状の構造）は1対だけで、口蓋や上顎の奥にも歯が生えている。

頭部

ディメトロドン・リムバトゥス

四肢 恐竜とは異なり四肢は左右に突き出しており、「哺乳類型爬虫類」と呼ばれる所以の一つとなっている。

四肢

帆

帆 頸椎や胴椎、仙椎の棘突起が高く伸びて「帆」を形作っており、その形状は種によって様々である。体温調節に役立ったとされることが多いが、同時代のごく近縁な属で帆が発達しないものも知られており、謎が多い。

尾

尾 完全な尾の化石は珍しく、かつてはごく短く復元（→p.134）されていた。

ディメトロドンの仲間たち

　ディメトロドンに近縁な単弓類のグループには背中に「帆」を持つものが少なからず存在し、ディメトロドン同様しばしば恐竜と勘違いされることがある。一方で、ディメトロドンとごく近縁なものの中には帆を完全に欠いているものもみられる。

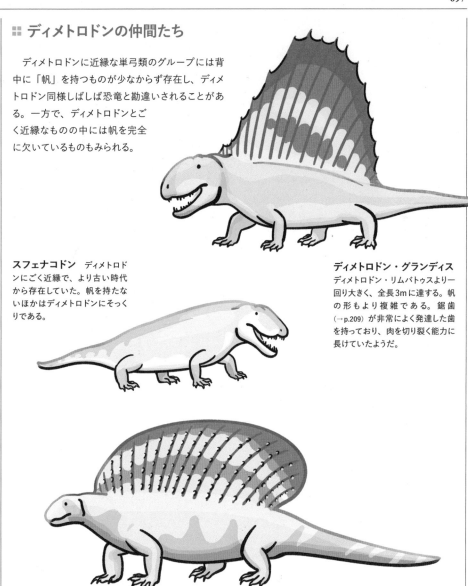

スフェナコドン　ディメトロドンにごく近縁で、より古い時代から存在していた。帆を持たないほかはディメトロドンにそっくりである。

ディメトロドン・グランディス
ディメトロドン・リムバトゥスより一回り大きく、全長3mに達する。帆の形もより複雑である。鋸歯（→p.209）が非常によく発達した歯を持っており、肉を切り裂く能力に長けていたようだ。

エダフォサウルス　ディメトロドンやスフェナコドンに比較的近縁だが、こちらは植物食者である。「帆」の棘突起はディメトロドンと比べてずっと太く、左右にトゲが多数発達する。完全な骨格がなかなか発見されず、ディメトロドンの頭骨や四肢とのコンポジット（→p.262）で復元骨格が制作されたこともある。

哺乳類

| ほにゅうるい | Mammalia

深 夜、月明かりに照らされて小さなネズミのような動物が恐竜の巣に忍び寄り、卵を盗み食いする。「恐竜時代」の哺乳類にはこうしたイメージが今日でもついて回っているが、この30年ほどでこうした見方は大きく修正を迫られている。哺乳類が出現して2億年、その大半を占める「恐竜時代」の哺乳類はどんな動物たちだったのだろうか。

:: 哺乳形類の進化

ペルム紀に大繁栄した単弓類（→p.94）はペルム紀末の大量絶滅で大打撃を受け、進化型の単弓類である獣弓類のうちの2系統しか生き残ることはできなかった。このうちのキノドン類から、三畳紀後期に哺乳形類（広義の哺乳類）が出現したのである。

中生代の哺乳形類はいずれもネズミのような姿、サイズであり、夜行性の昆虫食者ばかりであるとかつては考えられていた。しかし、今日では形態・サイズともかなり多様であり、ビーバーやムササビ、モグラのような姿のものや、中型犬サイズのものまで発見されている。胃内容物から恐竜の幼体が発見された例すらあり、決して恐竜から逃げ隠れするだけではなかったことを示している。

中生代の哺乳形類には様々な系統が存在したが、その多くは中生代のうちに絶滅した。哺乳類（哺乳形類の一系統）の出現時期については議論が続いており、哺乳形類の出現からさほど間を置かずに現れた可能性も指摘されている。こうした哺乳類の中でも様々な系統が中生代に出現したが、今日まで生き延びている系統は単孔類（カモノハシやハリモグラ）と有袋類、有胎盤類だけである。

有袋類と有胎盤類の系統が枝分かれしたのはジュラ紀の中頃とみられているが、真正の有袋類や有胎盤類が現れたのは白亜紀の中頃以降のことで、特に有胎盤類の現生グループが枝分かれしたのは恐竜が絶滅してからのようだ。単孔類の起源には謎が多いが、真正の単孔類の化石記録は白亜紀前期までしか遡ることができないのが現状である。

基盤的な単弓類（哺乳類型爬虫類）は耳の内部構造が「爬虫類型」で、耳の中にある耳小骨（鼓膜の振動を内耳に伝達する骨）が1つしか存在しない。哺乳類のうち、獣類（有袋類や有胎盤類といった進化型の哺乳類）では顎関節の骨のいくつかが追加の耳小骨に変化しており、単孔類やその他の哺乳形類では「哺乳類型爬虫類」と獣類の中間的な状態になっている。単弓類はもともと鱗や単純な皮膚だけを持っていたが、原始的なキノドン類は吻に感覚毛（哺乳類のヒゲと相同（→p.220））を持っていた可能性も指摘されている。一方で、毛皮や授乳といった特徴はキノドン類の中でも哺乳形類とそれにごく近縁なものだけにみられたと考えられている。また、有胎盤類につながる系統であっても、より原始的なものは単孔類や有袋類のように卵か小さく未熟な子を産んでいたようだ。中生代の哺乳類の中には四肢ががに股状になっているものも多く、今日の哺乳類で一般的な四肢を直立させたものは比較的限られていたようである。

中生代の哺乳形類の化石は世界各地で発見されており、日本でも様々なグループの歯や顎の化石が知られている。近年では福井県の手取層群（→p.230）で多丘歯類（新生代古第三紀で絶滅した哺乳類の系統）のほぼ完全な上半身が関節した（→p.164）状態で発見されており、今後の研究が期待されている。

:: 中生代の哺乳形類

　19世紀から長く、中生代の哺乳形類は歯の化石ばかりが発見される状況が続いた。歯の形態は哺乳類の分類にかなり有用だが、一方で全身の様子がわかっていないものがほとんどだったのである。しかし、今日ではほぼ完全な骨格が続々と発見されており、進化の歴史の大半を占めている「恐竜時代」の哺乳形類の実態が明らかになりつつある。

カストロカウダ　ビーバーの吻を伸ばしたような姿だが、哺乳類ではなくジュラ紀中期の原始的な哺乳形類である。泳ぐのも穴を掘るのも得意だったようだ。

デルタテリディウム　アメリカ自然史博物館の中央アジア探検で発見された白亜紀後期の哺乳類で、ヴェロキラプトル（→p.50）やオヴィラプトル（→p.54）、プロトケラトプス（→p.52）と同じ地層からの産出である。最近の研究で、知られている限り最古の有袋類であることが示された。

レペノマムス　白亜紀前期の哺乳類で、羽毛恐竜で有名な熱河層群（→p.173）から産出する。中生代で途絶えた系統である真三錐歯類に属し、頭胴長は中生代の単弓類の中でも最大級の80cmほどになる。体内から消化されかけたプシッタコサウルスの幼体が発見された例があり、恐竜の幼体にとって天敵だったことは間違いない。

三畳紀

| さんじょうき | **Triassic**

地 球史上最大規模ともいわれる大量絶滅で、古生代最後の「紀」であるペルム紀は終わった。そして約2億5190万年前、荒廃した生態系とともに中生代最初の「紀」である三畳紀が幕を開けたのである。ペルム紀の生き残りである「哺乳類型爬虫類」に代わって生態系での存在感を増していく爬虫類の中に、ひっそりと「最初の恐竜」も息づいていた。

::: 三畳紀の地球

　三畳紀の地球には大陸がパンゲア（→p.174）しか存在せず、温暖湿潤な極域を除けば、内陸部（≒地球上の陸地の大半）は暑く乾燥した気候が広がっていた。しかし、三畳紀後期の初め頃に気候が大きく変わり、世界的により湿潤な環境が広がるようになった。植生は針葉樹やイチョウ類、シダ種子植物（中生代で絶滅したグループ）やシダ植物が中心で、まだ被子植物は現れていない。

　爬虫類は三畳紀に入って爆発的に多様化し、中でも主竜形類は陸上生態系でよく目立つ存在となった。とりわけ偽鰐類（ワニ類を含む主竜類の大グループ）は大繁栄し、直立二足歩行するものまで現れた。また、爬虫類は海にも進出し、様々なグループの海生爬虫類がテチス海（→p.180）で繁栄した。

　偽鰐類と並ぶもう一つのグループである鳥中足骨類（アヴェメタターサリア）も三畳紀に爆発的に放散した。中でも、三畳紀の中頃に現れたのが翼竜（→p.80）、そして恐竜類であった。

三畳紀の年代区分　三畳紀は5000万年ほどの期間しかなく、中生代の「紀」の中では最も短い。三畳紀は前期・中期・後期に分けられ、さらに7つの「期」に細分される。三畳紀後期は前期・中期と比べてかなり長く、三畳紀全体の7割ほどの期間を占めている。「最古の恐竜」と断言できる化石記録は三畳紀後期のカーニアンまでしか遡れていないが、そこから逆算して「最初の恐竜」はおそらく三畳紀中期に出現したとみられている。

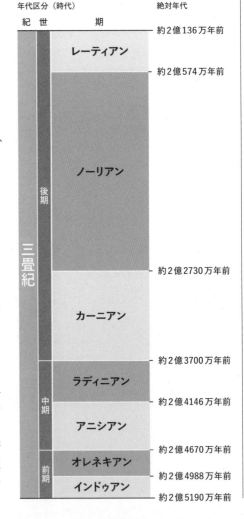

年代区分（時代）			絶対年代
紀	世	期	
		レーティアン	約2億136万年前
			約2億574万年前
	後期	ノーリアン	
			約2億2730万年前
三畳紀		カーニアン	
			約2億3700万年前
	中期	ラディニアン	約2億4146万年前
		アニシアン	
			約2億4670万年前
	前期	オレネキアン	約2億4988万年前
		インドゥアン	
			約2億5190万年前

:: 三畳紀後期の陸上動物たち

主立った大地が全て陸続きだったため、三畳紀の陸上動物はどの地域のものもよく似ている。生態系の上位にいたのは巨大なディキノドン類や植物食性の大型偽鰐類、そしてそれらを捕食する四足歩行ないし二足歩行性の大型偽鰐類であった。また、大型の両生類も繁栄していた。

三畳紀の恐竜はより原始的な鳥頸類の特徴を残しており、後の時代のものと比べて足腰の骨格が貧弱である。進化の初期にあたる時代であり、様々なグループの特徴をあわせ持つため分類が定まらない恐竜も多い。また、鳥盤類と断言できる恐竜化石は三畳紀の地層からは未発見である。

三畳紀の恐竜の多くは全長2mほどだが、早くもカーニアンには全長4mを超える肉食のヘレラサウルス類が出現し、三畳紀の終わりまでには全長10mほどの竜脚類や、"ゴジラサウルス"（→p.269）のような全長5mを超える獣脚類が出現した。こうした中型〜大型恐竜は偽鰐類に代わって生態系のトップに君臨したようだ。

ポストスクス　二足歩行する大型の偽鰐類で、ワニ類の祖先に近いようだ。頭骨の形態には獣脚類と似ている部分も多く、ティラノサウルス（→p.28）の祖先と考える研究者すらいた。初期の恐竜類にとっては恐ろしい敵だっただろう。

ヘレラサウルス　最初期の恐竜の一つで、保存状態のよい化石が複数知られている一方、その分類は定まっていない。大型個体の全長は4mを超え、当時の生態系の中でもかなり大きな動物だったようだ。ヘレラサウルス類は各地で栄えたが、三畳紀いっぱいで絶滅したとみられている。

プラテオサウルス　原始的な竜脚形類で、典型的な「古竜脚類」である。古くからボーンベッド（→p.170）が発見されており、三畳紀の恐竜の中でも特によく研究されているものの一つである。四足歩行で復元（→p.134）されることも多かったが、基本的に二足歩行する動物だったと考えられている。

ジュラ紀

| じゅらき | **Jurassic**

大量絶滅で荒廃した環境からスタートした三畳紀は、大量絶滅で幕を閉じた。三畳紀に大繁栄した様々な陸海の爬虫類のグループが絶滅する中にあって、恐竜のグループ全体のダメージは比較的軽かったようだ。大量絶滅によってガラ空きになった生態系のニッチを様々な恐竜が占めるようになり、いよいよ「恐竜時代」が本格的に始まったのである。

:: ジュラ紀の地球

　超大陸パンゲア（→**p.174**）は徐々に分裂し、ジュラ紀中期にはローラシア（→**p.176**）とゴンドワナ（→**p.182**）に二分された。全体として今日より温暖な気候が世界中に広がっていたが、地球規模の温暖化と寒冷化を繰り返していた。大気中の二酸化炭素濃度は、時期によっては今日の4倍もあったとみられている。植物はペルム紀末の大量絶滅の影響をあまり受けず、三畳紀からさほど変化はない。

　三畳紀の海生爬虫類のうち、ジュラ紀まで残ったのは魚竜（→**p.90**）と首長竜（→**p.86**）だけであった。偽鰐類は広義のワニ類を除いて絶滅し、陸上の大型植物食動物・肉食動物の座を恐竜に明け渡すことになった。単弓類（→**p.94**）は三畳紀末でほぼ絶滅したが、生き残りはジュラ紀の間にかなりの多様化を遂げた。翼竜（→**p.80**）や恐竜は大量絶滅の影響をあまり受けなかったようだ。

　ジュラ紀には恐竜の大型化が進み、ジュラ紀後期には全長30mに達する大型竜脚類まで現れた。また、恐竜の主要なグループも後期までには出揃ったようである。最古の鳥類（広義）のアンキオルニスもジュラ紀中期の地層から発見されている。

ジュラ紀の年代区分　ジュラ紀は前期・中期・後期に分けられ、さらに11の「期」に細分される。ジュラ紀中期から後期にかけてはドイツのゾルンホーフェン石灰岩（→**p.173**）やアメリカ西部のモリソン層（→**p.178**）をはじめ、世界各地で多くのラガシュテッテン（→**p.172**）が形成された。

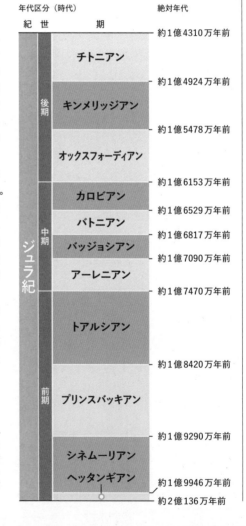

年代区分（時代）			絶対年代
紀	世	期	
		チトニアン	— 約1億4310万年前
	後期	キンメリッジアン	— 約1億4924万年前
		オックスフォーディアン	— 約1億5478万年前
		カロビアン	— 約1億6153万年前
	中期	バトニアン	— 約1億6529万年前
ジュラ紀		バッジョシアン	— 約1億6817万年前
		アーレニアン	— 約1億7090万年前
		トアルシアン	— 約1億7470万年前
	前期	プリンスバッキアン	— 約1億8420万年前
			— 約1億9290万年前
		シネムーリアン	
		ヘッタンギアン	— 約1億9946万年前
			— 約2億136万年前

:: ジュラ紀の恐竜

　ジュラ紀前期の恐竜はそもそもあまり化石が発見されていないが、三畳紀後期のものとさほど変化のないものも多かったようである。鳥盤類と断言できるものはジュラ紀前期に出現し、装盾類はジュラ紀前期の間に、鳥脚類や周飾頭類もジュラ紀後期までには出現した。ジュラ紀後期までには全長10mほどの大型獣脚類も出現し、獣脚類の主要グループもジュラ紀中期のうちには出揃ったとみられている。二足歩行する原始的な竜脚形類はジュラ紀中期までには絶滅し、四足歩行する竜脚類はジュラ紀後期にかけてさらなる大型化を果たした。

　ジュラ紀中期にローラシアとゴンドワナが分裂したため、それぞれの大陸で恐竜たちは独自の進化を遂げることとなった。

クリオロフォサウルス
南極大陸はジュラ紀前期にはゴンドワナの一部であり、今日とは全く異なった環境にあった。クリオロフォサウルスは三畳紀の獣脚類とジュラ紀中期以降の獣脚類の特徴をあわせ持っており、獣脚類の進化を考える上で非常に重要とみられている。

ギガントスピノサウルス　誤解を招きがちなネーミングだが、れっきとした剣竜類である。剣竜類はジュラ紀後期に世界各地で栄えたが、特に中国で様々な化石が発見されている。

スーパーサウルス　ディプロドクス類はジュラ紀後期に大繁栄したが、中でもスーパーサウルスは全長30m超と随一の巨体を誇る。ある程度以上のサイズまで成長してしまえば、大型獣脚類でも手出しはできなかっただろう。

白亜紀

| はくあき | Cretaceous

三 畳紀やジュラ紀とは異なり、大量絶滅のないまま白亜紀は幕を開けた。様々な恐竜の グループがジュラ紀後期から引き続き栄える一方で、それまでさほど目立たない存在 だったグループが白亜紀中頃に大躍進を遂げる。長きにわたる白亜紀の間、恐竜たちは繁栄 を続けたが、隕石衝突によって「恐竜時代」は終止符を打たれたのだった。

:: 白亜紀の地球

ローラシア（→p.176）の分裂は盛んに進んだ一方、 ゴンドワナ（→p.182）の分裂はずっとゆっくりだった ようだ。気候は全体として今日より温暖だったが、 温暖乾燥気候から温暖湿潤気候、より冷涼で乾燥 した気候へと移り変わっていったことが知られている。 白亜紀には被子植物が出現し、後期になると今日と さほど変わらない植生がみられたと考えられる。

白亜紀の中頃には地球温暖化による海洋無酸素 事変が多発し、海洋生態系は大打撃を受けた。こ うして魚竜（→p.90）が絶滅する一方、トカゲ類が新 たに海洋進出してモササウルス類（→p.92）が誕生 した。ジュラ紀中期から後期にかけて出現した鳥類 は白亜紀を通じて多様化したが、現生鳥類の系統 が現れたのは白亜紀末近くになってからだった。

白亜紀前期の恐竜相はジュラ紀後期とよく似てい たが、白亜紀の中頃に大転換が起きたことが知ら れており、近年盛んに研究されている。ローラシア ではティラノサウルス類（→p.28）が頂点捕食者とし て頭角を現し、被子植物の台頭にあわせるように 新興グループのハドロサウルス類（→p.36）や角竜 も大繁栄した。こうして「恐竜時代」は黄金期を迎 えたが、隕石衝突とそれによるチチュルブ・クレー ター（→p.194）の形成であっけなく終焉を迎えた。

白亜紀の年代区分 白亜紀は8000万年近くに及び、 「恐竜時代」の半分を占める。前期・後期に二分されてい るが、バレミアン〜チューロニアンを白亜紀"中期"と呼ぶこ ともある。

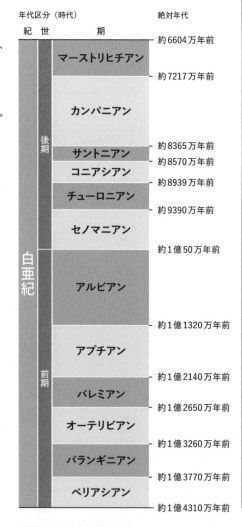

年代区分（時代）			絶対年代
紀	世	期	
白亜紀	後期	マーストリヒチアン	約6604万年前
		カンパニアン	約7217万年前
		サントニアン	約8365万年前
		コニアシアン	約8570万年前
		チューロニアン	約8939万年前
		セノマニアン	約9390万年前
	前期	アルビアン	約1億50万年前
		アプチアン	約1億1320万年前
		バレミアン	約1億2140万年前
		オーテリビアン	約1億2650万年前
		バランギニアン	約1億3260万年前
		ベリアシアン	約1億3770万年前
			約1億4310万年前

∷ 白亜紀前期の恐竜

白亜紀前期の恐竜たちの顔ぶれはジュラ紀後期からあまり変わっておらず、パンゲア（→p.174）の分裂からさほど時間が経っていないため、スピノサウルス類（→p.66）やカルカロドントサウルス類のようにローラシアとゴンドワナ双方で栄えたグループも少なくない。一方でティラノサウルス類や角竜類もサイズは小柄ながら着実に進化を遂げていた。

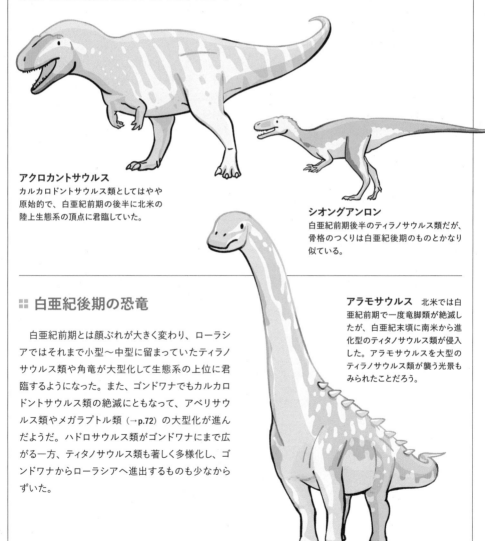

アクロカントサウルス
カルカロドントサウルス類としてはやや原始的で、白亜紀前期の後半に北米の陸上生態系の頂点に君臨していた。

シオングアンロン
白亜紀前期後半のティラノサウルス類だが、骨格のつくりは白亜紀後期のものとかなり似ている。

∷ 白亜紀後期の恐竜

白亜紀前期とは顔ぶれが大きく変わり、ローラシアではそれまで小型〜中型に留まっていたティラノサウルス類や角竜が大型化して生態系の上位に君臨するようになった。また、ゴンドワナでもカルカロドントサウルス類の絶滅にともなって、アベリサウルス類やメガラプトル類（→p.72）の大型化が進んだようだ。ハドロサウルス類がゴンドワナにまで広がる一方、ティタノサウルス類も著しく多様化し、ゴンドワナからローラシアへ進出するものも少なからずいた。

アラモサウルス　北米では白亜紀前期で一度竜脚類が絶滅したが、白亜紀末頃に南米から進化型のティタノサウルス類が侵入した。アラモサウルスを大型のティラノサウルス類が襲う光景もみられたことだろう。

地層

| ちそう | stratum, strata

水 は低きに流れる。起伏のある場所では高い部分が風雨にさらされて風化し、侵食され生じた碎屑物がより低い場所へと運搬され、そしてくぼみや地面の傾斜が急にゆるくなる場所に堆積する。この風化・侵食・運搬・堆積のプロセスを繰り返して積み重なったのが地層であり、積み重なった碎屑物の中には化石が埋積されていることがある。

▦ 地層のできかた

碎屑物は粒子の大きさに基づき、大きい方から礫・砂・泥に分けられる。これらは粒子の大きさが違うために水中での挙動が異なり、水流の強さなどによってふるい分けが生じることもある。一般に、河口部や海岸近くでは礫→砂→泥と粒子の大きいものから堆積し、沖合の海底ではほとんど泥だけが堆積することになる。また、火山灰のように、風に乗って運搬されるものもある。水流で運ばれる碎屑物の場合、碎屑物の供給源から離れるほど粒子の角が取れて丸みを帯び、斜面に堆積する際は斜面の下の方ほど厚い層となる。

このように、地層を構成する堆積物は、堆積当時の周囲の地形や水流の強さなど、堆積環境の影響を強く受ける。逆に、地層を構成する堆積物を注意深く観察することで、当時の堆積環境を復元（→p.134）することができるのである。化石をはじめ、地層中に含まれる様々な情報を統合することで、太古の風景を描き出すことができるのだ。

地層が堆積すると、自重で堆積物中の水分が抜けていく。碎屑物同士のわずかな隙間は地下水に溶けたミネラルが析出することで接着され、固結して堆積岩へと変化していく。地層はさらに地下で熱や圧力にさらされ、ますます固く変化していく。こうした続成作用を経た地層が再び地表へと隆起し、侵食されて露頭となって初めて人目に触れるようになる。地層は単なる石の塊ではなく、地球のダイナミックな動きそのものを表したモニュメントなのだ。

一般に、水流の強い場所では礫や砂といった粒径の大きなものが、水流の弱い場所では細かな砂や泥が堆積する。化石は埋積している粒子が細かいほど保存がよい傾向にあり、細粒の凝灰岩層からはしばしば羽毛恐竜（→p.76）が産出する。

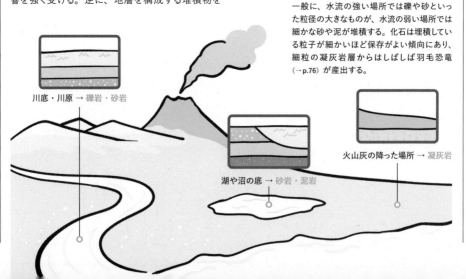

川底・川原 → 礫岩・砂岩

火山灰の降った場所 → 凝灰岩

湖や沼の底 → 砂岩・泥岩

:: 地層の研究

　地層は縞状に見えることが多く、縞の一つ一つを「単層」、縞の境界を層理面と呼ぶ。また、地層中の特定のポイントとその横方向（同時間）への広がりを指して「層準」という。同じような見た目（岩相）の単層が上下に連続している範囲（≒同じような堆積環境が続いた期間）をまとめて「層（累層）」と呼び、複数の似たような層が連続する範囲をまとめて「層群」と呼ぶ。また、層の中により細かな「部層」を設けることもある。

　同じ時代に近い場所で堆積した地層でも、岩相が異なれば別の層として扱われる。また、堆積環境によって1cmの厚さの地層が堆積するのに1万年かかることもあれば、ほんの数分で1mも堆積する場合もある。一度堆積した地層が、別の地層が堆積する際にほとんど削り取られてしまうこともある。

　地層同士の間に時間間隙（何らかの原因で地層の堆積が起こらなかったり、間に堆積したものが侵食で失われた部分）が見られる場合、それを「不整合」と呼ぶ。1億年前の露頭の上につい最近の土砂が堆積している場合も不整合といえる。

　地層は古い時代に堆積したものほど続成作用が進んでいる傾向にあり、埋積されている化石も鉱化が進んで元の骨の性質は失われていく。ただし、数千万年前の地層であっても手で崩せるほどやわらかい（未固結）こともある。

　地層の堆積した時代・年代を調べるのには様々な方法があるが、相対的な年代（古い・新しい）を調べるのには示準化石（→p.112）が用いられることが多い。一方、絶対年代（具体的な数値）（→p.110）は地層中に含まれる放射性同位体が利用されることがほとんどである。堆積環境の手がかりとしては地層そのものの堆積構造のほか、示相化石（→p.112）も重要である。

　露頭は多くの場合飛び飛びにしか確認できないため、地層の広がりを横方向（同時間面）へ追っていく場合、広範囲で同時に堆積する降下火山灰層のような「鍵層」（地層の対比や特定に用いられる特徴的な地層）の認定が重要になる。飛び飛びの露頭を同時間面で結んでいくことで、太古の風景を四次元的に復元できるのだ。

海外の露頭の例（バッドランド）

上位
（新しい）

下位
（古い）

海外の有名な恐竜産地の多くは「バッドランド」と呼ばれる荒野にあり、一面に露頭が広がっている。こうした場所は地層がほぼ水平であり、同じ層準をひたすら追うことができる一方、地層の上下のつながりを追うことは難しい。

日本の露頭の例（沢）

下位

上位

雨の多い日本には「バッドランド」は見られず、自然の露頭は沢沿いに点々としていることが多い。地層はねじ曲げられて（褶曲）大きく傾斜したり、断層で断ち切られていることも少なくない。また、地層の上下が逆転して見えることもある。

海成層

| かいせいそう | marine strata

地層は様々な場所で堆積するが、中でも海の中で堆積したものを海成層と呼ぶ。海成層は海洋生物の化石の宝庫だが、時には陸上生物の化石が見つかることもある。恐竜研究の歴史の中で、初期の研究を牽引したのは海成層で発見された化石だったのだ。日本の中生代の地層は全国各地で見られるが、その多くは海成層である。カムイサウルスの発見で、各地の海成層にも熱い期待が寄せられている。

∷ 海成層の特徴

陸に近い海域では、陸から海中へ堆積物が運搬されて海成層が形成される。陸から遠く離れた海域に陸から運搬された堆積物が届くことはないが、プランクトンの死骸が沈殿し、地層となる。また、大陸棚で一度堆積したものが、地震で崩壊して海底斜面を流れ下り、陸からやや離れた沖合で再び堆積することもある。

アンモナイト（→p.114）やイノセラムス（→p.115）など、海洋生物の化石の中には示準化石（→p.112）として活用されているものが少なくない。一方で、陸上生物の化石は示準化石として使いにくいものがほとんどで、陸成層から見つかった化石の時代を直接推定するのはかなり難しい。海成層で陸上生物の化石が発見されれば、同じ地層から見つかるアンモナイトやイノセラムスの化石を用いることで簡単かつ詳細に時代を推定することもできるのだ。

浅海性の地層の例　一般に、大陸棚の上にあたる水深200mまでの海を浅海、それより深い海を深海と呼ぶ。海成層の恐竜化石は、沿岸部から大陸棚（内側陸棚・外側陸棚）にかけて堆積した浅海性の地層で見つかることがほとんどだ。

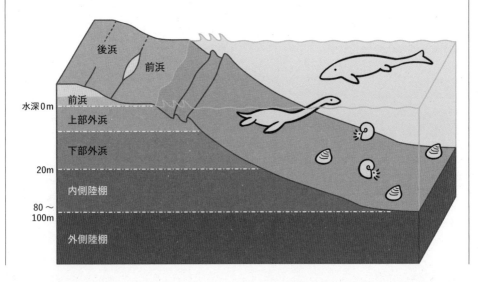

:: 海成層で発見された恐竜たち

海成層は鉱物資源を得るために採掘されることも多く、石切り場や鉱山として利用されていることがある。古くから知られてきた恐竜化石の中には、海成層を利用した石切り場や鉱山で発見されたものが少なくない。海成層で見つかる恐竜化石は骨格がバラバラになったものが多いが、ほぼ完全な骨格や、ミイラ化石（→p.162）が見つかる場合もある。

メガロサウルス・バックランディイ（→p.32）
発見年：1790年代?
産出層：テイントン石灰岩層（イギリス）
時代：ジュラ紀中期バトニアン前期

「最初に発見された恐竜」であるメガロサウルスは、石灰岩の石切り場で採集されたようだ。ある程度の数が発見されているが、どれもバラバラになった骨格の一部だけである。

ハドロサウルス・フォーキイ（→p.36）
発見年：1838年頃　産出層：ウッドバリー層（アメリカ）
時代：白亜紀後期カンパニアン前期

最初に発見されたハドロサウルス類だが、今日まで部分的な骨格が1体発見されているに過ぎない。

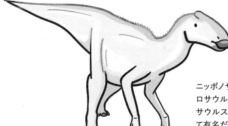

カムイサウルス・ジャポニクス（→p.38）
発見年：2003年　産出層：函淵層（北海道）
時代：白亜紀後期マーストリヒチアン初頭

ニッポノサウルスやプロサウロロフス、テチスハドロスなど、ハドロサウルス類が海成層で発見されることはしばしばある。カムイサウルスの産出した函淵層は、古くからアンモナイトの産地として有名だった。

ボレアロペルタ・マークミッチェリ
発見年：2011年　産出層：クリアウォーター層（カナダ）
時代：白亜紀前期アルビアン初頭

オイルサンドの採掘中に重機で粉砕されてしまったが、上半身は見事にミイラ化しており、「奇跡の恐竜」と呼ばれている。海岸線から約200kmも流されて化石化したらしい。

絶対年代

| ぜったいねんだい | absolute age

過去の物事・出来事を研究する上で、その時系列を明らかにすることは非常に重要である。年代を測定・推定する方法は大きく二つあり、様々な出来事の前後関係から求めたものを「相対年代」と呼ぶ。もう一つが「絶対年代」（数値年代とも）であり、「絶対的」な（相対値ではない）年代を誤差込みの数字で表すものである。

古生物学と相対年代

　考古学（→p.274）であれば、古文書を解読し、そこに書かれている内容から「ある出来事」の絶対年代を特定できる場合がある。だが、古生物学ひいては地質学の扱う時代はほとんどの場合有史以前であり、誰かが書き残した記録というものは存在しない。そこで登場するのが相対年代である。示準化石（→p.112）は相対年代を調べるための極めて重要なツールであり、様々な示準化石の情報を組み合わせることで生層序区分（示準化石の変遷で時代を表したもの）を確立することができる（考古学の場合でも、石器や土器の変遷に基づき、相対年代を表す場合がある）。また、特定の火山から噴出した火山灰や、隕石衝突で放出された物質など、広い範囲で同時に堆積したと考えられる特徴的な地層を「鍵層」として利用することもできる。さらに、地球の磁場の方向が時代によって変化することを利用し、地層中に保存された古地磁気を解析することで相対年代を明らかにする研究も近年盛んである。

　こうした情報を駆使して明らかになった相対年代は、「白亜紀後期」というように「時代」（地質年代）で表記される。古生物の場合、示準化石や鍵層、古地磁気の情報を組み合わせることで、時代をかなりの精度で絞り込める場合がある。一方で、これらのツールを高精度で利用できる地層は必ずしも多くはないため、相対年代がおおざっぱにしかわかっていない恐竜も少なくない。

絶対年代と放射年代

　自然界に存在する元素には、それぞれに中性子の数が異なる同位体が存在する。同位体の中には放射線を出して別の元素に変化（放射壊変）する放射性同位体とそうでないもの（安定同位体）が存在し、放射壊変のペースは同位体の種類ごとに一定である。

　放射性同位体は生まれた瞬間から放射壊変を始めるが、宇宙線の影響で常に生産されているため、自然界では安定同位体と放射性同位体の存在比率はいつでもどこでもほぼ一定である。一方で、外界との物質のやり取りが遮断されると、放射性同位体は新たに補給されないため、放射壊変によって減少し続ける。

　こうした放射性同位体の性質を利用して測定された絶対年代が「放射年代」である。古生物学・地質学（や先史時代を扱う考古学）では他に絶対年代を調べる手段がないため、非常に重宝されている。

　放射壊変のペースは同位体によって様々であるため、対象とする時代によって放射年代測定に利用できる同位体が異なってくる。考古学では人類の存在した時代を対象とするため、人骨から木材、紙など有機物全般に含まれる使い勝手のよい炭素14を利用して放射年代を測定する場合が多い。一方で、炭素14は半減期（放射壊変によって親核種が半量になる期間）が短いため、より古い時代を扱いがちな古生物学ではあまり利用されない。

:: 恐竜の生息年代

恐竜の研究で問題になってくる絶対年代は、すなわち放射年代そのものである。放射年代は「物体が外界から切り離された時点の絶対年代」であるため、測定する対象や結果の意味をよく吟味しなくてはならない。砂場で採取した砂の放射年代は「砂粒の元となった岩石が形成された絶対年代」であり、砂場の作られた年代は別の問題である。

恐竜の化石そのものから放射年代（＝恐竜が死亡した時点の絶対年代）を測定するのは至難の業で、恐竜の生息年代の研究には地層中の鉱物の放射年代が利用されることがほとんどである。化石の産出層準そのものの放射年代を測定できる場合はまずないが、その上下の層準で放射年代が測定できれば、化石の埋積された（≒元の恐竜が生きていた）年代を「○○万～○○万年前」（の間のいつか）と相対年代で表すことができる。火山灰や溶岩は形成と噴出・堆積のタイミングが実質的に同じであるため、地層の堆積した絶対年代の測定に便利である。

古生物の生息時代や生息年代は、絶対年代と相対年代を組み合わせて考えるのが基本である。様々なツールを組み合わせることで、数十年前には考えられなかったほどの精度で恐竜たちの生きていた時期や期間が明らかになりつつあるのだ。

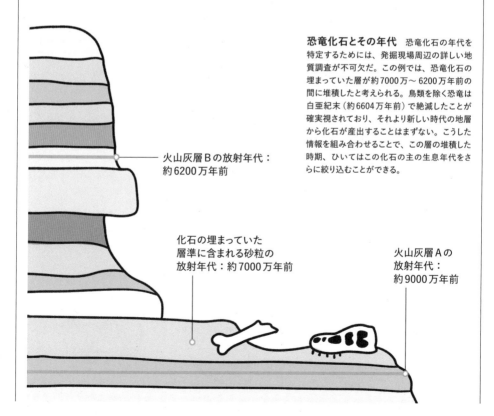

恐竜化石とその年代　恐竜化石の年代を特定するためには、発掘現場周辺の詳しい地質調査が不可欠だ。この例では、恐竜化石の埋まっていた層が約7000万～6200万年前の間に堆積したと考えられる。鳥類を除く恐竜は白亜紀末（約6604万年前）で絶滅したことが確実視されており、それより新しい時代の地層から化石が産出することはまずない。こうした情報を組み合わせることで、この層の堆積した時期、ひいてはこの化石の主の生息年代をさらに絞り込むことができる。

火山灰層Bの放射年代：
約6200万年前

化石の埋まっていた
層準に含まれる砂粒の
放射年代：約7000万年前

火山灰層Aの
放射年代：
約9000万年前

示準化石・示相化石

| しじゅんかせき・しそうかせき | index fossil / facies fossil

古生物学は地質学とは切っても切れない学問でもあり、地質学は恐竜の研究に対して重要な背景情報を提供する。古生物学が地質学の「ツール」として利用されることも多く、相対年代を決定したり、地層が堆積した当時の環境（古環境）を推定する上で化石は必要不可欠である。

示準化石

地層中において、特定の種の生物の化石が産出する層準の範囲は、その生物種が地球上に出現してから絶滅するまでの範囲と基本的に一致する。この性質を利用し、地層の対比や相対年代（→p.110）の決定に用いられる化石を示準化石と呼ぶ。

原理的には全ての生物種の化石が示準化石になりうるが、ツールとして用いる以上、実用性が重要である。このため、示準化石には①生存期間が短く、ピンポイントで時代を指示すること、②分布域（産出範囲）が広く、離れた場所の地層同士の対比にも使えること、③化石になりやすく、大量に発見されること、の3つの条件が要求される。

こうした条件を全て満たす生物のグループは意外と少ない。恐竜をはじめ脊椎動物の化石は陸海問わず比較的珍しいため、実際の研究において示準化石としては実用的ではないのである。実用性のある示準化石として利用されるのは海生軟体動物のもの

がほとんどであり、様々な種のアンモナイト（→p.114）やイノセラムス（→p.115）が中生代では一般的なツールとなっている。また、様々なプランクトンの化石である微化石も重宝されている。

海成層（→p.108）の示準化石が充実している一方で、陸成層で使える示準化石はかなり少ない。哺乳類の歯化石や湖に住むプランクトンの化石、花粉（→p.202）などが利用されているが、海成層の示準化石と比べておおざっぱな指標にしかならないのが現状である。

このため、陸成層で絶対年代の測定が難しい場合、詳細な時代・年代の推定がおぼつかなくなることが少なくない。こうした地層の代表がモンゴル・ゴビ砂漠の白亜紀後期の地層であり、ヴェロキラプトル（→p.50）やプロトケラトプス（→p.52）といった恐竜の生息年代はいまだによくわかっていない。一方で、新生代の地層だと漠然と思われていた地層から恐竜化石が発見され、中生代の地層であることが判明した例もある。

様々な示準化石の例

微化石

放散虫（原生動物）

大型化石

アンモナイト（頭足類）

哺乳類の歯

:: 示相化石

特定の環境の存在、ひいては今日までの環境の変化を示す化石が示相化石であり、古環境の推定には欠かせないものである。単純な例として、山の上に露出する地層で海生生物の化石が発見されれば、その地層は海底で堆積し、その後海底が隆起して山の上に露出したのだと考えることができる。こうした発想は古代ギリシャの時代から存在したが、「地質学」として体系立てられたのは近代になってからである。

示相化石は単純で便利なツールだが、生物は本来の生息場で化石化するとは限らないため、化石の産状（→p.160）には注意が必要である。また、類似する現生種と比較して環境を推定しようとする場合、そもそも現生種と同様の生態だったのかどうかも注意深く調べる必要がある。

近年では、化石に含まれる様々な元素の安定同位体の割合がその生物の生きていた当時の環境を反映していることに着目し、定量的な方法で古環境の推定も行われるようになっている。

復元画とその背景 恐竜の復元画（→p.134）の「背景」も、立派な古環境の復元画である。「恐竜ルネサンス」（→p.150）によって、示相化石から得られた古環境の情報が恐竜の復元画にもふんだんに盛り込まれるようになった。また、復元画の脇役となる他の動物も、時代・分布域により厳密なチョイスがなされるようになった。恐竜ルネサンス以後の復元画の中には、推定される大気の状態に基づいて雲の形にこだわったもの、夜空に浮かぶ月のクレーターまで中生代当時の様子で描かれたものもあり、絵の大きな見どころになっている。

恐竜の「想像図」

恐竜の「生態復元図」

様々な地質学的証拠の反映

アンモナイト

| あんもないと | ammonite

恐竜と並ぶ古生物の花形がアンモナイトである。今日、専門用語としての「アンモナイト」は化石に限定され、生物としては「アンモノイド」という言葉が用いられることが多いが、それでも「アンモナイト」（アモン神の石）という言葉は広く用いられ続けている。
　アンモナイトは海生軟体動物であり、海成層でなければ恐竜化石と共産することはない。だが、アンモナイトは古生物学の屋台骨であり、恐竜研究の裏方としてもひっそりと存在感を放っている。

アンモナイトとの遭遇

　化石と人類の出会いは古く、サメの歯の化石を妖怪と結び付けたり、貝の化石を悪魔の爪に見立てたりした（→p.272）。アンモナイトも古くから親しまれており、中世ヨーロッパでは神の力で頭を切り落とされた小さなヘビが石になったもの（蛇石）として人気のあるお守りになっていた。日本でも北海道の貝塚（→p.275）から加工されたアンモナイトが出土しているほか、アイヌの人々は「カボチャ石」と呼んでいた。「アンモナイト」という呼び名は、巻いた牡羊の角のような殻を古代エジプトのアモン神（牡羊の頭を持つ）に見立てたことにちなんでいる。

　アンモナイトの殻の構造はオウムガイとよく似ているが、むしろイカに近いグループである。古生代デボン紀後期から盛衰を繰り返しつつ白亜紀末まで世界中で栄えた一大勢力だが、顎器（カラストンビ）を除けば軟体部の化石は極めて珍しい。

　殻の形態は驚くほど多様であり、巻き方もオウムガイと同様のものから、「異常巻き」と呼ばれる変わった巻き方のものまで様々である。

アンモナイトと恐竜

　アンモナイトは世界中で産出し、種ごとの生存期間がごく短いことが多いため、示準化石（→p.112）としても極めて重要である。古生物学の基本となる「時代の決定」を常に支えてきた存在であり、特定のアンモナイトの種の出現・絶滅が時代区分の基準とされていることも多い。

　海成層（→p.108）から恐竜化石が発見された場合、その周囲からアンモナイトが発見されることが少なくない。示準化石として有用な種であれば、陸成層から発見された恐竜ではまず不可能な精度でその時代を特定することが可能だ。カムイサウルス（→p.38）の発掘の際には様々なアンモナイトが発見され、ピンポイントで時代を推定するのに役立った。

カムイサウルスとともに発見されたアンモナイト

パキディスカス・ジャポニカス

ディプロモセラスの未定種

イノセラムス

| いのせらむす | inoceramus

中生代には様々な海生軟体動物が栄え、示準化石として利用されているものも多い。ウグイスガイ目に属する二枚貝であるイノセラムス（イノケラムス）はその化石の豊富さでよく親しまれており、特定の属を指すよりもむしろジュラ紀から白亜紀に栄えたイノセラムス類を総称して「イノセラムス」と呼ぶことの方が多いほどである。

:: イノセラムスとは

イノセラムス（類）はウグイスガイ目に属する二枚貝で、真珠の母貝として利用されるアコヤガイや、高級食材のタイラギに比較的近縁とみられている。古生代ペルム紀に出現したとされるが、イノセラムスとしてよく知られているものは中生代ジュラ紀から白亜紀のもので、白亜紀末よりも少し前に絶滅した。

イノセラムスは世界中の海で繁栄し、白亜紀後期のものだけでも1300種近くが知られている。殻の形は種によって様々だが、同心円肋（共心円肋）と呼ばれる構造が殻表に発達する。殻のサイズも多様だが、小さいものでも8cm程度、大型の種では1m超になり、2m近くある化石も知られている。

イノセラムスは種ごとの分布が広い割に生存期間が比較的短いため、世界中で示準化石（→p.112）として重宝されている。複数種のイノセラムスが同じ層準から発見されれば、それぞれの種の生存期間の重複する範囲から時代をさらに絞り込むことができる。

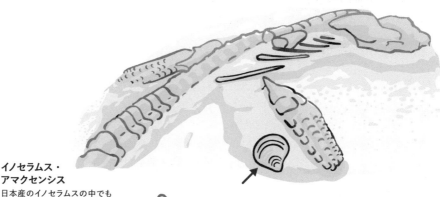

イノセラムス・アマクセンシス
日本産のイノセラムスの中でも大型である。種小名の元になったのは熊本県の天草市だが、全国各地の白亜紀後期サントニアンの海成層で産出が知られている。フタバスズキリュウと共産した例（上の図）が知られており、フタバスズキリュウ（→p.88）の死骸ともども干潟に打ち上げられて化石化したようだ。

:: イノセラムスと脊椎動物化石

海成層（→p.108）から産出した脊椎動物化石は、しばしばイノセラムスと共産する。示準化石としてだけでなく、タフォノミー（→p.158）の観点でも重要だ。

生きた化石

| いきたかせき | living fossil

「**進**化」とは今この瞬間も起きている、生物の存在する限り絶え間なく続く現象である。生物は進化の中で祖先からは想像もつかない姿へと変化していったものが少なくないが、現生生物の中には地質時代の生物——化石のみから知られるものと酷似した種がしばしば見られる。祖先たちの姿を長く留めて現代に生きる「生きた化石」には、どんなものがいるだろうか。

:: 生きた化石とは

「生きた化石」（生きている化石、遺存種とも）という概念は、生物が地球の歴史の中で姿を変えてきたという概念があって初めて成立する。「生きた化石」という用語を初めて用いたのは、進化論を確立したダーウィンその人であった。

ダーウィンは著書『種の起源』の中で、カモノハシやハイギョに言及した際にこの用語を用い、「地質時代に繁栄した生物の子孫で、生存競争の少ない限られた場所に生息したため、偶然に絶滅を免れた系統」と定義した。今日ではカモノハシやハイギョのほかにも様々な生物が「生きた化石」と呼ばれており、シーラカンス（→p.117）やウミユリ、オウムガイのような深海の「生きた化石」はダーウィンによる定義によく当てはまる。一方で、カブトガニやシャミセンガイのように、多様な生物の入り乱れる浅海や干潟で暮らすものも「生きた化石」と呼ばれている。

このように、「生きた化石」の定義は研究者によっても異なるが、①古い時代に出現した系統に属している、②祖先とよく似ている、③原始的な特徴を多く残している、の3つは重要なポイントである。また、「生きた化石」を含む系統は現在では多様性に乏しいこと、ダーウィンが想定したように特殊な環境を避難所（レフュジア）にしていることも依然として重要視されている。

定義はさておき、「生きた化石」は、その祖先にあたる系統の化石を研究する上で極めて重要な手がかりとなる。化石では決して観察できない「生きた姿」を教えてくれるのは「生きた化石」だけなのだ。その一方で、化石には残らない軟組織の形態や、生理・生態が絶滅した祖先と現生種とでどの程度異なってくるのか、慎重な判断が必要になる場合も少なくない。

:: 恐竜時代の生き証人たち

現生生物の中には、中生代の近縁種と姿があまり変わらないものが少なからず存在する。例えば、イチョウは街路樹として日本中どこでも見られるが、中生代はおろか古生代ペルム紀から続く系統の最後の生き残りであり、「生きた化石」の典型的な例として扱われる。イチョウ類の現生属（ギンゴ属）も白亜紀から存在し、恐竜たちにとっても馴染みの深い植物だったことは間違いない。一方で、同じく白亜紀から現生属と非常によく似たものが知られているモクレンやプラタナス、ブドウといった植物は、被子植物という（植物の歴史の中では）新しい系統に属しているため、「生きた化石」と呼ばれることはない。シーラカンス類のように、姿はほぼ同じでも中生代当時の生態が全く異なっていた「生きた化石」も知られている。

シーラカンス

| しーらかんす | coelacanth

「**生**きた化石」の中でも特によく知られているのが、デボン紀から続く系統のシーラカンスである。現生のシーラカンスは1属2種のみが確認されており、絶滅の危機にも瀕しているのだが、恐竜とともに生きたシーラカンスたちはどんな魚だったのだろうか。

▦「生きた化石」と化石

シーラカンスの現生属であるラティメリアは2種とも比較的大型で、大きい方の種は全長2mに達する。どちらの種も水深数百mの深海で生活しているが、絶滅したシーラカンス類は淡水域にも生息していたことがわかっており、白亜紀の大型種では全長4mほどのものも知られている。

ラティメリアの化石種は知られていないが、遺伝子の研究から、現生シーラカンス2種が枝分かれしたのは3000万〜4000万年前頃と考えられている。また、ラティメリアに最も近縁とみられている絶滅属のスウェンジアはジュラ紀後期のものであり、ラティメリアとは1億年以上の空白期間が存在する。「生きた化石」と化石をつなぐ研究はまだまだ道半ばなのだ。

▦ 恐竜時代のシーラカンス

古生代のシーラカンスにはかなり変わった姿のものもいたことが知られているが、中生代のシーラカンスはそれらと比べると比較的おとなしい形である。とはいえ、現生のラティメリアと近縁なものであっても体型やサイズにはかなりの違いがあり、生息していた環境も浅海から淡水域まで様々であった。1mを超えるような比較的大型のシーラカンス類がスピノサウルス類（→p.66）と同じ地層から産出する例もよく知られており、こうした恐竜の餌となっていたことは間違いないだろう。

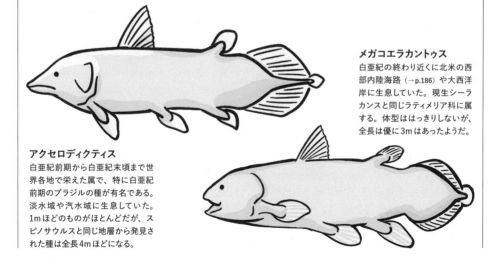

メガコエラカントゥス
白亜紀の終わり近くに北米の西部内陸海路（→p.186）や大西洋岸に生息していた。現生シーラカンスと同じラティメリア科に属する。体型ははっきりしないが、全長は優に3mはあったようだ。

アクセロディクティス
白亜紀前期から白亜紀末頃まで世界各地で栄えた属で、特に白亜紀前期のブラジルの種が有名である。淡水域や汽水域に生息していた。1mほどのものがほとんどだが、スピノサウルスと同じ地層から発見された種は全長4mほどになる。

生痕化石

| せいこんかせき | trace fossil, ichnofossil

恐竜の化石といえば、真っ先に思い浮かぶのは骨、つまり遺骸そのものが化石化したもの（体化石）である。だが、足跡や卵の殻といった、生物そのものではないがその生きた痕跡も、生物由来のものとして化石にカウントされる。こうした化石を生痕化石と呼び、形成した生物の行動や生息場の堆積環境など、絶滅生物の生態に関する貴重な情報源となっている。

■ 様々な生痕化石とその分類

生痕化石には、巣穴、這い跡、足跡（→p.120）、卵（→p.122）や糞（→p.124）、ペリット（吐き戻し）、噛み跡、植物の根の痕跡など、様々なものが知られている。巣穴や足跡はそれまでに堆積していた地層の未固結の部分をかき乱すことになるが、これを生物擾乱（バイオターベーション）と呼び、特に恐竜の足跡でかき乱されることを「ダイノターベーション」（恐竜擾乱）と呼ぶ。生痕化石の中には、もともと正体不明の化石構造（プロブレマティカ）として扱われていたり、体化石だと思われていたものもある。

生痕化石の「主」を種レベルまで特定することはほとんどの場合非常に難しく、生痕化石には便宜上独自の分類体系が与えられている。生痕化石はその形態や内部構造に基づいて区別され、独自の科（生痕科）や属（生痕属）、種（生痕種）が設けられる。同じ種の動物が付けた足跡化石でも、付けた時の条件の違いで大きく異なった形状になれば、別の生痕属（足跡属）に分類されることもあり得る。また、卵化石のように、特に近縁でない動物の産んだ卵であっても、卵の形態が似ていれば同じ生痕科（卵科）に分類されることもある。

■ 「主」を特定せよ

生痕化石は文字通り生物の生きた証が化石化したもので、体化石では保存されることのない様々な情報を秘めている。

動物の巣穴は、その主がどのような環境を好んでいたのか、どのような環境がそこに存在したのかを示している。また、巣穴の主が休息姿勢で生き埋めになっていることもある。

這い跡や足跡（行跡）は、その生物の移動様式の直接的な証拠である。連続した足跡化石の歩幅や手足の向きは、体化石だけではわかりにくい歩き方の重要なヒントになるのだ。また、その生物の群れ行動の情報を保存していることもある。足跡化石は手足の形態を直接的に反映することから、「主」

をある程度まで絞り込みやすい。

卵化石は、その動物の繁殖生態に関する重要な情報を持っている。内部に胚が残っていれば、卵の「主」の特定につながる上、その動物がどのように卵の中で発生したのかを解き明かすことにもなる。

糞の化石（コプロライト）には未消化のものがそのまま含まれている場合があり、落とし主が何を食べたのかの直接証拠となる。

このように、生痕化石は古生物を「生物学的」に研究する上で不可欠な存在である。生痕化石の研究では、その構造を三次元的に把握することが重要であるため、近年ではCTスキャン（→p.227）や3Dプリンターが盛んに活用されている。

恐竜の生痕化石

　恐竜の生痕化石は巣穴や足跡、卵、コプロライト、噛み跡など多岐にわたっている。中には「主」が種レベルまで判明している例もあり、様々な切り口で研究が盛んに行われている。

オリクトドロメウスとその巣穴　白亜紀"中期"の小型鳥盤類オリクトドロメウスは、成体1体と大型幼体2体が長さ2m、幅70cmほどのチューブ状構造の中から発見された（上図）。この構造は巣穴が埋め立てられたもの、すなわち生痕化石で、オリクトドロメウスが巣穴の中で死んでしばらくしてから巣穴ごと埋まったと考えられている。　巣穴が自分で掘ったものなのか、他の動物が掘ったものを利用していただけなのかはよくわかっていない。

足跡

| あしあと | footprint

地面に残された足跡がそのまま堆積物に埋もれ、生痕化石として保存されることがある。こうした足跡化石は、足跡の主の体化石には残らない様々な情報を保存しており、足跡が3つ以上連続して残っている「行跡」（trackway）は、行跡の主のおおよそのサイズや体型、そしてその生態に関する極めて重要な情報を秘めているのだ。

恐竜の足跡

　無脊椎動物、脊椎動物を問わず様々な動物で足跡化石が発見されている。足跡や行跡化石の形態・パターンから、その痕跡を残した動物（印跡動物）の正体をかなり絞り込むことができ、体化石の全く発見されない地層であっても、足跡化石の解析で動物相の構成を知ることができる。足跡化石は地層の層理面（＝かつての地表面）についているため、地層の傾斜次第で垂直に切り立った崖の壁面に見られることもあれば、水平面上に残っており、「恐竜と並んで歩く」ことのできる産地もある。

　恐竜の足跡化石の研究の歴史は古く、「恐竜」という用語の生まれた19世紀中頃には、すでにアメリカのコネチカット渓谷のジュラ紀前期の地層で多数の行跡が発見されていた。これらは様々なタイプの大きな二足歩行動物のもので、研究にあたった地質学者のエドワード・ヒッチコックは「巨大な鳥の足跡」と同定し、様々な足跡属・種を設立した。今日では、ヒッチコックの研究した足跡化石群はジュラ紀前期の様々な恐竜のものであることが確認されている。

　恐竜の足跡化石は世界各地の様々な時代の地層から発見されており、日本でも各地の白亜紀前期の地層から産出した様々な行跡化石の研究が進んでいる。足跡化石の大産地は地質公園として見学者を受け入れているところもあり、観光名所になっていることも多い。恐竜の立ち振る舞いを直接保存したものとして、足跡化石は人々を惹きつけ続けているのだ。

足跡化石の分類

　足跡は動物の足のサイズ・形態を反映しており、さらに行跡であれば歩き方（足の運び方）もそのパターンに反映される。このため、足跡化石から読み解けるこうした情報を骨格の形態と突き合わせることで、印跡動物の正体をかなり絞り込むことができる。足の裏の皮膚痕（→p.224）や、パッド（≒肉球）の形状が確認できることもある。

　一方で、足跡の形態は地面のやわらかさにも左右され、場合によってはその後消えかかった状態で化石になることもある。また、動物の歩き方も時と場合に応じて変化し、同じようなやわらかさの地面であっても全く異なった足跡を残すこともある。四足歩行動物の場合、前肢（手）の跡が後肢（足）で踏みつけられ、上書きされてしまうこともある。

　足跡化石の分類は他の生痕化石（→p.118）と同様、その形態・構造に基づいて独自の学名を与えられる。このため、一つの印跡動物が残した足跡でも複数の足跡種・足跡属に分類されることもある。逆に、足の形態やサイズ・歩き方が似ていれば、さほど近縁でない動物でも似たような形態の足跡をつけることもある。小型獣脚類の足跡化石であるグララトル足跡属は三畳紀から白亜紀まで知られているが、これらは様々な時代の様々な小型獣脚類が、同じような足跡を刻んでいったものとみられている。

:: 恐竜の足跡を追って

世界各地で発見されている恐竜の足跡化石の中には、竜脚類と並走（追跡?）する獣脚類の足跡、イグアノドン類（→**p.34**）の50頭もの群れが海岸線に沿って移動した足跡、小型の鳥盤類の集団が「暴走」した足跡も知られている。地層が恐竜によって踏みにじられた「恐竜擾乱」も報告されている。

足跡化石の用語

足跡そのもの（真足印）だけではなく、それに伴うアンダープリントやナチュラルキャストも足跡化石である。アンダープリントから印跡動物のサイズを過大に見積もったり、偽足印（真足印を埋め立てた堆積物が、真足印に沿って凹んでいるもの）をアンダープリントとして誤認することもよくある。

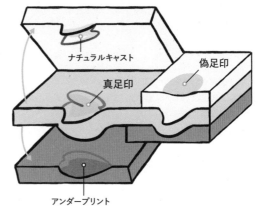

ナチュラルキャスト

偽足印

真足印

アンダープリント

様々な恐竜とその足跡

獣脚類や鳥脚類は後肢をクロスさせたモデル歩きが基本である。四足歩行の角竜も下半身はモデル歩きに近い。

卵

| たまご | **egg**

卵は天然の保育器であり、その動物の繁殖戦略に応じた様々な特徴を持っている。タンパク質の膜に加えて炭酸カルシウムの硬い殻を持つ卵（硬質卵）は比較的化石に残りやすく、恐竜の巣や営巣地全体が化石として保存された例も数多い。さらに、近年では恐竜の一部のグループがやわらかい卵（軟質卵）を産んでいたことも明らかになってきた。

▓ 恐竜の卵化石

卵は親の種ごとに形やサイズ、色が異なり、化石であっても殻の断面構造でタイプ分けをすることができる。卵化石は生痕化石（→p.118）として扱われ、卵種、卵属、卵科と独自の分類体系が存在する。卵の中に胚（≒胎児）の化石が残っていたり、親が営巣中のまま化石化していたりすれば、卵化石の分類と親の分類を突き合わせることも可能である。一方で、オヴィラプトル（→p.54）のように、卵化石の親の解釈を誤り、長年にわたって誤解が生じたケースも知られている。

卵は炭酸カルシウムの殻が主に化石化するが、酸性土壌では炭酸カルシウムが溶けてしまうため化石化しにくい。逆に、条件さえ整えば巣や営巣地ごと卵化石や胚が大量に保存される場合もあり、韓国のように恐竜化石といえば卵化石（と足跡化石）ばかりというような国や地域もある。

近年、やわらかいタンパク質の膜のみで構成された恐竜の卵化石がいくつかのグループで発見されている。ワニや鳥類が硬質卵を産む一方、翼竜（→p.80）の卵は軟質卵・硬質卵の双方があることが知られている。恐竜はもともと軟質卵を産んでいたものの、いくつかのグループで硬質卵を産むようになり、それが鳥類に引き継がれたようだ。

日本でも恐竜の卵化石や巣の残骸とみられるものがいくつも発見されており、新卵属・新卵種として記載（→p.138）されたものも知られている。営巣中の親の化石や、胚の化石が見つかる日も近いかもしれない。

プリズマトウーリトゥス卵科とトロオドン類

細長い楕円形の卵で、長径は15cm弱、殻の厚さは1mm程度と薄めである。トロオドン類の卵であり、恐竜としては体に対してかなり大きめの部類である。営巣地や胚の化石も知られているが、当初は小型鳥盤類のオロドロメウスの営巣地・胚と考えられていた。巣は浅く地面を掘り下げたもので、土を軽く盛り上げて縁が作られている。卵は2つずつ並んでおり、1つの巣に20個以上も産み付けられていた例が知られている。巣を植物で覆うことはせず、抱卵していた可能性が高い。

メガロウーリトゥス卵科と ティタノサウルス類

球形〜楕円形の卵で、直径は15〜20cm程度だが、殻の厚さは2mm以上と厚めである。中型〜大型の竜脚類であるティタノサウルス類の卵であり、親の体格と比べてとても小さな卵である。ヨーロッパやインド、南米で巣や営巣地の化石が知られており、特に南米では数km²にわたって数千個に及ぶ巣が密集していた例もある。また、胚の皮膚痕（→ p.224）も知られている。巣は細長いくぼみ状になっており、後肢を使って掘っていたらしい。卵はそこに20〜40個程度が不規則に産み付けられ、上から植物が被せられていたようだ。

スフェロウーリトゥス卵科と ハドロサウルス類 (→ p.36)

球形〜楕円形の卵で、長径は最大でも20cm程度、殻の厚さは1〜3mmほどである。ハドロサウルス類の卵だと考えられており、マイアサウラ（→p.40）やヒパクロサウルスの胚が入っていた例が知られている。巣はすり鉢状で、一般に20〜30個、最大で40個ほどの卵が複数の列をなして産み付けられている。卵は植物で覆われ、その発酵熱で保温されたようだ。

コプロライト

| こぷろらいと | coprolite

生物の遺骸そのもの（体化石）に限らず、生物の行動に関連する実に様々な物事が化石（生痕化石）として保存されることがある。生痕化石の中でも、その生々しいビジュアルと石になっているというギャップとが相まって人気（?）があるのが「コプロライト」、日本語で表すところの「糞石」である。

コプロライトとその発見

コプロライト（「糞石」の意）は文字通り糞の化石で、形も色も笑ってしまうほど生々しいものが知られている。1cm以下の小さな粒状のものは、特に「糞粒（フィーカルペレット）」と呼ばれる。

水分の多い堆積物が地層の重みで絞り出された際に「生々しい形」になることが知られており、「コプロライト」として展示・販売されている石の多くはこうしたものだといわれている。コプロライトには化石化する前の色や臭いは残っていないが、排泄物由来のリンやカルシウムが濃集していたり、餌となった動植物の残骸が含まれていたりする。

コプロライトそのものは古くから発見されていたが、当初は化石化したモミの球果、あるいは胃腸の中にできた結石（ベゾアール）だと考えられていた。後者は万能解毒剤と信じられており、1575年には死刑囚に対する実験（当然失敗）すら行われた。「ベゾアールの化石」の正体を見抜いたのは、伝説の化石ハンター（→p.250）のメアリー・アニングである。魚竜（→p.90）化石の腹部からしばしば「ベゾアールの化石」を見いだし、内部に魚の骨や鱗、小さな魚竜の骨が含まれていることに気が付いた。

アニングは「ベゾアールの化石」が糞化石であることを確信したが、当時は女性の学会参加が許されておらず、フィールド仲間のウィリアム・バックランド（「最初の恐竜」メガロサウルス（→p.32）の命名者）にこの発見を知らせた。バックランドはアニングの見解を支持し、「ベゾアールの化石」をコプロライトと呼ぶことを提唱したのである。

恐竜のコプロライト

ティラノサウルスのコプロライト

コプロライトの形状から落とし主の排泄口の形態を、含まれる未消化物からは落とし主の食性を、ある程度推定できる。一方で、生痕化石（→p.118）の常として、厳密な落とし主の推定は難しい。

恐竜のものと推定されるコプロライトは各地で発見されているが、カナダの白亜紀末の地層ではティラノサウルス（→p.28）のコプロライトが発見されている。この化石には鳥盤類の恐竜の骨片が含まれていただけでなく、長さ44cm、高さ13cm、幅16cmという凄まじいサイズであった。当時のカナダにはティラノサウルス以外にそれほどのサイズの糞をする肉食動物は存在せず、従ってこのコプロライトはティラノサウルスのものと断定されたのだった。

胃石

| いせき | gastrolith, stomach stone, gizzard stone

現生動物の中には、わざわざ石を飲み込んで消化器官の中にため込むものがいる。ため込まれた消化器官や飲み込んだ石のサイズにかかわらず、こうしたものは「胃石」と呼ばれており、鳥類やワニの例が比較的よく知られている。首長竜や恐竜の化石とともにしばしば小石がまとまって発見されることがあり、これらはよく胃石として解釈される。

::: 現生動物の胃石

現生動物のうち、恐竜に近縁であるワニや、恐竜そのものといえる鳥類、さらに鰭脚類や鯨類でも胃石を持っている例が知られている。

こうした胃石の役割は動物によって様々であると考えられているが、水生動物では浮力を調整するための石がまとまって発見されることがあり、これらはよく胃石として解釈される。

めのおもり（バラスト）としての機能が大きいといわれている。動物園で飼育されていたワニの中には、客が投げ込んだ硬貨を石の代わりに大量に飲み込んでいた例もある。一方、鳥類は筋胃（砂嚢・砂肝）に胃石をため込み、一旦消化液でやわらかくした食物を胃石を利用してすり潰すことが知られている。

::: 恐竜の胃石

関節した（→p.164）恐竜の化石の中には、腹部のあたりから石がまとまって発見されることがあり、こうした場合これらの石はその恐竜の胃石と判断されることが多い。一方で、遺骸が運搬・埋積される過程でたまたま一緒になった石を胃石とみなしたケースもあるといわれており、胃石かどうかは産状（→p.160）の綿密な観察に基づく慎重な判断が要求される。骨格がよく関節しており、きちんと胴体内のまとまった場所に石が集中していれば、胃石と考えてよいようだ。

恐竜の中でも胃石を持つものとしてよく紹介されてきたのが竜脚類である。竜脚類の頭部は体の割に小さく、歯の特徴からも基本的に咀嚼をあまり行わないと考えられることから、胃石が消化の補助に役立っていたとみられてきた。しかし、胃石が竜脚類で発見されることはかなり稀であり、胃石の量も体のサイズの割にごく少ないことから、竜脚類の胃石は消化の役には立っていなかったと近年では考えられるようになった。竜脚類の胃石は偶然飲み込ん

だものだったり、カルシウム補給のために手あたり次第飲み込んだ石の溶け残りの可能性が高いようだ。

他の恐竜のグループとして、小型の原始的な角竜プシッタコサウルスや、獣脚類のノアサウルス類やオルニトミモサウルス類（→p.58）、オヴィラプトロサウルス類（→p.54）などで胃石が密集したものがしばしば発見されている。これらの恐竜では消化の補助として活用されていたとみられており、ノアサウルス類やオルニトミモサウルス類、オヴィラプトロサウルス類が植物食であったとする根拠の一つにもなっている。

一方、近年の研究で、明らかに強肉食性（肉を主に食べる）の恐竜でも胃石と思しきものを持っている例が確認されるようになった。また、現生鳥類で胃石の形状と胃の筋肉量、食性が関係しあっていることも確認された。胃石の形状から恐竜の消化器のつくりや食性を復元（→p.134）しようという研究は、今まさに進行中なのだ。

ジャケット

| じゃけっと | jacket

恐竜の発掘現場で、多くの場合ジャケットは不可欠だ。発掘隊員の上着だけがジャケットではない。発掘した化石を保護し、安全に持ち帰るための覆い——石膏ジャケットは、恐竜研究になくてはならない存在である。その一方、開封の追い付かないジャケットが収蔵庫を圧迫しているのも当たり前の光景となっている。

■ 恐竜発掘とジャケット

恐竜化石を包んでいる母岩（化石を取り巻いている堆積物）の質は様々だが、地表近くでは風化が進んでもろくなっていることが多い。母岩をある程度残した状態で化石を採集するのが基本だが、掘り起こす際や輸送中に母岩もろとも化石が粉々になるおそれがある。これを防ぐために発掘現場で作られるのがジャケットである。ジャケットとは、まさしく化石を覆うギプスなのだ。日本での恐竜発掘は、小さな骨の入った硬い母岩を塊で採集することが多い。この場合、硬い母岩が化石を保護しているため、わざわざジャケットを作る必要はない。

ジャケット作りに必要な材料は、新聞紙やトイレットペーパー、麻布や包帯、そして水と石膏である。石膏の代わりに、米をふやかしてデンプン糊状にしたものや、粘土質の赤土を用いた時代もあったという。材料は安価だが、時間と人手を要する作業でもある。比較的小さな骨格であれば、余った木箱でモノリス（周囲の堆積物ごと化石を木箱に納め、隙間を石膏で充塡したもの。一枚岩（モノリス）のようになるためこう呼ばれる）を作ることもある。モノリスは木箱の中全体を石膏で充塡するため、ジャケットよりも重くなる弱点がある。

石膏が固まったらジャケットのできあがりだが、つくりが悪かったり、無理な搬出を試みた結果、せっかくのジャケットが中身ごと崩壊することもある。また、ジャケットが大きすぎると現場から運び出せなくなるため、発掘現場の様々な条件を考慮する必要がある。

現代的なジャケットが開発されたのは化石戦争（→p.144）中のアメリカであったといわれている。あたり一面露頭の広がる荒野（バッドランド）で採集された化石は人力→馬車→鉄道と様々な手段で博物館まで運ばれたが、緩衝材を詰めた程度では化石が長旅で粉々になってしまうことも少なくなかった。ジャケットで保護することで初めて、恐竜化石を安全に輸送できるようになったのである。

無事に研究施設に到着したジャケットはプレパレーター（→p.128）によって開封され、クリーニング（→p.130）が行われる。しかし、プレパレーター不足でジャケットがいつまで経っても開封されないこともよくある。アメリカのとある大学博物館では、置き場がなくなった結果、大学のフットボールスタジアムのスタンド下に数十年にわたってジャケットを積み上げていた。中国の研究機関でも、収蔵庫の整理が追い付かなくなった結果、ゴミ捨て場の隣に（ゴミ山に偽装して）ジャケットを置いていたことがあった。化石戦争で採集されたジャケットがいまだに残っている例すらある。化石は地球から贈られたタイムカプセルといえるが、古い未開封のジャケットも化石ハンター（→p.250）から贈られたタイムカプセルといえそうだ。

化石から取り除かれたジャケットは廃棄されるが、元のジャケットを残してクリーニングが終わる場合も多い。クリーニングの終わった化石が自重で壊れないよう、保管用のサポートジャケットを作ることもある。ジャケットやモノリスを部分的に残した状態で巡回展などに出展する場合、さらにジャケットを追加して補強することも多い。

:: ジャケットの作り方

① ジャケットに収める範囲を決める

化石の周囲を掘り下げて溝を作り、ジャケットに
収める範囲を決定する。関節した（→p.164）大き
な骨格は慎重に分割し、複数のジャケットに収め
る。また、埋まっている化石の位置情報を記録し
ておく。モノリスを作る場合は、使用する木箱に
合わせて溝を掘る。

② 化石を保護する層を作る

石膏が化石に直接触れないよう、化石の露出し
ている部分を濡らした新聞紙やトイレットペー
パー、アルミホイルなどで覆う。

③ 化石を硬い層で覆う

焼石膏の粉末を水で溶かして石膏液を作る。石膏
液に浸した麻布や包帯で化石や母岩を覆い、十
分な厚さになるまで重ね張りする。モノリスの場合
には穴をあけた木箱を被せ、内部を石膏液で充
填する。

④ ジャケットに蓋をする

石膏が固まったら、①で掘った溝をさらに掘り込
み、ジャケットを露頭から切り離す。切り離したジャ
ケットをひっくり返し、上の部分に③と同じ要領で
蓋をする。モノリスの場合は木箱の蓋を取り付ける。

⑤ 持ち帰る

化石の発見日、発見者、①で記録した位置情報
などを書き込む。大きなジャケットの場合、上から
さらに補強材を取り付ける。トラックに載せて持ち
帰ることがほとんどだが、車の乗り入れが困難な
場合にはヘリコプターで空輸することもある。

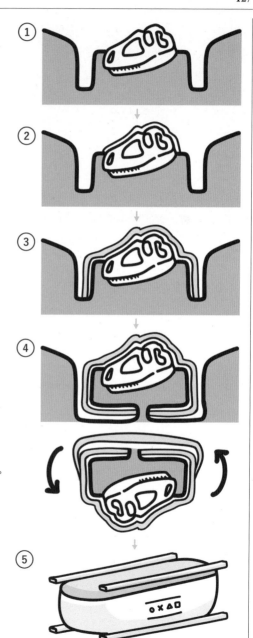

プレパレーション

| ぷれぱれーしょん | **preparation**

発掘された化石はジャケットに梱包するなどして、細心の注意を払って博物館などの研究施設へと運ばれる。到着した化石を研究・展示可能な状態へと準備する一連の作業のことをプレパレーションと呼ぶ。

クリーニングと同じ意味で用いられることも多いが、プレパレーション作業はそれだけに留まらない。クリーニングを終えた化石から展示用のレプリカを制作したり、復元骨格を組み立てていくのもプレパレーションの一環なのだ。

プレパレーションにあたるスタッフをプレパレーターと呼ぶが、今日専任のプレパレーターを置いている研究施設は必ずしも多くはない。研究者が研究業務を兼ねて行う場合もあれば、ボランティアが行っている場合もあり、専門の業者に外注することもある。標本としての価値はプレパレーションの良し悪しに大きく左右されるため、腕利きのプレパレーターは非常に大きな尊敬を集めている。

■ 化石をクリーニングする

プレパレーションの最初かつ最も重要な作業が化石のクリーニング（→**p.130**）である。クリーニングは一度始めたら後には退けない作業であるため、細心の注意を払って進められる。

クリーニングの難易度は対象によって様々であり、一方で人海戦術が必要になることもある。クリーニングにおける特殊なテクニックをプレパレーター個人が苦心の末に編み出した例も多く、こうした事柄は学会で発表・共有されることもある。腕利きのプレパレーターの名は後世まで語り継がれており、博物館の展示を介して彼らの仕事ぶりを見ることができる。

高度なクリーニングには、対象とする化石に関する優れた観察眼と高度な知識が不可欠である。このため、熟達した専任プレパレーターがいつの間にか研究者になっていることも少なくない。今日の恐竜研究の大御所の中にも、少なからずプレパレーター出身の研究者が存在する。

クリーニング対象の化石の量が多かったり、展示までの締切が存在する場合、ボランティアなどによ

る人海戦術が展開される。ボランティアは広く募集されることもあれば、古生物を研究している学生が即戦力としてかき集められることもある。

クリーニングが終われば、晴れて化石は研究標本として利用可能となる。もろかったりして取扱注意の場合、クリーニングと同時並行で補強材を制作するのもプレパレーターの仕事である。

▪️ レプリカを制作する

クリーニング時にどれほど補強しても化石はもろく、万一に備える意味でもレプリカ（→**p.132**）の制作が求められる場合が多い。化石のレプリカを制作するのもプレパレーションの大切な作業である。

化石を型取りしてレプリカを制作する場合、化石を損傷させるリスクが生じる。また、レプリカの精

度は型取り作業のうまさに左右されるため、ここでもプレパレーターの腕前が要求される。型がずれないよう固定するために市販のブロック玩具を利用したりと、創意工夫の光る作業である。

丁寧に制作された型は数十年にわたって経年劣化の影響を免れる場合もあり、プレパレーターの技術次第でその後の研究・展示の質が大きく左右されることもあり得る。

▪️ アーティファクト・復元骨格を制作する

研究標本のプレパレーションとして見た場合、化石のクリーニングと補強、レプリカの制作で作業は十分である。一方で、博物館に展示する標本を準備する場合には、展示コンセプトに応じて欠けている部分を造形物（**アーティファクト**；→**p.136**）や別標本のレプリカで補ったり、復元（→**p.134**）骨格としてバラバラのパーツを組み立てることが必要となってくる。

復元骨格の制作は、プレパレーション作業の集大成にあたる。実物化石を用いる場合には適切な補強が必要であり、化石を支える鉄骨が極力化石を覆い隠さず、かつできるだけ取り外し可能なように工夫しなければならない。レプリカを用いる場合はできるだけ鉄骨が外部に露出せず、巡回展示のことも考慮して簡単に組み立て・解体ができるようにする。

こうした技術的な問題に加えて、アーティファクト

や復元骨格が解剖学的にできるだけ正確になるよう、研究者と協力して作業が進められる。復元骨格の制作を通じて、それまで明らかでなかった特徴や過去の研究の問題が判明することも多い。

実物化石に石膏などで直接アーティファクトを付け足す場合、後の研究者が惑わされないよう、付け足し部分に関する詳細な記録を残したり、ひと目で区別できるように質感を実物化石と変えたりと、様々な配慮が必要である。

商業標本（販売用の化石）のプレパレーションの場合、商品価値を高めるためにアーティファクトと実物化石の区別がつかないようにする場合が非常に多く、どこの骨かもわからない破片をつなぎ合わせて作ったほぼ「捏造」のようなものも少なくない。

博物館が商業標本を購入して展示・研究に利用する場合も少なからずあるが、研究にあたってはこうした問題が立ちはだかっている。

クリーニング

| くりーにんぐ | cleaning

発掘された化石を研究可能な標本へと処理するプレパレーション作業において、要となる工程がクリーニング（剖出）である。あらゆる手段を用い、化石を覆う母岩を取り除く。クリーニングは設備の整った空間で行うのが鉄則だ。翼竜の化石を採集したその場で水洗いしたところ、骨が全て洗い流されてしまった例すらあるのだ。

▓ 一般的なクリーニングの流れ

① 石膏ジャケット（→p.126）を開封する。化石を傷付けないよう注意しつつ、ノコギリなどで切り開く。

② 母岩が化石ごと崩れないよう、ジャケットの下半分は残しておく。母岩がやわらかければドライバーやブラシ、硬い場合はハンマーとタガネ、エアチゼル（先端の針を空気圧で高速振動させる工具）などを用いて母岩を取り除いていく。

③ 化石の輪郭が見えてきたら、より細かな作業のできる道具に切り替える。特に細かい部分は、顕微鏡を覗きながら作業する。ごく小さな歯の化石には、デザインナイフを用いる場合もある。母岩と化石の色が肉眼で区別できない場合、紫外線ライトを当てて作業することもある。

④ 化石は空気に触れると見る間に変質する。地層の圧力（地圧）が取り除かれたことで細かな亀裂が生じることもある。このため、化石を瞬間接着剤などで随時補強・保護する。ただし、化石を化学分析にかける場合には、成分の混入（コンタミネーション）を避けるためにこうした措置は行えない。

⑤ クリーニングの終え時は化石によって様々で、ジャケットやモノリスの下半分を残した状態で終了となる場合もある。表面のごく薄い母岩を取り除く仕上げとして、サンドブラスターで小麦粉を吹き付けることもある。

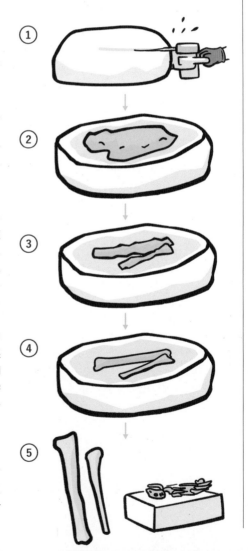

特殊なクリーニング

　一般的なクリーニング方法は、機械的に母岩を破壊し、化石から取り除く方法である。このため、複雑な構造の化石をクリーニングするには特に繊細な技術が要求される。見た目を重視する商業標本の場合、一度わざと化石を割り、それぞれをクリーニングしてから接着・修正することもよくある。化石が非常にもろく繊細な場合、機械的クリーニングを行うことは極めて難しい

　母岩が酸に弱く、一方で化石そのものは酸に強い場合、母岩を酸に浸けて化学的クリーニングが行われる場合がある。化石が見えてきたら水洗いして保護剤を塗り、再び酸に浸けることを繰り返し、長い時間付きっ切りで作業する必要がある。有毒ガスも発生するため、ドラフトチャンバーのような強力な換気設備も必要だ。

　近年では、CTスキャン（→p.227）の超高解像度化によって、CT画像から化石のみの3Dデータを抽出するデジタルクリーニングも行われるようになっている。機械的クリーニングが困難で、化学的クリーニングさえ通用しなかった化石にも、クリーニングの新たな可能性が開かれつつあるのだ。

**酸に浸けて
クリーニング**

デジタルクリーニング

クリーニングに使われる道具

　クリーニングに使われる道具は市販品が多いが、自作品を用いるプレパレーター（→p.128）もいる。どんな道具でクリーニングを行うにせよ、安全に作業するために保護具や安全設備が必要だ。

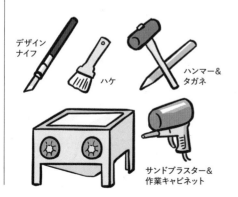

デザイン
ナイフ

ハケ

ハンマー&
タガネ

サンドブラスター&
作業キャビネット

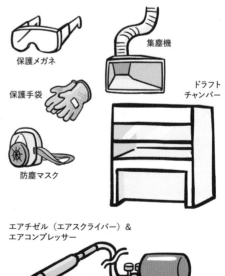

保護メガネ

集塵機

保護手袋

ドラフト
チャンバー

防塵マスク

エアチゼル（エアスクライバー）&
エアコンプレッサー

レプリカ

| れぷりか | replica

> **レ** プリカとひと口にいっても作り方は様々だが、博物館に展示されているレプリカはいずれも実物の「複製品」である。「偽物」では決してないのだ。実物の型取り、模造、そして3Dプリントと、今日では様々なレプリカを博物館で見ることができる。

▓ レプリカの意義

化石は大変もろく、壊れやすい。プレパレーター（→p.128）がいかに化石を補強しても、博物館で展示されている数十年の間に化石の劣化は進み、最終的には自重で崩壊してしまうことさえある。また、博物館は展示施設であると同時に研究施設でもある。ひとたび化石が展示に回されると、気軽に研究材料とすることは難しくなってしまう。復元（→p.134）骨格を組み立てる際も、重くてもろい化石を使うのはかなりリスクのある行為である。化石を支えるための鉄骨で、肝心の化石が覆い隠されてしまうことも少なくない。

こうした事情から、博物館で恐竜を展示する際にはレプリカを用いることが多い。レプリカであれば取り扱いが比較的簡単で、標本として購入する際も安価である。化石（レプリカと対比するため、特に「実物化石」と呼ぶことがある）を用いて復元骨格を組み立てる時も、欠損部を他の標本のレプリカで補填するのはもちろん、見つかっている部位でも特に貴重な部分はレプリカと置き換えたりすることがよくある。

博物館をはじめ、研究機関同士で所蔵する貴重な標本のレプリカを交換しあうこともよくある。化石から直接型取りしたレプリカは非常に精巧で、形態の研究に十分用いることができる。実物化石が損傷したり失われてしまった場合でも、レプリカがあればある程度の保険になるのだ。

▓ レプリカは買える？

実物化石の販売には、化石産地での「密猟」や密輸など、様々な問題も指摘されている。一方で、レプリカであれば1つの化石からある程度の数を量産することができる。実物化石と比べればずっと安価でもある。このため、恐竜化石の収集をコンセプトとしていない博物館であっても、教育普及・振興のために恐竜化石のレプリカを購入・展示していることがよくある。

博物館によっては、所蔵している標本のレプリカを販売していることもある。歴史的に重要な標本のレプリカが市販されている場合もあり、自宅で恐竜研究の歴史に思いを馳せることも可能なのだ。

▦ 様々なレプリカ

恐竜化石のレプリカは、①化石から直接型取りしたもの（キャスト）、②化石そっくりに作った模型、③化石の3Dデータに基づく3Dプリント、の3つに大別できる。それぞれの特徴を見ていこう。今日の博物館では、①〜③を組み合わせて復元骨格を制作することが増えている。

① 化石から型取りしたレプリカ

最もよく普及しているタイプで、19世紀の後半にはすでにハドロサウルス（→**p.36**）のレプリカが量産されていた。かつては石膏製だったが、現在では軽くて頑丈な樹脂製のものが主流である。大きな化石の場合、軽量化のためにFRP（繊維強化プラスチック）で中空状にして制作される。あまり複雑な形状の化石だと、型から抜き取ることが難しくなる。

一度型を作っておけばそこからレプリカを量産できるが、型も劣化するため、必ずしも大量生産できるわけではない。また、型の劣化に伴ってレプリカの精度も低下する。市販品の多くは塗装済みだが、分厚い塗膜でレプリカのディテールが損なわれている場合も多い。

型に流し込む材料は固まる際にわずかに縮むため、実物化石と比べてレプリカの寸法はわずかに小さくなる。樹脂で制作する場合、完全硬化するまでは柔軟性があることを利用し、手で折り曲げて実物化石の歪みを矯正したレプリカを作るという荒業もある。

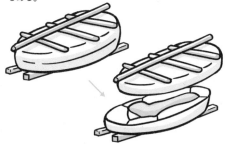

② 化石を参考にした模型

様々な事情で化石のクリーニング（→**p.130**）が部分的にしか行えなかったり、化石が完全に圧し潰されている場合、観察できる情報を頼りに、本来の状態を想定した模型を制作することがある。

人の手で作る以上、レプリカとしての精度は①や③と比べて低下する。また、その後判明した化石本来の形態と別物であったということもざらである。

近年では実物化石を3Dスキャンしたデータを利用することで、それまでの模型と比べて飛躍的に精度が高まったものが制作されるようになりつつある。

③ 化石の3Dデータの出力品

実物化石を三次元的にスキャンし、そこからレプリカを制作する手法は1990年代末には実用化されていたが、3Dスキャンと3Dプリントのハードルが大きく下がった近年になって盛んに行われるようになった。レプリカの精度は3Dモデルの解像度とプリンターの性能に依存しており、肉眼で見るぶんには①に引けを取らないものもある。

出力サイズを自在に変更できるほか、これまで力業で行うしかなかった歪みの矯正もデータ上で行うことができる。

研究機関によっては所蔵標本の3Dデータを公開している場合もあり、3Dプリンターさえあれば個人でもレプリカの制作が可能になっている。

復元

| ふくげん | reconstruction, restoration

私たちが普段目にする恐竜のビジュアルは、そのほとんどが「復元」である。今日、現生鳥類を除く全ての恐竜は、化石という形でしか地球上に存在しない。そして、化石の多くは恐竜の遺骸のごく一部だけ、それも不完全な状態である。こうした恐竜の化石や、その生息していた環境に関する知識は、「復元」なくして理解・普及させることはできない。

▓ 観察・推定・想像

古生物学において「復元」とは、化石やその産状（→ p.160）に保存された情報を読み解き、化石化の過程で失われてしまった情報を推定し、一体のものとして過去の時代の情報を再構築することである。生物の姿形だけでなく、それを構成している物質の組成や、その生態、生息していたかつての地形、環境、風景など過去の時代のあらゆる事柄が復元の対象となる。復元された情報は復元画や復元模型としてビジュアル化されることが多いが、文字情報だけでも立派な復元である。

復元にあたっては「推定」や「想像」が主な作業であると思われがちだが、その前に化石や産状の保存しているあらゆる情報を観察し、読み取らなくてはならない。また、化石化の過程で失われてしまった情報を補うためには、現生生物や現代の環境などの観察も不可欠である。その上で、一つの仮説として復元をまとめていくのだ。

対象とするものの時代によっても大きく左右されるが、復元には解像度の限界が存在する。死んでしまった生物を生き返らせることができないのは当然として、恐竜を現生動物の死んだばかりの遺骸と同じ解像度で復元することはできない。そして復元された情報の解像度と、ビジュアル化のために必要な解像度に大きな差がある場合が普通であり、その差を補うためには（科学的とはいえなくなってくるが）「想像」も避けては通れない。復元された情報の解像度があまり高くない場合、ビジュアル化が「模式図」に留められることもある。

日本語には「復元」と「復原」という2つの言葉があるが、後者は「以前の状態に戻す」というニュアンスが強い。厳格な使い分けは存在しないが、古生物学では（以前の状態に戻すことはできないので）前者が使われることが多いようだ。英語では「reconstruction」と「restoration」という言葉が用いられるが、前者は骨格の復元などを、後者はより想像の要素の大きな復元を指す場合が多い。

▓ 恐竜と復元

恐竜は古生物の中でも特に人気が高く、復元ビジュアルは映画などを通じて大衆文化によく浸透している。博物館に展示されている恐竜の組み立て骨格化石・レプリカ（→ p.132）も、復元骨格の名の通り、れっきとした復元である。

恐竜の姿形の復元は、化石の欠損部の復元に始まり、骨格全体、筋肉や腹部のシルエットを決める内臓、外皮、そして色と進んでいく。その種で情報が欠落している場合、近縁なものから情報を取り入れていくことになる。

復元は当然のことながら「仮説」の一つに過ぎず、様々な復元が対立仮説として並ぶこともある。「最新復元」が過去の仮説を更新するどころか真っ向から否定されることも珍しくはない。

⠿ 復元とパレオアート

復元はれっきとした科学だが、それを普及させるためにビジュアル化する際には「想像」が確実に必要で、ビジュアル化された復元（一般に目にする復元）はアートの要素が大きくなる。復元を行った研究者自身がビジュアル化することもあるが、アーティストが研究者の監修を受けながらビジュアル化する場合が多い。骨格の復元など、ビジュアル化する前の段階から研究者とアーティストの共同作業となる場合もある。

こうしたことから、古生物のビジュアル化された復元は「パレオアート」と呼ばれることがある。「想像」の占める割合は、パレオアートと呼ばれるものの中でも題材や作品の方向性によって様々である。

骨格復元 古生物の完全な骨格が関節した（→p.164）状態で産出すれば、骨格復元にかかる労力はかなり小さくて済む。それでも、地層の圧力で変形した部分の復元は必ず必要になってくる。骨格を組み立てる際には、化石にはまず残らない軟骨や靭帯、筋肉についても考慮しなくてはならない。

生体復元・生態復元 対象とする生物の生きていた時の姿を復元したものを生体復元、生きていた当時の環境などとあわせて復元したものを生態復元と呼ぶ。恐竜の生体復元・生態復元にあたっては、骨格復元がきちんとなされていることが前提となる。骨格復元の困難な恐竜を生態復元画の中で描かざるを得ない場合、植生で隠したり、背景に小さく描くことで解像度の低さをカバーするテクニックもある。

アーティファクト

| あーてぃふぁくと | **artifact**

アーティファクトとは人工物という意味である。古生物学の世界では、化石に対して何らかの理由で人工的に付け加えられたもののことを意味している。特に、化石の欠損部を補うために付け加えられた造形物を指す場合が多い。様々な問題を引き起こしてきたアーティファクトは、化石とは切っても切れない関係にある。恐竜とアーティファクトの関係について見てみよう。

恐竜化石とアーティファクト

骨一つとっても、化石では本来の形状がそのまま残っていることは決して多くない。端が欠けていたり、粉々になっていてそのままではただの破片でしかないこともある。研究に用いるだけなら特に問題はないのだが、そのまま展示公開するには向いていない場合がある。

こうした場合、プレパレーション（→p.128）の一環としてアーティファクトが造形されることがある。復元（→p.134）骨格を制作する場合、四肢や頭がすべてアーティファクトになる場合も少なくない。骨格の復元図（骨格図）において、推定で描かれた部分もアーティファクトと呼ぶことができる。

同種や近縁種のより完全な標本を参考に、欠損部の形状を推定した造形物が理想的なアーティファクトといえる。実際の化石やレプリカ（→p.132）の部分とひと目で区別ができるよう、アーティファクトの部分は質感や色を変えてあることが多い。一方で、商業標本（売り物としてプレパレーションされた化石）では、商品価値を優先し、アーティファクトの区別が困難にしてあることも少なくない。

ティラノサウルスのホロタイプ

ティラノサウルス（→p.28）のホロタイプが発見されたのは1902年のことで、大量のアーティファクトを加えた上で復元頭骨が組み立てられた。当時、アーティファクトの直接の参考にできそうな他の獣脚類の化石は知られていなかったため、博物館の研究者やプレパレーターは試行錯誤でアーティファクトを造形することになった。

1908年にティラノサウルスの新たな骨格AMNH 5027（→p.238）が発見され、完全な頭骨が採集された。AMNH 5027の頭骨はホロタイプとは全く異なった形態だったのだが、ホロタイプの復元頭骨は実物化石に直接石膏でアーティファクトが加えられていたため、後の祭りだった。

ティラノサウルスのホロタイプは2000年代になっ

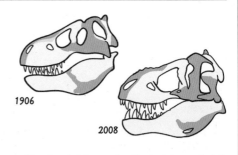

1906

2008

て組み立て直され、石膏に練り込まれていた実物化石は現代のクリーニング（→p.130）技術を駆使して救出された。新たな復元頭骨はホロタイプのレプリカを土台に、他のティラノサウルスのレプリカを改造して作ったアーティファクトで補われている。実物化石に直接アーティファクトを加えると後の研究の妨げになるため、今日ではレプリカを土台とすることが多い。

どこまで正しい？
希望的復元骨格

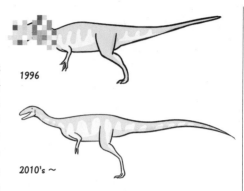

1996

2010's ～

1996年、命名と同時にデルタドロメウスの復元骨格がお披露目された。デルタドロメウスの骨格はかなり不完全で、しかもこの時デルタドロメウスの近縁種はこれといって知られていなかった。このため、当時考えられていたざっくりした系統関係を参考に、かなりの希望的観測に基づくアーティファクトが制作された。頭骨は一切発見されなかったため、復元骨格の頭骨は丸ごとアーティファクトになっている。頭部にはトゲ状のクレストが復元されたが、こうした特徴を持った獣脚類の化石は当時も今も全く発見されていない。

近年の研究で、デルタドロメウスは当初考えられていたものとは全く違うグループに属していることが明らかになっている。新しく作られたアーティファクトに交換された復元骨格もあるが、これがどこまで妥当な復元であるのかもよくわかっていないのが現状だ。

デルタドロメウスの復元は、アーティファクト次第で見た目が大きく変わってしまう。アーティファクトはそもそも展示映えを意識して造形されるものでもあり、必ずしも「無難」な形状になるとは限らないのである。

「苛立たせるもの」

1990年代初頭、ドイツの博物館がとある化石業者からブラジル産の「新種の翼竜の頭骨」を購入した。ところが獣脚類の頭骨であることが指摘され、急遽、標本をCTスキャン（→p.227）することになった。その結果、その場にいた研究者たちは怒り狂うことになった。商品価値を高めるために、捏造といえるレベルのアーティファクトが付け加えられていたことが判明したのである。

1996年、この頭骨をホロタイプとしてイリタトル（イリテーター）が命名された。「苛立たせるもの」という属名は、吻のアーティファクトに気付いた時の感情を控えめに（放送禁止用語以外で）表現したものだった。

その後イリタトルの本格的なクリーニングが始まり、1996年の論文で、考えられていた以上にアー

売られていた状態

実際の化石

ティファクトが付け足されていたことが判明した。頭頂部の巨大なクレストもアーティファクトだったのである。本来の頭骨は売られていた時よりもずっと地味だったが、スピノサウルス類（→p.66）の頭骨としては今日でも最良の標本である。

記載

| きさい | description

> **恐**竜の研究で「記載」といえば、「観察結果」を論文で発表することに他ならない。記載の中でも、特に華々しいのが新種を記載し命名することである。新種の可能性があるがまだ命名される前のものを「未記載種」と呼び、未記載種を記載し命名した論文のことを「原記載論文」（単に原記載とも）、すでに命名された種についてもう一度記載し直すことを「再記載」と呼ぶ。

▪▪ 記載に至る流れの例

クリーニング（→p.130）が終わって初めて化石の記載が可能になる。クリーニングが不十分だと後々問題を引き起こしかねない。

①

やっとプレパレーション（→p.128）が終わったぞ！ 発掘中は〇〇サウルスだと思っていたけど、それにしては頭蓋天井の形が妙だ。吻は△△サウルスにも似てみえる。 さっそく記載にとりかかろう。

新標本

②

〇〇サウルスのホロタイプを詳しく見直してみたら、記載論文では骨の解釈に誤りがあったぞ。しかも新標本とは全くの別物だ。外国の博物館で△△サウルスの吻も調べてこよう。

新標本

〇〇サウルスの
ホロタイプ

関連する標本を徹底的に調べ上げる。他の標本を再記載する必要が出てくることも多い。

記載は地味で地道な作業である。しかし、記載とは恐竜の特徴を一つ一つ明らかにする作業そのものだ。恐竜を研究する上で最も重要な基礎であり、的確な記載は100年経っても古びるものではない。

化石や地層を詳しく観察し、計測し、他のものと比較することで記載は進む。見つけた化石を観察するだけでは不十分で、比較対象を観察するために世界の博物館を渡り歩くこともある。

時代とともに記載すべき事柄も変わっていく。昔はあまり重要視されていなかった特徴が、今日では研究上非常に重要なものとみなされていることも多い。このため、古くに研究されたきりの「歴史的な標本」を再記載する必要も生じてくる。

記載を進めていく中で、化石の分類について変更を加える必要が生じることもある。化石を詳しく観察・比較し、これまでに記載された種との違いを明確に示すことができて初めて「新種」を命名することができるのだ。

観察・比較の結果をまとめた論文が査読（学術誌に投稿された論文をその分野の専門家が読み、内容をチェックすること）を受け、出版されて初めて「記載された」ことになる。発見から数年のうちに記載される標本もあれば、博物館の展示でよく知られた標本であっても記載されないままの状況が長く続くこともある。

華やかな「新種の発見」の裏では、古生物学者たちが日夜化石とにらめっこを続けているのだ。

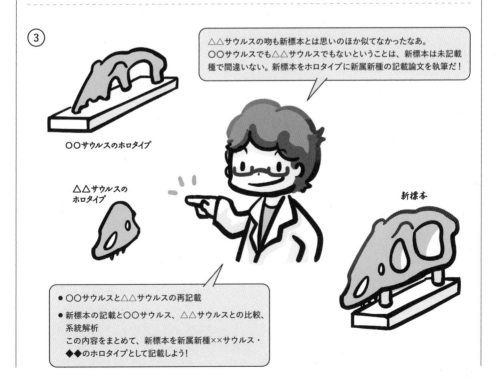

③

△△サウルスの吻も新標本とは思いのほか似てなかったなあ。○○サウルスでも△△サウルスでもないということは、新標本は未記載種で間違いない。新標本をホロタイプに新属新種の記載論文を執筆だ！

○○サウルスのホロタイプ

△△サウルスの
ホロタイプ

新標本

● ○○サウルスと△△サウルスの再記載
● 新標本の記載と○○サウルス、△△サウルスとの比較、系統解析
この内容をまとめて、新標本を新属新種××サウルス・◆◆のホロタイプとして記載しよう！

シノニム

| しのにむ | synonym

古 生物・現生生物を問わず、既知の（すでに命名されている）種の標本に別の学名を与えたり、それまで別種とされていたものが同種と判断されることがある。「同じ物に付けられた異なる名前」がシノニム（同物異名）であり、断片的な化石に基づいて記載・命名されがちな古生物ではシノニムにするかどうかで意見が割れることも多い。

シノニムとホモニム

生物は論文によって記載（→p.138）・命名されるが、これもある種の意見・仮説の一つであり、新種を命名したからといって他の研究者にその種が認められるとは限らない。華々しく報道発表された新種が、命名者以外に全く認められていないという例さえある。

同じ種に異なる学名が与えられていると判断される場合、それらの学名はシノニム（同物異名）と呼ばれる。記載論文の古い方（先に命名された方）がシニアシノニム（古参名）、記載論文の新しい方（後から命名された方）がジュニアシノニム（新参名）である。こうした場合、シニアシノニムが先取権を持つため、ジュニアシノニムは無効名となり、シニアシノニムが優先されて有効名となる。手続き上の問題（同じ標本をホロタイプとして別の学名を与えた等）によるジュニアシノニムを客観的同物異名と呼び、研究者の意見・仮説によってジュニアシノニムとみなされた場合は主観的同物異名となる。

単にシノニムといった場合は主観的同物異名の場合が多く、研究者によって有効名（独立種）とするかどうかで意見が分かれていることも少なくない。主観的同物異名の場合、その後の研究で広く有効名として認められる（学名が復活する）こともある。

種小名は必ず属名とセットで用いられるため、異なる生物で同じ種小名が用いられることはあまり問題にならない。しかし、異なる生物に同じ属名が付けられてしまう（ホモニム）ことが稀にあり、そうした場合にはジュニアホモニムに新しい属名が与えられる。植物と動物では命名規約が異なるため、植物と動物で同じ属名が用いられても問題にはならない。

疑問名

ある生物を新種として記載する場合、近縁種と明確に区別可能で、できるだけ観察しやすい、その種独自の特徴（標徴）を見いだすことが重要である。どの特徴を標徴として重要視するかは研究者によって意見が分かれる。わずかな数の断片的な標本に基づいて新種を命名することの多い古生物学の場合、標徴とされていた特徴が単なる化石の破損によるものだったり、成長段階で変化するものだったり、個体変異の範疇として一刀両断されることもしばしばある。

一度命名されたものの、再記載の際に標徴を見いだせなかったことはよくある。さらに、ホロタイプが断片的だったり、その後の成長で形態が大きく変わり得る幼体だったりする場合、既存の種のシノニムにすることすら難しいケースもよくある。こうした場合、その学名は「疑問名」とされ、無効名として扱われる。その後の研究で標徴が見いだされて有効名に返り咲くこともあれば、今度こそ既知の種のシノニムとされてしまうこともある。

**タルボサウルス・
バタール**

当初ティラノサウルス・バ
タールとして記載されたが、
その後タルボサウルス・エフレモヴィのシニアシノニム
になった。ティラノサウルス（→p.28）とは別属にすべき
だという意見から、属名に関してはタルボサウルスが用い
られた。やはりティラノサウルス属に分類すべきだと
いう研究者もおり、最近の論文でもティラノサウルス・
バタールの名で載っていることがある。

:::: 恐竜とシノニム・疑問名

　生物の遺骸全体が化石に残ることは本来非常に
珍しいことであり、脊椎動物では骨格のごく一部だ
けが残ることがほとんどである。こうした中で化石
標本から標徴を見いだすことはかなり難しい場合も
多く、古生物の分類がシノニム・疑問名だらけに
なってしまうのはある意味当然の話である。

　恐竜の分類は古生物学の中でも特に活発な研究
分野であり、一般書で紹介されていた恐竜がいつ
の間にか聞きなれない属のシノニムになっているこ
とも珍しくない。

セイスモサウルス・ホールオルム（→p.246）

「世界最大の恐竜」として華々しくデビューしたが、紆余
曲折の末、セイスモサウルス属はディプロドクス属のシノ
ニムとなった。一方で、種としては有効とされている。

モノクロニウス・クラッスス

最初期に命名された角竜の一つで、
古くから一般書でも紹介されてきた。
セントロサウルスのシニアシノニムとさ
れていた時期もあったが、セントロサ
ウルスやスティラコサウルスなどの亜
成体と区別できないことが1990年代
に判明し、疑問名となった。

全長

| ぜんちょう | **total length**

恐竜図鑑に欠かせない情報が「全長」である。幅のある数値が記載されていたり、同じ恐竜でも図鑑によって異なる値であったりと一筋縄ではいかず、また「体長」とよく混同されがちでもある。骨格のごく一部しか化石が発見されない場合も多い中で、そもそも恐竜の全長とは、どうやって測るものなのだろうか?

∷ 恐竜の全長測定

「全長」とは、「吻の先端から尾の先端まで一直線に伸ばした長さ」であり、「体長」とは頭胴長すなわち「吻の先端から肛門までを一直線に伸ばした長さ」(全長−尾長)である。

　現生動物の場合、仰向けに寝かせて背中の関節がまっすぐ伸びた状態にして測ったり、背筋に沿ってテープを載せて測ったりする。こうした計測方法のため、全長・体長は比較的アバウトな計測値となる。

　恐竜の場合、復元(→p.134)骨格を直接測ったり、頭蓋基底長(吻端から頚椎と関節する(→p.164)後頭顆までの長さ)と全ての背骨の長さを合計して全長を求めるのが基本である。骨格の未発見部位については、同じ種や近縁種のより完全な骨格から推定する。ただし、人間でいう椎間板の厚さはざっくりとしか推定できず、欠損部の参考にできる近縁種の化石があるとも限らない。このため、恐竜の全長は現生動物以上にアバウトな値となる。全長30m前後の大型竜脚類の場合、推定全長に数m程度の振れ幅が生じることも普通である。実際の研究では、比較的近縁なもの同士であれば大腿骨など特定の(化石として発見されやすい)骨の長さを比較することも多い。

　翼竜の場合、「翼開長」(翼を広げた状態の両端を結んだ長さ)がサイズ比較に用いられる。ただし、翼の広がり具合が骨格だけではよくわからないため、片翼の主な骨の長さの2倍を翼開長として扱うことがある。

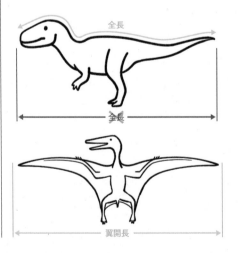

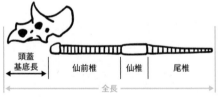

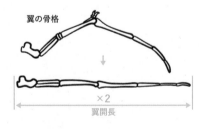

体重

| たいじゅう | **body mass**

「**全**長」と比べると、「体重」が恐竜図鑑に載っている例は少ない。だが、動物の体重はその生理的な特性を研究する上で重要な情報となる。恐竜を生物学的な側面から研究する場合、全長よりも体重の方が重要な指標となるのだ。しかし、恐竜の化石といえば骨ばかりである。恐竜の体重は、化石からどうやって推定するのだろうか?

▓ 恐竜の体重測定

　現生動物であれば体重計で直接体重を測ることができるが、恐竜では骨格そのものの重量すら直接測定できない。このため、何らかの手法で推定する必要がある。

　恐竜の体重を推定する方法は大きく分けて2つある。古典的な方法が「体積密度法」で、復元（→ p.134）模型の体積を測定し、そこに「恐竜の密度」（現生動物の密度から推定する）をかけて体重を推定する。推定値は精度よく（ばらつきが少なく）求めることができるが、復元模型の出来次第で全く別の数値になるという弱点がある。古くは恐竜の縮小模型を水槽に沈めて体積を測っていたが、現代では3Dの復元モデルを作成し、そこから直接体積を求めるのが一般的である。また、肉付けした三面図を用意し、そこからおおざっぱに計算することもある。

　体重推定のもう一つの方法が「現生スケール法」である。現生動物では体重を支える四肢の骨の太さと体重が相関していることが知られており、これを利用して上腕骨と大腿骨の太さ（周囲長）から計算する方法がよく用いられている。この方法は復元模型を利用した主観的な方法ではなく、現生動物の一般則を利用した客観的な方法であり、その点で正確な推定値を求めることができる。また、全身像がよくわからなくても、上腕骨と大腿骨さえ発見されていれば体重を推定できる。ただし、四肢の骨の太さと体重の相関は振れ幅が大きく、そこから導き出された推定値もかなりの誤差を含んだものとなる（＝精度が低い）。

　このように、恐竜の体重を推定する2つの方法にはそれぞれ長所と短所がある。とはいえ、それぞれの方法で算出した推定値同士がそれほどかけ離れることはないともいわれている。より正確で高精度な体重推定を目指し、日々研究が進められている。

体積密度法

現生スケール法

化石戦争

| かせきせんそう | Bone Wars

アメリカで南北戦争が続いていた1864年、二人の若きアメリカ人古生物学者がベルリンで出会った。意気投合したエドワード・ドリンカー・コープとオスニエル・チャールズ・マーシュは、帰国後にアメリカ東部の化石産地を一緒に巡るようになるのだが、それが古生物学史上最大の発掘競争の引き金になるとは知るよしもなかった。

勃発

アメリカ東部では肥料になる海緑石の採掘坑が多数稼動しており、ハドロサウルス（→p.36）の化石もこうした場所で発見されていた。

コープは採掘坑の近くに転居すると、化石発見のニュースが真っ先に自分の耳に入るよう根回し。その甲斐もあり、コープは採掘坑で発見された北米初の大型獣脚類をラエラプスと命名した。

こうした状況を見ていたマーシュは、コープに隠れて採掘坑の現場監督に接近し、これからはコー

プではなく自分に化石の発見を伝えるようにと買収をはかった。

エラスモサウルス事件

やがて、コープもマーシュもアメリカ東部だけでなく、ネイティブアメリカンとの衝突が続いていたアメリカ西部にも目を向けるようになった。

1869年、コープは自分の命名したエラスモサウルスについて、全身の骨格図を論文で発表した。マーシュがこれを見て、コープが尾の先に頭をつけて復元（→p.134）していることを指摘すると、コープは必死に印刷された論文を回収し、修正版と差し替えようとした。

マーシュはこうした話を1890年代に語ったが、実際にコープの誤りを指摘したのはコープの師のジョゼフ・ライディが最初だったとも、マーシュの指摘が正しいかどうかライディに見せたとも言われている。真偽の程はともかく、コープとマーシュの性格をよく表したエピソードである。

1870年代に入るとコープもマーシュの縄張りを荒らすようになり、ここに両者の熾烈な化石発掘・研究競争、化石戦争が始まった。

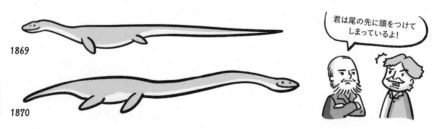

1869

1870

君は尾の先に頭をつけてしまっているよ！

死闘！ アメリカ西部

コープとマーシュは多数の化石ハンター（→p.250）と契約を結び、アメリカ西部のジュラ紀・白亜紀の様々な地層で発掘を行わせた。化石ハンターたちは次々と新たな化石産地を開拓し、大量の化石をコープの待つ全米自然科学アカデミーとマーシュのイェール大学ピーボディ博物館へ送った。

化石ハンターたちの手段を選ばない発掘競争は熾烈を極め、スパイ活動や作業員の引き抜きは珍しくなかったようだ。敵陣営に化石を奪われないようにするため、化石を1シーズンで掘り切れなかった場合、現場を埋め戻すだけでなく、残された化石を破壊して撤収することもあった。化石ハンター同士が投石で戦うことすらあったという。化石ハンターたちが激闘を繰り広げる間、コープとマーシュも学界での泥仕合で直接対決を繰り返した。立ち回りのうまかったマーシュは学界の要職を歴任したが、連邦政府の調査予算を浪費しているというコープの告発の前に、辞任せざるを得なくなった。

勝者は一体？

潤沢な個人資金をバックに化石戦争を繰り広げていたコープとマーシュだったが、最終的に両者とも破産した。コープは膨大な化石の個人コレクションをアメリカ自然史博物館に売却することとなり、マーシュもイェール大学に生活資金を求めるほどに落ちぶれた。

コープは1897年に病気で亡くなったが、最後にマーシュと脳の大きさ比べを挑むため、自らの頭蓋骨を標本にして大学に寄贈するよう遺言した。マーシュはこの挑発に乗らず、コープの2年後に亡くなった。

コープとマーシュは化石戦争の間に恐竜をはじめ多数の古生物を命名したが、同じ種にそれぞれが別の学名を与えている場合も多く、学名が疑問名になることも少なくなかった。コープの命名した恐竜は64種だったが、2010年時点で明確な独立種として残っていたのはわずか9種。マーシュの場合は98種を命名し、残ったのは35種だった。種数でいえば、化石戦争はマーシュの勝利に終わった。

化石戦争の後に博物館に残されたのは、未開封のままの石膏ジャケット（→p.126）の山だった。コープやマーシュの後任者は化石戦争の戦後処理に忙殺されたが、収蔵庫の奥深くには今でも未開封のジャケットが残されている。

第二次化石戦争

　命名競争という観点でみればマーシュの勝利に終わった化石戦争（→p.144）だったが、とはいえコープだけでなくマーシュも破産しており、古生物学者としての名声は両者ともひどく傷ついていた。実質的に両者痛み分けに終わった化石戦争は、様々な分類学的混乱やその後のプレパレーション（→p.128）地獄といった博物館関係者にとっての悪夢を引き起こすこととともなった。化石戦争の勝者など、誰もいなかったのである。

　とはいえ、古生物学者・研究機関同士の化石発掘・研究競争はこれで途絶えたわけではなかった。化石戦争の傷跡がいまだ深い1910年代には、コープやマーシュの弟子やそのさらに次の世代の研究者たちによる発掘競争が行われたのである。戦場はアメリカ東部・西部からカナダのアルバータ州へ移り、馬車ではなく船を駆使した戦いが始まった。

　アルバータ州では19世紀後半から恐竜化石の発見が相次いでおり、晩年のコープも興味を示していた。コープの死後、ここに目を付けたのがコープの弟子であったアメリカ自然史博物館のヘンリー・フェアフィールド・オズボーンである。オズボーンはティラノサウルス（→p.28）の発見という輝かしい成果を上げていたバーナム・ブラウンを現地へと送り込んだが、彼はマーシュの元助手であったジョン・ベル・ハッチャーにも学んだ男であった。ブラウンのチームは巨大な平底船「メアリー・ジェーン号」を建造し、アルバータ州を横切るレッド・ディアー川を下りつつ川岸でキャンプしながら発掘を行った。

　ブラウン隊の活躍に対して、外国の化石ハンターがカナダの化石産地を荒らすとは何事か、という声が大きくなってくると、さすがにカナダ地質調査所もこれをただ見守るだけではいかなくなってきた。調査所はブラウン隊の活動を禁止することはせず、その代わり強力な化石ハンターの集団を刺客として送り込んだのである。調査所が雇った化石ハンターは、コープとマーシュ双方に仕えていまだ現役だったチャールズ・ヘイゼリアス・スターンバーグと、彼の息子たちだった。

　ブラウン隊に対抗し、スターンバーグ一家はさらに大きな平底船で川下り調査を行った。また、カナダのロイヤルオンタリオ博物館も彼らの成果を受けて独自のチームをレッド・ディアー川流域に送り込み、イギリスの大英自然史博物館も有力な化石ハンターを投入した。こうして、第二次化石戦争が始まったのである。

　互いにライバル意識があったことは間違いないが、10年ほどゆるやかに続いた第二次化石戦争は、あくまで平和的な発掘競争だったようだ。他のチームの発掘現場を見学したり、互いのクライアントの要望に合わせて発掘した化石を交換したというエピソードも知られているほどである。こうして、第二次化石戦争の結果「恐竜王国」カナダが建国されたのだった。

Dinopedia

2
Chapter

ハカセ編

恐竜を語る上で、
古生物学の専門用語を回避することはできない。
恐竜研究を取り巻く不思議な言葉を
覗いてみよう。

クリスタル・パレス（水晶宮）

| くりすたる・ぱれす（すいしょうきゅう）| **The Crystal Palace**

1851年、ロンドンで史上初めて開催された万国博覧会の会場として、巨大なガラス張りの建物が完成した。その外見からクリスタル・パレス（水晶宮）と名付けられた建物は実用化されて間もない頑丈かつ巨大な板ガラスで全面を覆った、先進的なプレハブ構造のものであり、万博の終了後には南ロンドンのシドナムへと移築された。シドナム移設後のクリスタル・パレスの周囲には大きな総合公園が築かれることになったが、ここに様々な絶滅動物の実物大の立像を展示することになったのである。

古代の庭園

立像の制作に抜擢されたのは、彫刻家にして自然学者のベンジャミン・ウォーターハウス・ホーキンスであった。貴族とのパイプが太く、万博にも関わっていた彼は、この仕事に適任だった。

ホーキンスは当初、絶滅した哺乳類の実物大の立像で庭園を飾るつもりでいたのだが、ここで「恐竜」の提唱者であるリチャード・オーウェン卿のアドバイスを受け、恐竜や魚竜（→p.90）、首長竜（→p.86）といった絶滅爬虫類もラインナップに加えることにした。監修者にはオーウェンだけでなく、イグアノドン（→p.34）の命名者にしてオーウェンのライバルでもあったギデオン・マンテルの名前も挙がっていたのだが、長く病を患っていたマンテルはこれを辞退し、オーウェンが主立った監修をすることになった。

ホーキンスは建設中の総合公園の中に工房を設け、そこで立像の制作を行った。原型は粘土で制作された後に型取りされ、セメントとレンガ造りの立像となった。予算の問題で計画は縮小され、作りかけだった立像のいくつかは廃棄されてしまったが、それでも古生代から新生代まで、バラエティに富んだ33体の立像が完成したのである。

1853年の大晦日、立像の完成を記念してイグアノドンの型の内部で晩餐会が開かれた。前年に亡くなっていたマンテルに献杯が行われ、クリスタル・パレス公園の開業に向けた宣伝としてこのパーティーは広く報道された。そして1854年、これらの立像は大きな池に浮かんだ島に時代ごとに並べられて一般公開されたのである。

パーティーの想像図
「イグアノドンパーティー」の招待状やメニュー表は現存しているが、イグアノドンの立像を作る時に使用された型の内部で実際に食事が行われたのか、確かなことはわかっていない。主賓はオーウェンで、立像の制作に大きな影響を与えた他の研究者たちは招待されなかったり、マンテルのようにすでに亡くなっていたりした。

■■ クリスタル・パレスの恐竜たち

クリスタル・パレスの立像は、恐竜をはじめとする様々な古生物の復元（→**p.134**）模型としても史上初といえるものであった。反響は大きく、教育用の縮小モデルも販売された。

これらの立像は19世紀中頃の科学的知識に基づいたもので、当時の復元としては最先端と呼べるものであった。一方で、マンテルと激しい敵対関係にあったオーウェンの監修ということもあり、マンテルの最新の意見（イグアノドンの前肢は後肢と比べてほっそりしていた、など）が無視されるといった側面もあった。

19世紀後半になるとアメリカでの恐竜発掘が盛んになり、化石戦争（→**p.144**）と呼ばれる発掘競争で恐竜に関する理解は飛躍的に進んだ。ヨーロッパでもベルニサール炭鉱（→**p.252**）でイグアノドンの全身骨格が発見され、完成から20年ほどでオーウェンとホーキンスによるクリスタル・パレスの恐竜たちは完全な「旧復元」となったのである。

クリスタル・パレスは1936年に失火で失われたが、その公園は今日まで市民の憩いの場となっており、恐竜たちの立像も修復を重ねながら現存している。19世紀中頃の最先端の科学の結晶は、今日でも恐竜研究の歴史の生き証人となっているのだ。

イグアノドン　公園には2体のイグアノドン像があり、腹這いになっているものはマンテルによる1834年頃の、四足で立っているものはオーウェンによる1850年代当時の復元を表している。マンテル本人はこの当時すでに別の復元を提案していたが、それが実を結ぶことはなかった。これらの復元のもとになった標本は、今日ではイグアノドンではなくマンテリサウルスと呼ばれている。

メガロサウルス（→p.32）　公園の復元像は、当時メガロサウルス属とされていた様々な化石に基づく復元である。肩のあたりで隆起した背中は、今日アルティスピナクスと呼ばれている恐竜の化石に基づいている。

ヒラエオサウルス　ヒラエオサウルスの化石は、今日に至るまで1体分の断片的な骨格が発見されているに過ぎない。クリスタル・パレスの立像は、当時としても非常に暫定的な復元であるという意識の下に制作されたようだ。

恐竜ルネサンス

| きょうりゅうるねさんす | dinosaur renaissance

「ルネサンス（ルネッサンス）」とは再生・復活を意味するフランス語で、中世から近代にかけてヨーロッパで盛んになった、ギリシャ・ローマ時代の文化を復興しようという文化運動を指している。今日の西欧文化はルネサンスあってのものであるが、恐竜の研究でも同様のことがいえる。今日の恐竜研究は、「恐竜ルネサンス」あってのものなのだ。

恐竜研究の古典期と停滞期

19世紀中頃からヨーロッパで始まった恐竜研究は、北米での「化石戦争」（→p.144）とそれに続く発掘ラッシュもあり、20世紀初頭には活発な研究分野となっていた。新種の恐竜の記載（→p.138）・分類が主な研究テーマだったが、その進化についても議論が行われ、現生動物で行われるような「生物学的な」研究を恐竜を題材に行う研究者も現れたのである。

20世紀初頭の恐竜研究を牽引していたアメリカの博物館は、恐竜の集客力とそれによる豊富な予算をバックにしていた。しかし、世界恐慌やその後の第二次世界大戦によって研究に投入できるリソースが大きく減少すると、恐竜研究の勢いは下火になっていく。一方、大衆娯楽の中の恐竜は人気キャラクターであり続け、「時代遅れの愚鈍で巨大な爬虫類」というイメージが定着することになった。記載・分類学的な研究は世界各地で行われていたものの、1940年代から50年代にかけて、恐竜研究は停滞期を迎えることになったのである。

ルネサンスの幕開け

1969年、アメリカの古生物学者ジョン・オストロムはデイノニクス（→p.48）の記載を発表した。骨格は非常に高度な運動性を持つ動物のつくりで、現生爬虫類のような変温性・外温性の「冷血動物」はこれほどの運動性を発揮できないとオストロムは考えた。そして、デイノニクスは恒温性・内温性の「温血動物」だった可能性を示唆したのである。さらにオストロムは、デイノニクスと始祖鳥（→p.78）の骨格が様々な点でよく似ていることを指摘し、鳥類の起源が恐竜にあると結論付けた。

恐竜が恒温性・内温性で常時活発に動く動物であったこと、そして鳥類と恐竜が系統的に密接な関係にあることは、19世紀に様々な研究者が論じていたことであった。しかし、こうした考え方は20世紀前半には否定されるようになっていたのである。オストロムの学生であったロバート・バッカーをはじめ、若手の研究者たちはオストロムの説を推し進め、恐竜を爬虫綱から分離し、鳥綱と合併させて新たに「恐竜綱」を設立しようという提案さえした。

デイノニクスの発見に始まったこうした動きはまさに恐竜研究の「ルネサンス」であり、その過程で他の様々な科学分野の手法が恐竜研究にも用いられるようになった。かつて試みられた恐竜の「生物学的」な研究も盛んに行われるようになり、数学的な手法も当然のように用いられるようになったのである。地質学的な情報をより厳密に利用し、タフォノミー（→p.158）のような過去の出来事を復元する研究も盛んになった。

こうした他分野との連携は、この時代に古生物学全般で大きく推し進められた。そして、恐竜の研究は活発さを取り戻したのである。

■ ルネサンスの現在

恐竜ルネサンスの真っ只中だった1975年、バッカーは三畳紀の小型獣脚類を「羽毛恐竜」（→p.76）として復元（→p.134）したイラストを発表した。そして1990年代の後半には中国で羽毛恐竜の化石が多数発見されるようになり、鳥類の祖先が恐竜であるどころか、鳥類とかなり遠縁の恐竜でさえ羽毛を持っていたことはもはや常識となっている。一方で、恐竜ルネサンスと同時期に生物の分類に応用されるようになった「分岐分析」（→p.154）で「綱」のような分類「階級」が意味をなさなくなったため、「恐竜綱」をわざわざ新設する意義は失われた。バッカーが推進した「恐竜温血説」は大きな議論を呼んだが、様々な先端科学の手法で研究が進み、程度の差はあれ全ての恐竜が恒温性・内温性と呼べるものであったという見方が今日では支配的である。

恐竜ルネサンスの中で、恐竜の「復元」の手法がマニュアル化され、様々な研究成果がより厳密に反映されるようになった。様々なイラストレーターが古生物学者と緊密にコラボレーションすることで恐竜や中生代の環境全般の復元イメージは大きく更新され、こうしたイラストレーターや研究者がコンセプトアート制作や監修を担当した映画『ジュラシック・パーク』の大ヒットによって、一般の人々に残っていた「時代遅れの愚鈍で巨大な爬虫類」というイメージが払拭されたのである。

今日の恐竜研究は、19世紀中頃に始まって以来最も盛んな状況である。恐竜研究の「面白さ」を復興させた恐竜ルネサンスなくして、今日の恐竜研究は語れないのだ。

恐竜の復元イメージの変遷

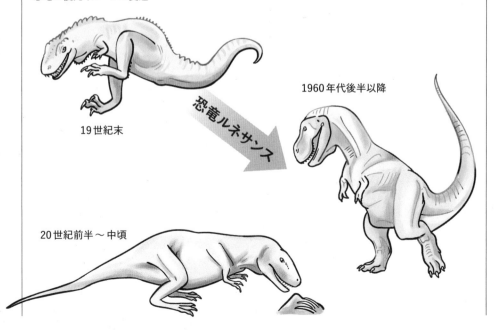

19世紀末

恐竜ルネサンス

1960年代後半以降

20世紀前半～中頃

オルニトスケリダ

| おるにとすけりだ | Ornithoscelida

恐竜研究の黎明期には、恐竜類の大きなグループ分けに関する盛んな議論が行われており、分類に関する様々な説が生まれた。20世紀になると恐竜を竜盤類と鳥盤類の2つの大グループに分ける説が定説となり、それ以外のものは忘れ去られていったが、最近になって別の説が突如として脚光を浴びている。

竜盤類と鳥盤類

リチャード・オーウェンによって「恐竜」という動物の大グループが設けられたのは、1842年のことである。この時点で恐竜類に含まれていたのはメガロサウルス（→p.32）、イグアノドン（→p.34）、ヒラエオサウルスの3属だけだったが、その後の新発見や既知の化石の分類の見直しによって、恐竜類の数は続々と増えていくことになった。

恐竜類の数が増えていくにしたがって、それらをいくつかのグループに分類するアイデアが生まれた。

今日に至るまで広く受け入れられているのが、1888年にイギリスの古生物学者ハリー・ゴヴィア・シーリーによって提唱された「竜盤類」と「鳥盤類」の2つに大きく分ける意見である。前者はトカゲやワニといった現生爬虫類と同様の構造の骨盤を持ち、後者は竜盤類とは著しく異なった、一見すると現生鳥類と似て見える骨盤を持っている。両者の中間型といえるものは当時発見されておらず、シーリーは竜盤類と鳥盤類が全くの別系統である（恐竜類は複数の系統の寄せ集めでしかない）とも主張した。

オルニトスケリダ説

一方で、恐竜と鳥類の類縁性を主張し、進化論の推進者としてオーウェンと激しく対立したトーマス・ハクスリーは、1870年にシーリーの分類とは大きく異なった分類を提唱していた。小型で骨格の極めて華奢なコンプソグナトゥスを恐竜類から外し、恐竜類とコンプソグナトゥスをまとめたグループ「オルニトスケリダ」（鳥肢類）を設立したのである。ハクスリーがオルニトスケリダを提唱した時点では竜脚類というグループの存在は認識されておらず、1878年にアメリカの古生物学者サミュエル・ウィリ

シレサウルス　シレサウルス類は恐竜と極めてよく似たグループだが、恐竜とごく近縁なものであって恐竜そのものではないとみなされてきた。ところが最近では、ごく原始的な鳥盤類とされることもある。原始的な恐竜類全般と同様にほっそりした体型で、下顎には鳥盤類と同様のくちばしが存在する。植物食といわれたこともあったが、コプロライト（→p.124）の研究から昆虫食の可能性も示唆されている。

ストンは恐竜類とオルニトスケリダの定義を変更した。ウィリストンの案は、コンプソグナトゥスを恐竜とし、恐竜類を竜脚類とオルニトスケリダ（今日の獣脚類と鳥盤類からなる）の二大グループに分割するものであった。

しかし、ハクスリーやウィリストンによるオルニトスケリダ説は、獣脚類と鳥盤類の中間型が見つからないこともあって、特に支持を集めることはなかった。シーリーによる分類案が一般に受け入れられるようになり、恐竜類は自然系統群ではないという見方も広まったのである。

「恐竜ルネサンス」（→p.150）の流れを受けた1980年代以降、分岐分析による系統解析（→p.154）で恐竜類が自然分類群であること、さらに鳥類が恐竜類から枝分かれしたことが示されるようになった。恐竜ルネサンスを牽引したロバート・バッカーは竜盤類を解体し、鳥盤類と竜脚類を合わせたグループ「フィトディノサウリア」（植恐竜類）を提唱したりもしたが、分岐分析の結果はシーリーによる伝統的な二大分類を支持したのだった。

:: オルニトスケリダ、再び

21世紀に入ってもシーリーによる大分類は一般的に用いられているが、一方で三畳紀後期の恐竜の研究が進むにつれて、獣脚類なのか竜脚類なのか、それともそもそも恐竜なのかさえはっきりしないものが発見されるようになった。また、鳥盤類のような特徴を持つが恐竜とも思えないシレサウルス類など、謎めいた爬虫類の化石が三畳紀後期の地層から続々と発見されるようになったのである。

既存のグループ分けにすんなり落とし込むことのできないものがいくつも発見されたことで、恐竜類の大分類に見直しが迫られるようになった。様々なデータに基づき系統解析が試みられる中で、獣脚類が鳥盤類と近縁であること、竜脚類は両者の分岐よりも先に枝分かれした可能性があることが示されたのである。これはウィリストンが示したオルニトスケリダ説と同様のものであることから、グループ名として改めてオルニトスケリダを用いることが提案されたのだった。

オルニトスケリダ説については今日盛んな議論が続いており、恐竜類を竜盤類と鳥盤類に二分する意見も依然として強い。フィトディノサウリア説を示す系統解析結果もある。また、シレサウルス類を恐竜に含めるかどうかについても意見が分かれている。ハクスリーによる提唱から150年、いまだオルニトスケリダ説は恐竜研究の熱いトピックとなっているのだ。

ヘレラサウルス エオラプトルと並んで最古級の恐竜の一つだが、獣脚類のような特徴と竜脚形類のような特徴が入り混じっており、さらには他の恐竜にはみられないより原始的な特徴まで残っている。そもそも恐竜ではないとする意見も根強いが、恐竜類の初期進化を考える上で大きなカギを握っていることは間違いない。

系統解析

| けいとうかいせき | phylogenetic analyses

近縁なもの同士を結び付け、系統関係を樹木のような枝分かれした図で表すものが系統樹である。古生物を含めて系統樹を描くことで、地球の歴史と生物の進化の流れを具体的に示すことができる。生物の分類についても、系統関係に対応させる「系統分類」が広く用いられるようになったが、そもそも系統樹はどうやって描くのだろうか?

::: 系統樹と分岐分析

　系統樹が科学的に厳密な（検証可能な）方法で描かれるようになったのはここ50〜60年ほどのことである。生物の系統関係を推定する上で、生物同士の様々な特徴（形質）を比較することが重要であることは今も昔も変わらないが、かつては研究者の経験と直感で「重要な特徴」を見いだし、それに基づいて生物の系統関係を割り出していた。

　今日、古生物の系統関係を推定するために一般的に使われている手法が「分岐分析」と呼ばれるものである。この手法では、系統関係を割り出そうとする分類群（内群）と、内群の比較対象とする適当な分類群（外群）から形質をピックアップし、「原始形質」と「共有派生形質」に選り分ける。原始形質は内群が外群と共有している（内群と外群が枝分かれする前から保持している）形質で、共有派生形質は内群の中でのみ共有されている（外群と枝分かれした後に内群の中で生じた）形質である。

　ある特定の共有派生形質を持っているものは、互いに近縁であると考えることができる。このため、内群の中で共有派生形質がどのように分布しているかを調べることで、生物が枝分かれ（分岐）していく様子を描き出すことができる。これが分岐分析であり、骨格や軟組織の形態、さらに遺伝情報まで形質として利用することができる。

::: 恐竜と分岐分析

　分岐分析を用いて恐竜の系統解析を行う際、利用できる形質は化石化した骨格の情報にほぼ限られる。分岐分析に用いる形質は、チョイスが恣意的にならないようできるだけ多くピックアップするのが基本だが、完全な骨格が保存されている恐竜は限られている。たとえ完全な骨格でも、クリーニング（→p.130）やCTスキャン（→p.227）の技術的な限界や、化石の変形具合によって観察できない形質もある。また、観察者次第で同じ標本から相反する形質が見いだされることもある。

　標本観察によって、特定の形質の有無がデータマトリクスと呼ばれる表にまとめられる。恐竜の分岐分析の黎明期であった1980年代から90年代までは、100個前後の形質についてそれぞれの有無が判定されていくことが多かったが、今日ではデータマトリクスに数千個の形質の有無がリストアップされていることがざらである。しかし、それほどの数の形質の有無を全て判定できるような種はなく、断片的な化石のみが知られている恐竜では、「?」（判定不能）がデータマトリクスを埋め尽くす。データマトリクスは研究者によって追加・修正が繰り返され、より解像度の高い分岐分析が行えるようになる。

　データマトリクスはコンピューターで解析され、様々な条件で絞り込まれた「もっともらしい」系統樹（分岐図）を研究者が仮説として提示する。こうした解析の際には、数学的な知識も要求される。

∷ 系統樹の読み方

　分岐図は、種同士の直接の祖先－子孫関係を描いているものではない点に注意が必要である。分岐図で隣り合わせに結ばれている種（姉妹群）は、分析にかけられた分類群の中では最も近縁であるということを意味している。このため、分岐分析にかける種の数を増やし、より高解像度の分岐図を描くと、姉妹群だったものが遠くに離れることもある。また、種Aが種Bの直接の祖先だったとしても、分岐図では種Aと種Bはあくまで姉妹群として描き出される。

　分岐図を利用して、仮想的な共通祖先の形態や、化石では確認できなかった部分の形態を推測することもできる。分岐図上で「挟みうち」を行い、未確認の形質を推測する方法を「系統ブラケッティング法」と呼び、古生物の復元（→p.134）によく利用される。

　古生物・現生生物を問わず、系統解析に用いられるデータや解析手法は更新され続けていく。そして、断片的な化石に基づいて系統解析が行われる恐竜では、系統解析の結果は非常に流動的である。系統関係の推定とその結果に基づく系統分類は、日進月歩の世界なのだ。

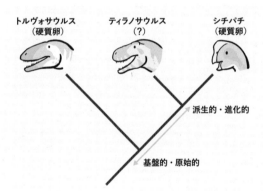

系統ブラケッティング法の利用

ティラノサウルス（→p.28）のものと断定できる卵化石（→p.122）は未発見であり、やわらかい殻の卵（軟質卵）と硬い殻の卵（硬質卵）のどちらだったのかは不明である。しかし、トルヴォサウルスとシチパチはどちらも硬質卵を産んだことが知られている。これらの系統関係を利用し、系統ブラケッティング法を適用すると、ティラノサウルスは（軟質卵を産むという独自の進化を遂げていなければ）硬質卵を産んだと考えることができる。

分岐図と分岐分類

系統分類の中でも、分岐図に厳密に沿う分岐分類では、ある共通祖先から枝分かれした全ての子孫をまとめた「単系統群」のみを分類群として認める。「鳥は恐竜」といういい方は、分岐分類に則った話である。鳥類を含まない、伝統的な「恐竜」（非鳥類恐竜）は「側系統群」（様々な系統の寄せ集め）である。非鳥類恐竜や翼竜（→p.80）は、鳥類が進化していく過程で分岐していったものであると捉えることができる。系統分類とは異なる概念として、非鳥類恐竜や翼竜類を「ステム鳥類」と呼ぶことができる。

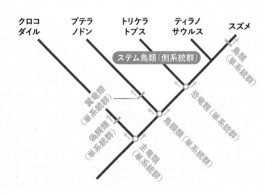

機能形態学

| きのうけいたいがく | functional morphology

生物の体は様々な形態をしており、そこには様々な機能が備わっている。形態と機能の関係を解き明かそうとするのが機能形態学であり、生物学に加えて医学的な分野でも研究が行われている。古生物学における機能形態学では化石の形態から機能を類推し、そこから生態の推定を試みたり、進化における意義を考察することが多い。

古生物学と機能形態学

古生物を題材にした生物学的な研究が近年盛んである。古生物の生態（古生態）を単なる想像ではなく科学的に推定する手段の一つとして、古生物の機能形態に関する研究が活発に行われている。

機能形態の研究にあたっては、生きている生物を直接観察してその生物の形態と機能の関係を調べる方法と、何らかの手段で間接的に調べる方法がある。古生物の場合、生きている個体を直接観察することは当然不可能で、遺骸を調べるにしても化石に残った部分の形しか解析できない。

このため、古生物の機能形態の研究には、形態の似ている現生生物から機能を類推する方法が古くから用いられてきた。しかし、この方法ではそもそも「似ている」という前提条件が妥当かどうかが常に問題となる。そのため、化石の産状（→p.160）に残された様々な情報も活用し、総合的に検討が加えられる。

また、化石の形態からある特定の機能の存在を仮定し、その機能を持った理論上の理想的な形態（パラダイム）と実際の化石を比較するという研究方法（パラダイム法）もある。しかし、パラダイムを導き出すにあたっては実際の生物に存在する形態が参考にされがちだったり、そもそもパラダイムが本当に理想的な形態かどうかという問題が付いて回る。

はじめに仮定ありきのパラダイム法とは異なり、実際の古生物の形態に似せた模型やコンピューターシミュレーションのモデルを作製し、それを利用して機能形態を検討する方法が近年ではよく行われている。特に、模型やコンピューター上の仮想的なモデルで機械的に検討するバイオメカニクスは恐竜の機能形態を研究する上でよく用いられる手法である。

恐竜の機能形態学的研究

「恐竜ルネサンス」（→p.150）の中で、他の古生物と同様、想像ではなく科学的推定で恐竜の古生態について踏み込んで研究を行おうとする動きが現れた。当初は現生動物との形態の比較や、模型を使った実験がよく行われていたが、CTスキャン（→p.227）の発展などによって化石の形態を厳密にコンピューター上で再現可能となったこともあり、コンピューターシミュレーションを用いた機能形態の研究が近年では特に盛んである。

しかし、化石に残らない情報については産状の観察や現生動物との比較で補うほかないため、こうした古典的な研究手法も今なお重要視されている。恐竜をはじめ古脊椎動物の研究にあたっては、類似した形態を持つ現生動物を解剖して筋肉や軟骨などを観察することも多い。古生物の機能形態の解明を目指す中で、現生動物の機能形態に関する理解が深まることもよくあるようだ。

:: トリケラトプスの前肢の機能形態

　最近まで、トリケラトプス（→p.30）をはじめとする進化型の角竜類（ケラトプス類）がどのような姿勢で歩いたのかはよくわかっていなかった。肘をまっすぐ伸ばし、手の甲を前に向けて歩いたとする説（直立説）がある一方、骨格の形態からして肘をまっすぐ伸ばしたり手首をひねって手の甲を前に向けたりすることは不可能とみる意見も根強く、前肢を現生爬虫類のように横へ大きく張り出して歩いたとする説（這い歩き説）も支持を集めていた。

　こうした中で、1990年代にはトロサウルスの前肢のレプリカに筋肉に見立てたゴムバンドを貼り付け、実際に動かしてみるという研究が行われた。その結果は這い歩き説を支持するものだったが、同時期に発見されたトリケラトプスかトロサウルスのものと思しき行跡（→p.120）はむしろ直立説と合致するものだったのである。

　2000年代までに行われたケラトプス類の前肢の機能形態に関する研究では、肩の骨や上腕骨の形態を重視したものがほとんどだった。ケラトプス類の前肢が手まで関節した（→p.164）化石は珍しく、詳しい研究はあまり進んでいなかったのである。こうした中で、上野の国立科学博物館が購入したトリケラトプス（"レイモンド"の愛称がある）は頭部と尾を除き、前肢全体も含めて右半身がよく関節した状態の唯一無二の標本であった。

　"レイモンド"の研究により、ケラトプス類が肘をまっすぐ伸ばすこと、手首をひねることが不可能であると改めて示される一方で、そもそも前肢を横方向へ張り出すことも困難であることが判明した。そして、手の骨格の詳細な観察により、脇を締めて肘を曲げ、なおかつ手の甲を横に向けた「小さく前へならえ」のポーズこそが、骨格上無理がなく、かつ効率よく歩くことができる可能性が示されたのである。そして、"レイモンド"の骨格はまさに「小さく前へならえ」の姿勢で関節していたのだった。

　「小さく前へならえ」のポーズは行跡と非常によく一致する上に、現生動物との骨格の比較でもこうした姿勢が支持された。骨格の形態そのものだけでなく、その産状や生痕化石（→p.118）の情報、現生動物との比較ともよく合致することからこの「小さく前へならえ」説は広く支持を受け、今日では他のケラトプス類や同様の前肢を持つ鎧竜類もこの姿勢で復元（→p.134）されている。こうして、恐竜の古生態がまた一つ明らかとなったのだった。

直立説

這い歩き説

小さく前へならえ説

タフォノミー

| たふぉのみー | taphonomy

生物はどのように化石になるのだろうか？　化石は生物の遺骸がどのように変化したものなのだろうか？　こうした議論が古生物学の一分野として確立されたのはこの数十年のことで、今日では盛んに研究が行われている。「生物の遺骸が生物圏から岩石圏へと移行する過程」の研究がタフォノミーなのだ。

∷ タフォノミーとは

　古生物学の研究は当初、古生物の分類・進化に関するものがほとんどであった。しかし、20世紀の中頃になると、科学の他の分野の知見を積極的に取り入れ、古生物の形態に潜む機能や、産状（→p.160）に焦点を当てた研究も盛んに行われるようになる。そして前者は機能形態学（→p.156）として、後者はタフォノミーとして確立された。古生物を「生物学的に」研究しようとする動きや、「恐竜ルネサンス」（→p.150）もこうした流れの中で生まれたのである。

　タフォノミーは、生物が死んで化石になるまでの全ての出来事が研究対象となる。タフォノミーには大きく分けて「生物堆積論」（生物が死んで最終的に埋積されるまで）、「化石続成」（埋積された遺骸が化石化するまで）の2つの分野がある。特に前者は考古学や科学捜査にも通ずる概念である。後者はより化学的な要素が強く、ラガシュテッテン（→p.172）がよい研究対象となっている。また、ノジュール（→p.168）や珪化木（→p.203）の形成過程も研究が進んでいる。

∷ 恐竜のタフォノミー

　恐竜の化石についても近年盛んにタフォノミーの研究が行われている。当初は生物堆積論的な研究が多かったが、最近では化石続成に関する研究も増えてきた。

　恐竜に関するタフォノミーの研究でよく知られているものが、様々なボーンベッド（→p.170）の生物堆積論である。恐竜のボーンベッドは世界各地の様々な時代の地層から発見されており、ひと口にボーンベッドといっても産状や規模はそれぞれに大きく異なっている。

　ボーンベッドにおける、骨格が関節している（→p.164）のかしていないのかの程度は、遺骸が死後どれくらいの距離をどのように運搬されたのかの重要なヒントとなる。また、化石がどのような配置になっているのかも重要な情報である。ボーンベッドを構成している化石がどんな生物のどの部位にあたるのかも、ボーンベッドの成り立ちを考える上で重要である。ボーンベッドそのものやその周囲の堆積物の種類は、ボーンベッドがどんな場所で形成されたかの直接証拠となる。ボーンベッドからスカベンジャー（腐肉食動物）の歯型や抜け落ちた歯の化石が産出する場合も多い。

「羽毛恐竜」（→p.76）や「ミイラ化石」（→p.162）など、特殊な堆積環境で化石化したと考えられる恐竜化石は化石続成の格好の研究対象である。様々な特殊な要因が絡み合って軟組織が化石化することが判明する一方、ごくありふれた堆積環境でもミイラ化石が生じることが明らかになりつつある。

::: 恐竜が化石になるまで

　恐竜の産状には、一つとして同じものはない。ここでは、アメリカのスミソニアン自然史博物館の「合衆国の T. レックス」ことティラノサウルス・レックス USNM PAL 555000 について、化石になるまでの過程を紹介する。

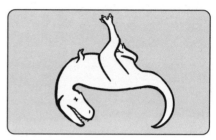

② 遺骸がデス・ポーズ (→p.258) **になる**
浮力が働くことで、遺骸は簡単にデス・ポーズを取ると考えられている。

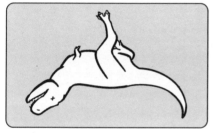

① 遺骸が川底に沈む
堆積物の特徴から、川の流れは比較的速かったとみられている。

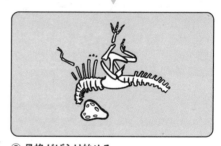

③ 骨格がばらけ始める
軟組織が腐敗し、胸郭がバラバラになる。頭骨も首から外れ、下流へ流される。

④ 骨格が埋積される
軟組織が完全には分解されず、部分的に関節したまま砂に覆われる。ここまでが「生物堆積論」にあたる。

⑤ 骨格が続成作用を受けて化石になる
遺骸を覆った砂から水が浸透し、水中に溶けているミネラルが骨に浸透して鉱化が進んでいく。この標本では骨の内部にある血管の通り道や血液細胞が周囲の物質と化学反応を起こし、その結果、化石として保存されることとなった。一方で、骨格は地層の圧力で若干圧し潰されていた。

産状

| さんじょう | occurrence of fossils

化石の発掘において、発見した化石をやみくもに掘り出すことは禁じ手である。化石を取り巻く情報は、場合によっては化石の形態だけから得られる情報よりもずっと重要であり、その一方で発掘にともなって大半が失われてしまう。このため発掘は、地層の特徴や化石の地層中における位置関係、保存状態などの情報を記録しながら行わなくてはならない。こうした情報をまとめて「産状」と呼び、研究を進める上で非常に重要である。

産状とその意義

化石の産状は情報の宝庫である。古生物の姿かたち以外の情報は、産状の観察なくしては得ることのできないものでもある。

化石の産状を調べる際に、まず行うのは地層の観察だ。化石がどのような堆積物の中にあり、どんな地層のどのような層準にあったのかを確認する。

さらに、化石が地層中でどのような方向・姿勢で埋積されていたかを確認・記録する。恐竜のような脊椎動物の場合、骨格の個々の骨が地層中でどのように分布しているか、産状図（クオリーマップ、ボーンマップ）をできるだけ詳細に記録することが望ましい。こうした情報はどのように遺骸が運搬・埋積されたのかを考える上で極めて重要であり、骨格の復元（→p.134）にも有用である。

また、付着生物や噛まれた跡など、化石に他の生物の痕跡があるかどうかの観察も重要である。産状には太古の生物の相互作用の形跡がみられる場合も多く、生態系を解き明かすヒントとなる。

産状は、生物の遺骸が埋積された後の出来事を探るヒントともなる。地層中における化石の保存状態や、ノジュール（→p.168）化しているかどうかといった情報は、続成作用の実態そのものである。

産状から読み解いたこうした情報を組み合わせ、生物がどのように死に、どのように運搬されて埋積され、どのような続成作用を経て化石となったのかを研究するのがタフォノミー（→p.158）である。

産状の生物学

生物が生きていたまさにその場所で化石化するとは限らない。最終的に埋積された場所が化石化した場所であり、場合によっては一度埋積された遺骸が流出し、再度別の場所で埋積されることも起こりうる。生物が生息していたその場で化石化したと判断される産状を原地性（自生とも）と呼び、生息場とは明らかに異なる場所で化石化したと判断される産状を異地性（他生）と呼ぶ。よりざっくりと、同相的、異相的ということもある。移動できない植物や、砂や泥に潜るタイプの二枚貝などは原地性／異地性の厳密な判定が可能だが、生物の生活スタイルによってはざっくりした判定（陸生動物の化石が沖合の環境を示す海成層（→p.108）で発見されたので異地性、など）しかできない場合も多い。

生物には生きている時の姿勢（生息姿勢）があるため、生息姿勢を留めた産状であれば間違いなく原地性といえる。脊椎動物は原地性でも生息姿勢はまず保存されないが、きちんと関節した（→p.164）骨格は生息姿勢のヒントになり得る。あくまで「埋積された遺骸」の姿勢にすぎないとはいえ、骨同士の関節具合など、バラバラの産状にはない情報が残されているのだ。

:: 恐竜の産状

恐竜化石の産状は様々だが、そのサイズに応じてある程度の傾向がみられる。小型の恐竜は骨格が華奢であるため分解されやすく、歯を除けば比較的化石に残りにくいと一般に考えられている。関節の完全に外れた骨格がそっくり残っている場合は少ないが、水流でバラバラになった大型恐竜の骨格の陰で全身が関節した小型恐竜の骨格が見つかることもしばしばある。

大型恐竜は骨一つ一つが大きいため、骨格が跡形もなくバラバラになっても四肢の骨等が単離した状態で発見されることも少なくない。一方で、巨大な分、埋積に時間がかかるためか、死後スカベンジャーに漁られた形跡があったり、頭部や四肢が流されてきれいに関節した背骨だけが残っていることも多い。また、本来全身が関節して保存されていたと思われる骨格でも、頭や尾といった末端部分が風化で丸ごと失われていることもよくある。

:: 産状の例

関節した（交連状態の）骨格

骨格が生前と同様に関節でつながったままの産状をこう呼ぶ。全身の骨が完全な状態で関節している例は極めて珍しく、遺骸の腐敗などによって部分的に関節が外れかかった状態で保存されたものが多い。また、竜脚類などの場合、首、胴体、尾、四肢が分断された状態でそれぞれ関節したままの例もよくみられる。関節した骨格は背骨がエビ反りになったものも多く、こうしたものは「デス・ポーズ」（→ p.258）と呼ばれる。

トリケラトプス「レイモンド」の産状

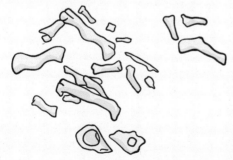

エドモントサウルスとパキリノサウルスからなる
ボーンベッドの一部

ボーンベッド（→p.170）

複数個体の化石が混在している場合もしばしばあり、そうした場合をボーンベッド（骨層）と呼ぶ。関節した骨格がボーンベッドをなす場合もあれば、完全にバラバラになったものがボーンベッドを形成していることもある。ボーンベッドを構成している種やそのサイズ、化石の分布を分析することで様々な情報を知ることができるが、ボーンベッドの中からそれぞれの個体に属する化石を選び出すのは至難の業である。

ミイラ化石

| みいらかせき | mummified fossils

生物の遺骸のうち、化石として保存されるのは多くの場合、殻や骨、歯といった、もともと鉱物質で分解されにくい組織だけである。だが、条件次第ではまるでミイラのような生々しい外見のまま、皮膚や筋肉といった腐りやすい軟組織まで化石化することがある。こうした化石は俗に「ミイラ化石」と呼ばれており、恐竜のミイラ化石さえ発見されている。

化石とミイラ

「ミイラ」というと、エジプトやアンデス地方のものに代表される、遺骸が乾燥して保存されたものがよくイメージされる。一方で、乾燥だけでなく、他の作用（凍結、屍蝋化など）で保存された遺骸もミイラの一種として扱われる。

「ミイラ化石」に明確な定義は存在しないが、皮膚や筋肉が生前の様子をうかがえる状態で保存されたものを「ミイラ化石」と呼ぶことが多い。骨格に加えて爪のケラチン質や羽毛（→p.76）、内臓が化石化しているだけでは、ミイラ化石と呼ばれることはない。

ミイラ化石はあくまで二次元的・三次元的な印象化石（→p.226）に過ぎないという見方もあったが、体の三次元的な輪郭に加えてその内部にある内臓まで化石化していた例がいくつか知られている。また、生体由来の成分が検出された例もあり、少なくとも「ミイラ化石」のいくつかは軟組織の印象ではなく、組織そのものが化石化したものであることは間違いない。ミイラ化石のタフォノミー（→p.158）については盛んに研究が行われており、ひと口にミイラ化石といってもその形成要因は様々らしい。

ミイラ化石は皮膚の質感や立体感、筋肉や腱、内臓の構造など、通常の化石では観察することのできない様々な軟組織を観察することができる。このため、古生物の復元（→p.134）にとってもミイラ化石は極めて重要である。一方で、あくまでもミイラ化石は「ミイラ」の化石であり、皮膚の立体感や体の輪郭は生前の状態からかけ離れていることも多い。

ミイラ化石のタフォノミー

ミイラ化石の成因は様々であると考えられているが、軟組織が分解される前に鉱物で置換されるか、外形の印象が保存される必要がある。

化石の「ミイラ化」の要因としてよく知られるものに「リン酸塩化」がある。リン酸塩の豊富な環境では、生物の組織が微細な構造までリン酸塩に置換され、三次元的に保存される。こうした堆積環境の場所ではリン酸塩化した保存状態のよい化石が多産するため、ラガシュテッテン（→p.172）として知られている。古生代カンブリア紀の小さな無脊椎動物が三次元的に化石化した例や、新生代のカエルやサンショウウオが生前の立体感そのままに内臓まで保存されていた例が有名である。恐竜の場合、生前の立体感そのままにリン酸塩化していたものは知られていないが、骨の周りに残った皮膚や筋肉、血管がリン酸塩化し、軟組織の二次元的な輪郭に加えて電子顕微鏡レベルの微細構造まで保存されていた例がある。

また、「ミイラ」そのものが化石化する場合もある。琥珀（→p.198）から羽毛恐竜の尾が見つかった例があるが、この尾は樹脂に取り込まれる前の時点で乾燥してミイラ化していたようだ。

:: 恐竜のミイラ化石

　ミイラ化石と呼べるほど軟組織が広範に保存された恐竜化石は珍しいが、それでも様々な恐竜のミイラ化石が知られている。特にハドロサウルス類（→p.36）で数々のミイラ化石が発見されており、エドモントサウルス・アネクテンスでは全身の大部分が保存されたミイラ化石が3体も知られている。

　恐竜のミイラ化石のタフォノミーに関する議論は活発に行われており、最近では「普通の環境」でもミイラ化石になり得ることが指摘されている。遺骸がすぐに埋積されない状況で、数週間から数ヶ月かけて微生物や小動物によって内臓や筋肉だけが分解されると、乾燥した皮膚と骨の「ミイラ」だけが残る。この過程は、古代エジプトで行われたミイラの製作方法とよく似ている。

エドモントサウルス　エドモントサウルス属には2種が含まれているが、どちらの種でもミイラ化石が知られており、復元する上で非常に重要なデータを提供している。エドモントサウルス・アネクテンスの3体のミイラは文字通りほとんど骨と皮ばかりで、分解者によって内臓や筋肉を食べ尽くされ、ミイラ化してから埋積されたようだ。

ボレアロペルタ　海成層（→p.108）から発見された「奇跡の化石」で、皮骨（→p.214）が生前の位置関係のまま保存されているだけでなく、胃内容物や、鱗や皮骨を覆う角質、そこに含まれる色素まで化石化していた。遺骸は死後さほど間を置かずに沖合の酸素に乏しい海底に沈み、そこで急速に形成された鉄炭酸塩ノジュール（→p.168）に包まれてミイラ化石となったとみられる。

関節する

| かんせつする | articulation

動物の体は栄養の塊であるため、遺骸は多くの場合かなりのスピードで分解される。他の動物に襲われずして息絶えた場合でも、白骨化する頃には遺骸はバラバラになっていることが多い。動物の遺骸が埋積されるタイミングは様々だが、場合によってはバラバラにならず、骨格が生前の位置関係を保ったまま化石化することもある。

関節した化石

バラバラになることなく埋積された遺骸であっても、ほとんどの場合、外皮や筋肉といった軟組織は地中で分解され、骨格だけが化石化する。脊椎動物では、こうした化石は骨同士の関節がつながったままの産状（→p.160）となっている。骨同士の関節（実際には間に軟骨が入る）がつながった状態の骨格を「交連骨格」と呼ぶが、よりくだけた表現として、「関節した骨格」と表現することがある。「関節した化石」とひと口にいっても、実際の産状は千差万別である。全身がほぼ完全に関節し、まるで走っている最中に石化したかのような姿のものもあれば、背中が美しいアーチを描いた「デス・ポーズ」（→p.258）の状態で関節しているものもある。胴体だけが関節した状態で、ばらけた四肢や頭骨が周囲に散乱していることもあれば、首や胴体、尾、

前肢、後肢それぞれが関節した状態で折り重なっていることもある。こうした骨格の関節具合は周囲の堆積構造などとあわせて、タフォノミー（→p.158）の研究を行う上で極めて重要な情報となる。一般に、よく関節した骨格ほど、死後長距離を運搬されることなく急速に埋積されたものと考えられる。「格闘化石」（→p.166）のように、生き埋めになったと考えられる関節した骨格も決して少なくない。

恐竜では骨同士の間に分厚く軟骨が発達していたことが確実視されており、関節の外れた（＝非交連状態）骨格をマウント（→p.264）しても、骨同士の関節のあそびが大きすぎて本来あるべき姿勢がわからないことがよくある。関節した骨格であれば、軟骨そのものは化石化していなくとも、残された骨同士の位置関係で本来あるべき姿勢を推測することもできる。

関節した化石とプレパレーション

関節した化石は息を飲むほど美しいものが多く、関節した状態を残してクリーニング（→p.130）を切り上げて展示に回すか、それとも骨格の完全度の高さを取って、全身の骨をくまなく研究できるように完全に骨格をバラバラにしてクリーニングするか、難しい判断を迫られる場合がある。折衷案として、産状のレプリカ（→p.132）を制作し、その後全ての骨を完全にクリーニングすることもある。一方で、全身の骨が関節しているものの、全体的に地層の重み

で潰れている場合も多く、そうした場合はいさぎよく産状がわかる状態でクリーニングが切り上げられることも多い。また、関節した状態ではあるものの、体の一部が風化で失われている場合、欠損部をアーティファクト（→p.136）で補ったウォールマウント（→p.265）として展示に回すことも比較的よく行われる。全身が完璧に関節しているように見えるウォールマウントは、アーティファクトを大量に含んでいることも多い。

⠶ 関節した恐竜化石

　関節した恐竜の化石はかなりの数が発見されており、全身が見事に関節したものから、胴体部分だけが地層の重みで潰れることもなくほぼそのまま立体的に保存されたものまで知られている。全身がくまなく関節した化石は、主に全長数mの小型〜中型恐竜のものが多い。

　博物館などの展示では、こうした化石は立体的に組み上げた復元（→p.134）骨格の陰に隠れがちであり、必ずしも目立つものではない。しかし、関節がつながった状態で保存された動物化石は、非常に高い古生物学的な価値を持ったものなのである。

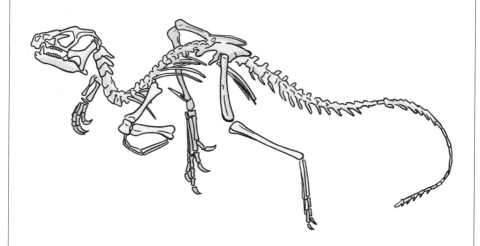

ヘテロドントサウルス・タッキィ
SAM-PK-K1332

今にも走り出しそうなポーズで関節した標本で、いくつか知られているヘテロドントサウルスの骨格の中で最良のものである。骨格は実質的に完全といっていい状態で、手足の先まで見事に保存されている。確実に鳥盤類といえる恐竜の中では最古のものであり、本標本の随所にみられる獣脚類的な特徴は、「オルニトスケリダ仮説」（→p.152）のカギとなった。

格闘化石

| かくとうかせき | fighting dinosaurs

1971年、ゴビ砂漠で調査中だったポーランド－モンゴル古生物共同調査隊は、トゥグリキン・シレで地表に露出しかけたプロトケラトプスの頭骨を発見した。発掘を進めるにつれ、プロトケラトプスは頭骨以外も関節した状態で保存されていることが明らかになったが、話はそれで終わらなかった。傍らにはヴェロキラプトルの完全な骨格が横たわっており、その左手はプロトケラトプスの頬の突起を掴んだままだったのである。

■ 格闘化石の発見

ソ連隊の調査で発見された化石産地であるトゥグリキン・シレは、アンドリュース隊が発見した炎の崖（フレーミング・クリフ；今日ではバイン・ザクと呼ばれることが多い）と同じジャドフタ層に属するが、炎の崖が鮮やかな朱色の砂岩なのに対して白みの強い黄土色なのが特徴である。ここでは非常に保存状態のよい恐竜化石が多数発見されていたが、中でもこの「格闘化石」は特に優れたものの一つであった。プロトケラトプス（→p.52）の頭骨は風化で上半分がなくなっていたのだが、ヴェロキラプトル（→p.50）は完璧といっていい骨格の保存状態であった。ヴェロキラプトルひいてはドロマエオサウルス類の完全な骨格が発見されたのはこれが初めてのことだったが、これらの化石の産状（→p.160）はそれどころの騒ぎではなかった。両者の骨格は、化石化の過程でたまたま寄り集まったようには見えなかったのである。

クリーニング（→p.130）が完了すると、プロトケラトプスとヴェロキラプトルの壮絶な産状が明らかになった。ヴェロキラプトルの右腕の肘から下はプロトケラトプスにくわえられた状態であり、一方ヴェロキラプトルの左足の"シックル・クロー"はプロトケラトプスの首筋にぴったりと突き付けられている状態だったのだ。

この化石のタフォノミー（→p.158）については大きな話題となり、様々な説が唱えられた。ソ連の研究者はジャドフタ層を浅い湖で堆積した地層と考えており、格闘中のプロトケラトプスとヴェロキラプトルがもつれ合ったまま湖に転落し、湖底の砂にはまって化石化したという説が唱えられた。しかし、ジャドフタ層が主に風成層（風によって運搬されて堆積した地層）であることが明らかになり、この意見は完全に否定された。また、両者が絡み合っているのは遺骸を漁りにきて起こった事故の結果とみる意見もあったが、これも特には支持されなかった。

■ 戦いの果てに

その後の研究で、プロトケラトプスとヴェロキラプトルは互いに致命傷を与えており、砂嵐か砂丘の崩壊によって瞬時に埋まったと考えられるようになった。

ヴェロキラプトルの骨格は地層の圧力で潰れているほかは完璧といっていい状態だったが、プロトケラトプスの骨格は風化による破損以外に奇妙な点が残っていた。しゃがみ込んでヴェロキラプトルの右腕に噛みついている一方で、肩や前肢、腰は生きていた時には不可能なまでに折れ曲がったりねじれたりしていたのである。死肉を狙った肉食恐竜が埋積の不完全なプロトケラトプスの死体を引っ張ったことでこうした状態になったと考えられている。

その他の「格闘化石」

恐竜同士の戦いによって化石に残った骨折などの痕跡はしばしば発見されるが、戦いの様子を保存した化石は極めて稀であり、「格闘化石」として研究者の意見が一致しているのはプロトケラトプスとヴェロキラプトルの例のみである。中国ではユンナノサウルスの上にシノサウルスが折り重なった化石が知られており、ユンナノサウルスの尾にシノサウルスが噛みついているようにも見えたことから、これを格闘化石ないしユンナノサウルスの死体を食べたシノサウルスが中毒死した結果とみる意見もあった。しかし、この意見は今日全く顧みられておらず、同じ場所で化石化したという以上の意味はないものとみられている。

アメリカ・モンタナ州のヘル・クリーク層（→p.190）では、角竜と中型のティラノサウルス類（→p.28）が絡み合うようにして化石化したものが発見され、新種の角竜と"ナノティラヌス"（→p.242）が相討ちになったものとして喧伝された結果、金銭トラブルや訴訟を引き起こした。最終的に化石は博物館が購入したが、10年以上にわたってトラブルが続いた結果、研究が始まったのは2020年代に入ってからである。しかし、この「モンタナ闘争化石」は単なるトリケラトプス（→p.30）とティラノサウルスの大型幼体の化石とみられており、両者が相討ちになって死んだかについては現状であまり肯定的には捉えられていない。

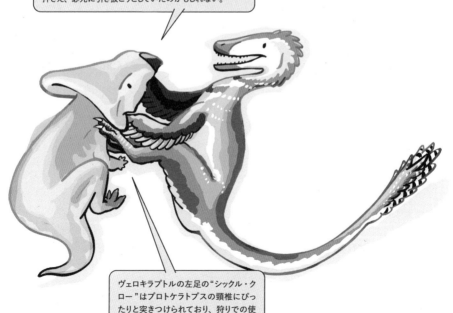

ヴェロキラプトルの右腕は肘のところでプロトケラトプスに深く噛みつかれており、ヴェロキラプトルはとうとう振り払うことができなかったようだ。左手でプロトケラトプスの頭を押さえ、必死に引き抜こうとしていたのかもしれない。

ヴェロキラプトルの左足の"シックル・クロー"はプロトケラトプスの頸椎にぴったりと突きつけられており、狩りでの使い方をはっきりと示している。

ノジュール

| のじゅーる | nodule

地層が形成されていく過程で、特定の物質が濃集して固まり、周囲の地層と区別可能な塊をなすことがある。濃集した物質が接着剤（セメント）として機能し、周囲の堆積物を取り込んで硬くなった塊をコンクリーションと呼び、コンクリーションの中でも全体が球状となったものを特にノジュールと呼ぶ（前者も含めて俗にノジュールと呼ぶことも多い）。コンクリーション／ノジュールは化石と縁が深く、特に発掘やクリーニングの際には避けては通れない。

::: ノジュールの特徴と成因

　露頭を観察していると、しばしばノジュールが突出していたり、侵食によって露頭から洗い出されたノジュールが下に転がっていたりする。コンクリーション／ノジュールはまさしく天然のコンクリートであり、周囲の地層と比べて著しく硬いことが多い。このため、地層そのものが侵食されてもノジュールは無傷で残る場合が多いのである。そして、こうしたノジュールの中にはしばしば見事な保存状態の化石が含まれている。

　コンクリーションの見た目は様々で、化石の周囲を薄く覆っているだけのものもあれば、化石全体を球状に覆っているもの（＝ノジュール）もある。ノジュールといえば単なる鉱物の球状塊を指す場合もあるが、化石を含んでいるコンクリーション／ノジュールでは、炭酸カルシウムや炭酸鉄（菱鉄鉱）といった炭酸塩がセメント成分として堆積物を固めている。こうした炭酸塩は、生物由来の炭酸イオンが水中のカルシウムイオンや鉄イオンと結びついて形成される。

　遺骸が分解される過程でこうした現象が起きると、数週間から数ヶ月でノジュールが形成されることがある。地質学的にみると一瞬にして形成されて内部が保護されるため、ノジュールの内部には変形のほとんどない、保存状態のよい化石が含まれていることが多いのである。一方で、アンモナイト（→p.114）のような殻のある軟体動物の場合、腐敗し始めた"身"（＝殻の開口部）を中心にノジュールの形成が始まるため、殻の端がノジュールに収まりきらないこともしばしばある。

　コンクリーションの元となる炭酸イオンは生物の遺骸の分解だけでなく、例えば海底から噴出するメタンガスを利用する化学合成微生物の働きでも生じる。これによって形成された巨大でいびつなコンクリーションの中には、周囲の海底に存在した生態系（→p.255）が丸ごと化石として保存されていることもある。

ノジュールができるまで（例：アンモナイト）

❶ 軟体部の分解が始まり、腐食酸が発生する

❷ 水中のカルシウムイオンが腐食酸と反応し、コンクリーション化する

❸ コンクリーションが成長し、軟体部を中心に球形のノジュールになる

ノジュールと化石

ノジュール内の化石は、天然のコンクリートによって地層の圧力や風化から守られるために、見事な保存状態を保っている場合が多い。一方で、コンクリーション/ノジュールに覆われた化石は炭酸塩によって堆積物と接着されているため、クリーニング（→p.130）が非常に困難になる場合も少なくない。コンクリーション/ノジュールはとても硬い上に、通常の母岩と比べて化石との分離が悪いことが多く、うかつにクリーニングすると化石の表面を傷める可能性が高い。アンモナイトやイノセラムス（→p.115）の場合、分離させたノジュールの破片に殻が持っていかれてしまうこともしばしばだ。一方、ノジュールそのものを化学的に分析することで、形成された当時の環境を知ることもできる。

化石が酸に強い場合、酸処理でノジュールの炭酸塩を溶かす化学的クリーニングが非常に有効である。ただし、かなりの時間を要することが多い。

恐竜とノジュール

海成層（→p.108）から産出した恐竜化石はノジュール化している場合がしばしばあり、関節した（→p.164）骨格の一部が立体的に保存されていた例も知られている。陸成層から産出する恐竜化石も部分的にノジュール化していたり、化石の表面がびっしりとコンクリーションに覆われていることも少なくない。

ノジュールは恐竜化石の保存に貢献してきた一方で、様々な研究上の問題のタネにもなってきた。クリーニングに長い時間を要するのはもちろん、除去しきれなかったコンクリーションの存在を見落としたことで、存在しない特徴が実際にあるものと誤認されたことすらあったのである。

ニッポノサウルスの巨大ノジュール
「日本初の恐竜骨格」として命名されたニッポノサウルスは、1934年に南サハリン（当時は日本領）で炭鉱の附属病院の建設工事中に発見された。巨大なノジュールの中には骨格の主立った部位が部分的に関節した状態で含まれていたが、当時のクリーニング技術ではコンクリーションを化石から除去しきれず、2000年代に行われた再記載（→p.138）にあたって徹底的な再クリーニングを要した。

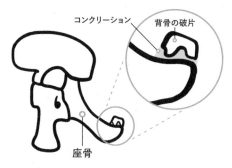

"セイスモサウルス"の骨盤

コンクリーション
背骨の破片
座骨

"セイスモサウルス"の悲劇
「史上最大の恐竜」として知られていた"セイスモサウルス"（→p.246）は、かねてからディプロドクスとよく似ていることが指摘されていた。セイスモサウルスとディプロドクスを分ける上で骨盤の特徴が最も重要であり、セイスモサウルスでは座骨が釣り針形あるいは「J」字形をしているとされていた。ところが再クリーニングを行ったところ、座骨の形状が実際にはディプロドクスとそっくりであることが判明した。セイスモサウルスの特徴的な座骨の突起は、コンクリーションによって背骨の破片が座骨と一体化して見えただけだったのである。こうして"セイスモサウルス"はディプロドクスのシノニムとなったのだった。

ボーンベッド

| ぼーんべっど | bone bed

化石は地層のどこにでも埋まっているわけではないが、化石がやたらと密集していることもある。明確な定義はないが、地層中で化石が密集している部分を「化石密集層」と呼び、様々な研究の対象とされる。化石密集層はその組成や想定される成因に基づいて分類され、中でも動物の骨が主体のものは「ボーンベッド」（骨層）と呼ばれている。

ボーンベッドの産状

　化石密集層という用語と同様、ボーンベッドという用語にも明確な定義は存在しない。一般論として、複数個体分の骨が比較的狭い範囲に密集した産状（→p.160）がボーンベッドと呼ばれている。貝殻が密集したものを「シェルベッド」（貝殻層）と呼び、動物の歯のような小さな化石からなるボーンベッドやその産地を「マイクロサイト」と呼ぶこともある。また、複数のボーンベッドが点々と続いていることもあり、それらをまとめて「メガボーンベッド」と呼ぶ。

　ボーンベッドはあくまでも骨の密集度に注目した概念であり、ボーンベッドそのものの産状は様々である。全身が関節した（→p.164）骨格が折り重なっていることもあれば、部分的に関節した骨格が散らばっていることもある。完全に関節の外れた骨格が混在している場合が多く、高密度で密集するあまり骨同士が積み重なった隙間に堆積物が詰まっているという産状もみられる。一つのボーンベッドから複数種の化石が産出することも多いが、様々な種がまんべんなく産出する場合と、一つの種が突出して多く産出する場合がある。さらに、一つの種が突出して多く産出するケースでは、同じくらいの成長段階・サイズの個体が密集している場合と、幼体から成体まで様々な成長段階の個体が含まれる場合がある。

　ボーンベッドの産状が様々なように、ボーンベッドのタフォノミー（→p.158）も様々なシナリオを考えることができる。全身が関節した骨格が多数折り重なっているケースでは、多数の動物が死後短時間のうちに埋積された可能性がある。部分的に関節した骨格が密集しているものは、死後早い段階で一旦どこかに埋積されたものが洗い出され、再び埋積されたということもあり得る。また、完全に関節の外れた骨格が密集しているボーンベッドは、吹き溜まりのような場所で堆積したものかもしれない。野生動物や家畜が自然災害で大量死することはしばしば起きるが、そうした現生動物の研究もボーンベッドの研究に利用されている。

恐竜のボーンベッド

　恐竜のボーンベッドは世界各地の様々な時代の地層で知られており、福井県の手取層群（→p.230）のものをはじめ、恐竜やその他の動物化石が混在したボーンベッドが日本の陸成層でもいくつか確認されている。中国では幅数百mにわたって続く高密度のボーンベッドがいくつも知られており、カナダでは面積が2.3㎢に及ぶメガボーンベッドも確認されている。

　恐竜のボーンベッドに関する研究は様々な切り口で盛んに行われている。ボーンベッドから産出した様々な成長段階の標本を比較し、恐竜の成長過程を明らかにした研究もある。

::: ボーンベッドの恐竜たち

　関節の外れた骨格が密集したボーンベッドでは、一つの個体に属する骨を全て特定することはほぼ不可能である。このため、分類群ごとに区別のつきやすい骨をカウントし、ボーンベッドに含まれる最小個体数（MNI）を計算する。

　ボーンベッドから同じくらいの成長段階・サイズの標本を選り集め、コンポジット（→p.262）の復元（→p.134）骨格を組み立てることは特に商業標本で一般的だが、ボーンベッドに含まれていた別種の恐竜までうっかり組み込み、意図せずキメラを作り出してしまうこともしばしばある。

　ティラノサウルス（→p.28）と近縁なアルバートサウルスやテラトフォネウス、カルカロドントサウルス類のマプサウルスといった大型獣脚類が、様々な成長段階の個体が混在したボーンベッドをなしていた例も知られている。角竜やハドロサウルス類（→p.36）ほどの大規模なものではないが、こうした大型獣脚類も時に群れることがあったようだ。

パイプストーン・クリークの ボーンベッド
カナダ南部パイプストーン・クリークでは、幼体から成体まで少なくとも27体のパキリノサウルス・ラクスタイからなるボーンベッドが発見された。大規模な洪水によって群れの大量死が生じ、その結果ボーンベッドが堆積したようだ。

ゴースト・ランチのボーンベッド
アメリカ・ニューメキシコ州のゴースト・ランチでは、数百体のコエロフィシスからなる巨大なボーンベッドが知られている。他にも様々な動物化石が含まれており、三畳紀後期の北米の生態系を考える上で極めて重要な化石産地となっている。乾季による水不足で、コエロフィシスの複数の群れが大量死した結果らしい。

ラガシュテッテン

| らがしゅてってん | fossil Lagerstätte (n)

化石といえば、一般的な堆積環境の下では殻や骨、歯といった分解されにくい硬組織しか保存されず、埋積される前に軟組織を失った結果、バラバラになった状態で保存されることも多い。筋肉や皮膚といった軟組織が保存されたり、あるいは大量死した生物がその場で保存されたような化石が生じるためには、特殊な堆積環境が必要である。そして特殊な堆積環境が広く存在した化石産地や地層の場合、おびただしい数の「特殊な」化石が産出することがある。こうした化石産地・地層は、ドイツの鉱山用語に例えて「化石鉱脈」ラガシュテッテン（単数形はラガシュテッテ。ラーガーシュテッテンなどとも）と呼ばれることがある。

ラガシュテッテンの意義

大量の化石が密集して産出するなどし、密集した産状（→p.160）そのものに大きな研究意義が見いだされている化石ラガシュテッテンを「密集的ラガシュテッテン」と呼ぶ。化石の保存状態は必ずしも良くない（完全に破片化している場合もある）が、その数が重要な情報となるものである。これに対し、「保存的ラガシュテッテン」は量より質が重視される。軟組織が非常によく保存されていたり、通常では潰れて二次元的にしか保存されないものが三次元的に化石化していたりと、良好かつ特殊な保存状態の化石を産出するものがこれにあたり、単に（化石）ラガシュテッテンといった場合には保存的ラガシュテッテンを指す場合がほとんどである。ラガシュテッテンの中には両者の要素をあわせ持つものも存在する。

保存的ラガシュテッテンの場合、一般的な堆積環境で形成された化石からでは知ることのできない様々な特徴を知ることができる。軟組織の形態に加え、化学的な分析を行うことも可能な場合も少なくない。だが、ラガシュテッテンの研究意義は化石生物の形態を知るだけには留まらない。そのたぐいまれな産状を調べることで、生態や生活史、当時の生態系全体の概要、タフォノミー（→p.158）、続成作用の実態に至るまで、多岐にわたる情報を読み取ることができるのだ。

ラガシュテッテンを生み出す特殊な堆積環境・条件として、主に①酸素に乏しい環境、②急速な埋積、③急速な鉱化、④樹脂やタール中に取り込まれる、⑤バクテリアのマットで覆われる、といったものが挙げられている。遺骸が分解される危機をいかにして乗り越えるかが保存的ラガシュテッテンへのカギであり、いかにして遺骸を密集させるかが密集的ラガシュテッテンへのカギである。

様々なラガシュテッテン

ラガシュテッテンと呼べるものは世界各地の様々な地層に及んでいる。先カンブリア時代の生物のように、ほぼラガシュテッテンでしか化石が産出しない例もあり、地球史を読み解く上で極めて重要である。

ラガシュテッテンの中には、採石場や商業的な化石産地として広く知られているものも存在する。こうした場所では、化石の盗掘や密輸、悪質なアーティファクト（→p.136）を加えられた商業標本の流通など、様々な問題を抱えていることもある。

恐竜化石とラガシュテッテン

ラガシュテッテンとして知られる化石産地の中には、恐竜化石の産出するものもいくつかある。

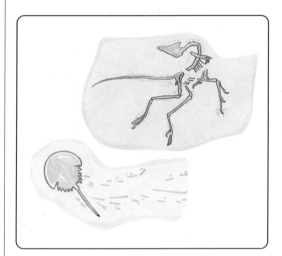

ゾルンホーフェン石灰岩（ドイツ南部）

ジュラ紀後期のヨーロッパは浅い海の広がる多島海で、亜熱帯の半乾燥気候であった。沿岸部には多数の礁（しょう）が生まれたが、これによって外洋から区切られた低酸素かつ高塩分濃度の「死の海水プール」も形成されたのである。ここでは遺骸の分解が生じにくい上に、石灰質の泥が沈殿して緻密な石灰岩となるため、化石の形成にはとても都合がよい。石版印刷用の石灰岩産地として古くから知られるゾルンホーフェン石灰岩では、当時の浅い海に住んでいた様々な生物化石や、周囲を飛び回っていた昆虫などの化石が大量に発見される。コンプソグナトゥスをはじめとする小さな恐竜化石もいくつか発見されており、鱗や羽毛（→p.76）が保存されていた例もある。ゾルンホーフェン石灰岩は始祖鳥（→p.78）の産出で特に有名であり、始祖鳥化石の多くがここで発見されている。

熱河層群（中国東北部）

中国の遼寧省周辺には白亜紀前期の熱河層群が広がっており、様々な動植物化石、特に「羽毛恐竜」の産地として名高い。地層は主に湖底などに堆積した火山灰や溶岩からなり、「白亜紀のポンペイ」と称される。全身が関節した（→p.164）脊椎動物化石は珍しくなく、高温の火砕流で生き埋めになったらしいものもみられる。身体の輪郭や鱗・羽毛、さらには色素の痕跡まで保存した化石も知られている。「羽毛恐竜」の産出に加え、白亜紀としては冷涼と思しき環境の生態系をよく保存している点でも重要である。

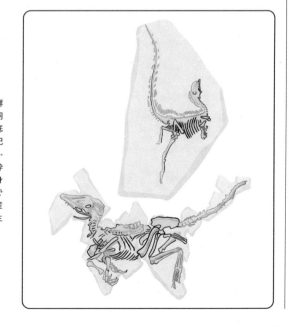

パンゲア

│ ぱんげあ │ **Pangaea**

今日の地球にはユーラシア、アフリカ、北アメリカ、南アメリカ、オーストラリア、南極と6つの大陸がある。これらの大陸は今日も地球上で移動しつつあり、かつては一つの大陸だったこともあった。古生代前期からジュラ紀前期にかけて存在した超大陸「パンゲア」こそが、恐竜たちの初舞台となったのである。

▪▪ パンゲアの「発見」

アフリカ大陸と南アメリカ大陸の大西洋岸の形状がぴったり噛み合うことから、これらの大陸がかつて一つの「超大陸」だったとみる意見は16世紀の終わりからたびたび唱えられていた。こうした意見を20世紀初めに「大陸移動説」として確立したのがドイツのアルフレッド・ウェゲナー（アルフレート・ヴェーゲナー）である。ウェゲナーは、今日各地で飛び飛びに発見されている古生代石炭紀〜中生代ジュラ紀の地質学的な記録が「超大陸パンゲア」でうまく説明できることを見いだしたのである。

ウェゲナーは強力な状況証拠を提示したものの、大陸が分裂・移動するメカニズムはうまく説明することができなかった。このため20世紀前半のうちはさほど支持を受けることはなかったが、海底の地質調査が飛躍的に進んだことで1960年代後半にはプレートテクトニクス理論が確立され、「大陸移動説」もそこへと組み込まれたのである。ウェゲナーによるパンゲアの「発見」から半世紀が経っていた。

パンゲアは地球上の陸塊が一つにまとまったものとしては現時点で最新・最後の超大陸だが、やがて地球上に再び同様の超大陸が出現すると考えられている。

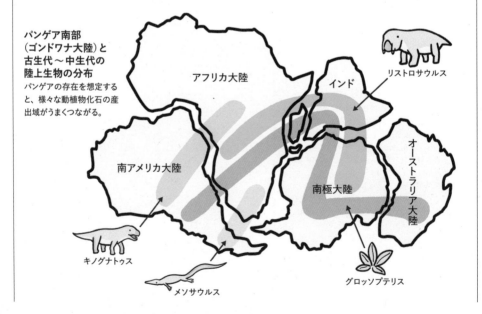

パンゲア南部（ゴンドワナ大陸）と古生代〜中生代の陸上生物の分布
パンゲアの存在を想定すると、様々な動植物化石の産出域がうまくつながる。

アフリカ大陸

インド

リストロサウルス

南アメリカ大陸

南極大陸

オーストラリア大陸

キノグナトゥス

メソサウルス

グロッソプテリス

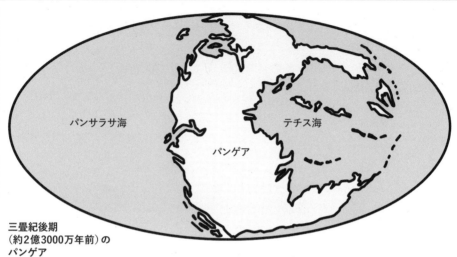

三畳紀後期
（約2億3000万年前）の
パンゲア

広大な内陸部はもともと乾燥気候だったが、この時期に気候が激変し、全世界的に湿潤な環境が拡大した。このあとジュラ紀中期頃までに、北のローラシア（→p.176）と南のゴンドワナ（→p.182）に分裂する。

パンゲアの恐竜たち

パンゲアの存在していた時期は、恐竜が地球上に出現してから陸上生態系の上位を独占するまでの重要な期間にあたる。世界中が地続きであったことから、恐竜の種類・形態に地域差はみられない。

コエロフィシス

時代：三畳紀後期
産地：アメリカ南西部

メガプノサウルス

時代：ジュラ紀前期
産地：南アフリカ

ローラシア

| ろーらしあ | Laurasia

ジュラ紀中期（約1億7000万年前）、地球で唯一の大陸であった超大陸パンゲアはテチス海によって北の超大陸ローラシアと南の超大陸ゴンドワナに分断された。これを機に陸上生態系の構成はローラシアとゴンドワナで大きく分かれ、それぞれの超大陸に異なる恐竜たちが君臨することになる。

ローラシアと今日の北半球

ローラシアは今日のユーラシア大陸と北アメリカ大陸で構成されており、ジュラ紀中期にゴンドワナ（→p.182）と分裂後、北大西洋の形成にともなってゆるやかにユーラシア大陸と北アメリカ大陸に分離していった。一方で、北大西洋の形成後も今日のベーリング海峡がたびたび陸橋化したことでユーラシア大陸と北アメリカ大陸は生物の往来を繰り返した。

ローラシアの恐竜化石は19世紀から盛んに研究がなされており、古くから恐竜図鑑でおなじみの恐竜も多い。一方で、今日のアジアにあたる地域の恐竜の研究は欧米と比べてスタートが遅かったこともあり、様々な謎を秘めたままである。

ジュラ紀後期（約1億5000万年前）のローラシア

ジュラ紀中期にパンゲア（→p.174）の分裂が始まって間もなく、ローラシアの中央部（今日のヨーロッパ周辺）はテチス海（→p.180）の一部である浅い海に覆われた。アメリカとヨーロッパだけでなく、アフリカにもよく似た恐竜が分布しており、ゴンドワナとはまだ生物の往来があったようだ。

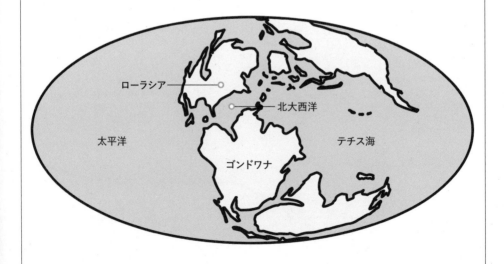

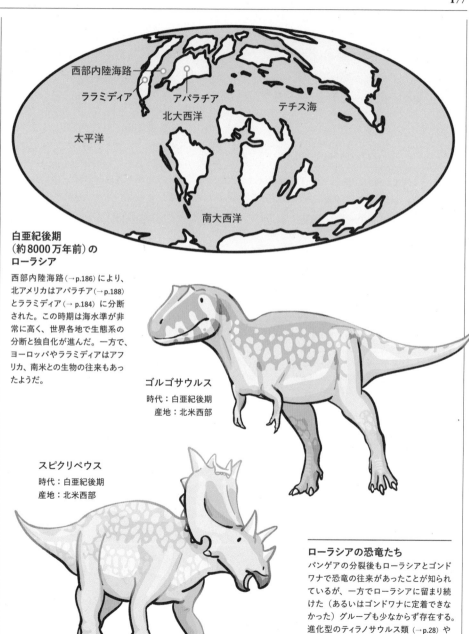

西部内陸海路
ララミディア
西部内陸海路
アパラチア
北大西洋
テチス海
太平洋
南大西洋

白亜紀後期
（約8000万年前）の
ローラシア

西部内陸海路（→p.186）により、北アメリカはアパラチア（→p.188）とララミディア（→p.184）に分断された。この時期は海水準が非常に高く、世界各地で生態系の分断と独自化が進んだ。一方で、ヨーロッパやララミディアはアフリカ、南米との生物の往来もあったようだ。

ゴルゴサウルス
　　時代：白亜紀後期
　　産地：北米西部

スピクリペウス
　　時代：白亜紀後期
　　産地：北米西部

ローラシアの恐竜たち

パンゲアの分裂後もローラシアとゴンドワナで恐竜の往来があったことが知られているが、一方でローラシアに留まり続けた（あるいはゴンドワナに定着できなかった）グループも少なからず存在する。進化型のティラノサウルス類（→p.28）や角竜類はその代表だ。

モリソン層

| もりそんそう | **Morrison Formation**

> **ア**メリカ西部の荒野には様々な時代の地層が露出しているが、とりわけ広域でみられるのがジュラ紀後期の陸成層、モリソン層である。ワイオミング州とコロラド州、ユタ州を中心に、北はモンタナ州、南はニューメキシコ州とアメリカ西部を縦断するこの陸成層は、ジュラ紀後期の様々な恐竜化石の宝庫である。

∷ モリソン層の景色

ジュラ紀の北米には、太平洋側から南東に向かって北極海から続くサンダンス海が進入していた。このサンダンス海の南側にある広大な平野で堆積したのがモリソン層である。サンダンス海の南岸付近は比較的湿潤な環境だったが、内陸部は乾燥しており、水辺を除けば今日のサバンナのような環境だったようだ。また、時期によっては完全に砂漠化していた地域もあったようである。

乾燥した内陸部でも水辺には豊かな植生が広がっていたが、モリソン層で発見される植物化石はナンヨウスギによく似た針葉樹や、イチョウ、ソテツ、トクサ、シダ、シダ種子植物（絶滅）などに限られている。当時は被子植物がまだ出現しておらず、シダ植物も今日のものとは必ずしも似ていない。一方で、針葉樹やイチョウは今日のものとよく似ていた。

恐竜たちは水場に集まり、干上がりかけた泥沼にはまって大量死することがよくあったようだ。モリソン層産の保存状態のよい恐竜化石の多くは、そうした恐竜の遺骸が埋積されてできたボーンベッド（→**p.170**）から発見されているのである。

モリソン層では恐竜の他にも様々な動物化石が発見されている。中でもワニ類はかなり多様であり、現生のものとはやや遠縁ながらよく似た外見のものに加え、細長い四肢で走り回る、小型犬ほどのサイズのものも知られている。

:: モリソン層の恐竜

ジュラ紀後期はローラシア（→p.176）とゴンドワナ（→p.182）が分裂してからさほど経っていないため、世界各地で似たような恐竜が暮らしていた。モリソン層で発見される恐竜は同時代のヨーロッパでもごく近縁なものが知られており、またゴンドワナ側の東アフリカでもいくつか近縁なものが発見されている。一方で、同時代のヨーロッパや東アフリカにいたカルカロドントサウルス類はモリソン層ではまだ発見されていない。ティラノサウルス類（→p.28）やトロオドン類など、白亜紀に大繁栄するグループの原始的なものの化石も発見されている。

カマラサウルス モリソン層で最も多産する竜脚類で、いくつもの種が知られているが、その一方でモリソン層以外では発見されていない。種によってサイズや体型にかなり幅があるが、ずんぐりしているのはどれも同じである。

モリソン層で産出する恐竜化石の多くはカマラサウルスのような竜脚類で、他のグループのものは比較的珍しい。ユタ州のモリソン層は天然ウラン鉱床の影響を受けており、放射線測定器を利用して恐竜化石を発見したケースもある。

ストケソサウルス 化石はごくわずかしか発見されていないが、れっきとした中型の原始的なティラノサウルス類で、同時代のイギリスでもよく似たものが発見されている。ティラノサウルスにつながる系統のものではない。

スーパーサウルス モリソン層は様々な竜脚類の宝庫だが、「最長」はスーパーサウルスであるようだ。全長39mを超えるともいわれており、詳しい研究が待たれる。

アロサウルス（→p.42）
モリソン層で発見される獣脚類の化石のほとんどがアロサウルス属だが、一方でモリソン層の他にはポルトガルで産出例があるのみとなっている。

テチス海

| てちすかい | Tethys Ocean, Neo-Tethys

大陸が移動して合体・分裂を繰り返していくのとあわせ、海もその形を変えてきた。その中でも、超大陸パンゲアとともに生まれ、パンゲアがローラシア、ゴンドワナへと分裂後も中生代を通じて存在し続けた巨大な海がテチス海である。失われたテチス海には、どのような生物が暮らしていたのだろうか。

:: テチス海の成立と衰退

パンゲア（→p.174）は赤道を中心として南北に広がった三日月形をしており、テチス海（古生代前期の海と区別して新テチス海とも）は巨大な湾状の海として誕生した。パンゲアの赤道付近には東西に大地溝帯が走っており、ジュラ紀中期になるとここにテチス海が進入し、パンゲアはローラシア（→p.176）とゴンドワナ（→p.182）に分裂することとなった。

白亜紀後期（約7000万年前）のテチス海

パンゲア分裂後、ヨーロッパは常にテチス海で水浸しとなっていた。北アフリカや中東ではこの時代の海成層（→p.108）が露出しており、様々な魚類やモササウルス類（→p.92）の化石が大量に販売されている。

テチス海は中生代を通じて赤道周辺を中心に広がり、現在のアルプス山脈周辺域から地中海周辺、中東そしてヒマラヤ山脈にはテチス海に由来する熱帯性の海の堆積物や化石が豊富にみられる。こうしたテチス海由来の石灰岩や大理石は石材として盛んに利用され、百貨店（→p.256）で化石入りの壁や柱を見ることもある。新生代の半ば過ぎにテチス海は消滅したが、地中海やカスピ海、黒海、アラル海はその名残である。

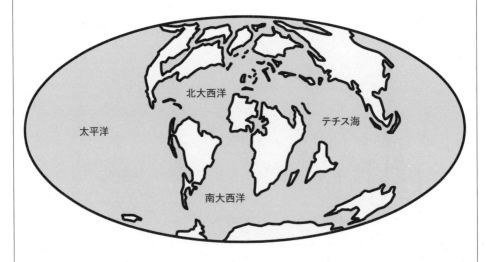

太平洋　北大西洋　テチス海　南大西洋

テチス海の古生物

　テチス海は非常に暖かい海で、中でも今日の
ヨーロッパや中東、北アフリカは浅い海域であり、
非常に豊かな環境が広がっていた。膨大な量のア
ンモナイト（→p.114）やイノセラムス（→p.115）といっ
た軟体動物化石に加え、様々な甲殻類や魚類、海
生爬虫類化石の宝庫である。テチス海由来の海成
層から恐竜の化石が発見されることもしばしばあり、
ゴンドワナとユーラシアの生物が島伝いに往来して
いたことを示している。

スピノサウルス （→p.66）
今日のヨーロッパや北アフリカといったテチス海の沿
岸域は、スピノサウルス類の楽園でもあった。その
多くは白亜紀前期で絶滅したが、スピノサウルスな
ど一部のものは白亜紀後期の初頭まで繁栄していた。
テチス海につながる広大な汽水域がその主な狩場と
なっていたようだ。

プログナトドン
モササウルス類は白亜紀中頃にテ
チス海で誕生したとみられており、
白亜紀末まで多様なモササウルス
類が生息していた。プログナトドン
属は北大西洋や西部内陸海路
（→p.186）でもみられるが、テチス
海の種は非常に巨大で、全長12m
ほどになったとみられている。

テチスハドロス
イタリアの白亜紀後期の海成層から、関節した（→p.164）
骨格が複数発見されている。時代の割に原始的かつ小
柄なハドロサウルス類（→p.36）で、テチス海に浮かぶ
大きな島の一つに住んでいたようだ。体が小さいのは、
食物の限られた島の環境に適応した「島嶼化（とうしょ
か）」の結果ともいわれている。

ゴンドワナ

| ごんどわな | Gondwana

ジュラ紀中期（約1億7000万年前）、超大陸パンゲアはテチス海によって南の超大陸ゴンドワナ、北の超大陸ローラシアに分断された。パンゲア一帯に広がっていた生態系はこれによって南北に分かれ、それぞれ独自の発展を遂げることになる。ゴンドワナにはどのような恐竜がいたのだろうか？

ゴンドワナと今日の南半球

　ゴンドワナはパンゲア（→p.174）の南半球側を構成していた超大陸で、今日の南アメリカ大陸、アフリカ大陸、南極大陸、オーストラリア大陸、インド亜大陸はゴンドワナの「かけら」にあたる。

　パンゲアの分裂後、ゴンドワナの分裂は段階を踏んでゆっくりと進んだようだ。インド亜大陸は長く島大陸として漂流し、ユーラシア大陸に衝突したのは新生代に入ってからである。

　古生物学の研究が欧米中心で始まったということもあり、ゴンドワナの恐竜化石の研究はローラシア（→p.176）のものと比べてまだまだ発展途上の段階にある。ローラシアとはかなり異なった恐竜のグループが栄えていたことがこの数十年で続々と明らかになっており、今後も未知のグループが発見されうるポテンシャルを秘めている。

ジュラ紀中期（約1億7000万年前）のゴンドワナ

パンゲアの分裂直後であり、ゴンドワナの分裂はほとんど進んでいない。白亜紀前期まではローラシアと似たような種類の恐竜もいたが、やがて両超大陸で異なるグループが栄えるようになる。

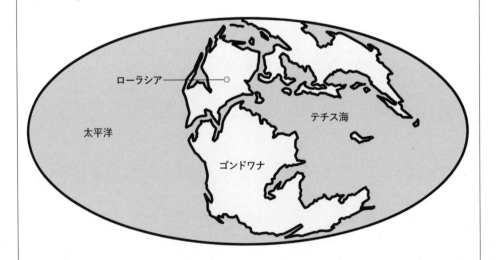

ローラシア

太平洋

テチス海

ゴンドワナ

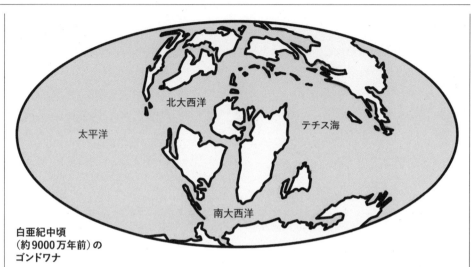

白亜紀中頃
（約9000万年前）の
ゴンドワナ

ローラシアでは進化型のティラノサウルス類（→p.28）や角竜類が出現したが、ゴンドワナでは白亜紀前期から引き続きカルカロドントサウルス類やスピノサウルス類（→p.66）が栄えていた。両者はほどなく絶滅し、アベリサウルス類やメガラプトル類（→p.72）がゴンドワナの陸上生態系の頂点に躍り出た。

ゴンドワナの恐竜たち

白亜紀後期になり、進化型のティタノサウルス類やアベリサウルス類がゴンドワナからローラシアへ侵入する一方、ローラシアからハドロサウルス類（→p.36）やノドサウルス類が侵入した。ゴンドワナではステゴウロスのような小型鎧竜が独自に発展しており、ララミディア（→p.184）からやってきたノドサウルス類と共存していたかもしれない。

カルノタウルス
（→p.68）
時代：白亜紀後期
産地：アルゼンチン南部

ステゴウロス
時代：白亜紀後期
産地：チリ南部

ララミディア

| ららみでぃあ | Laramidia

地球の表面は常に動き続けている。地球の歴史の中で大陸は様々に姿を変えていったが、その中で「失われた」大陸もある。今日一つの大陸となっている北アメリカは、白亜紀の中頃から終わり頃にかけての3000万年以上の間、浅い海で東西に隔てられた2つの大陸であった。化石ハンターたちがこぞって恐竜化石を探し歩いた北米西部の白亜紀後期の陸成層こそ、この失われた大陸の片割れ、西のララミディア大陸の存在の証なのだ。

ララミディアの恐竜たち

白亜紀の中頃、北米大陸を縦断する西部内陸海路 (→p.186) が生まれた。これによって東西に分かれた北米大陸のうち、西側がララミディア、東側がアパラチア (→p.188) である。ララミディアは今日のベーリング海峡でユーラシア大陸との接続・分断を繰り返し、白亜紀の終わり近くには一時的に南アメリカ大陸とつながることもあった。

ララミディアの西部には活発に活動する火山地帯に加え、でき始めたばかりのロッキー山脈もあった。隆起を続けるロッキー山脈は常に風雨に侵食され、大量の土砂を東側へ供給した。これによってロッキー山脈と西部内陸海路に挟まれた細長い平地が生まれ、様々な恐竜の生息場所となったのである。大量の土砂によって地層の形成も活発となり、アメリカとカナダの恐竜王国としての屋台骨である数々の陸成層が堆積した。こうした陸成層は今日広大なバッドランド (→p.107) となり、化石ハンター (→p.250) たちの夢の場所となっている。一方で、ララミディアの太平洋岸にあたる地域では陸成層がほとんど存在せず、恐竜化石は海成層 (→p.108) からわずかに発見されているに過ぎない。19世紀から活発な研究が行われてきたララミディアの恐竜たちだが、大陸東部の細長い地域に暮らしていたもの以外のことはほとんど何もわかっていないのだ。

西部内陸海路

モレノ・ヒル層

太平洋

白亜紀後期前半（約9200万年前）のララミディア

白亜紀後期後半に栄える恐竜たちの先駆けが登場した時期で、小型ティラノサウルス類 (→p.28) のススキティラヌス、角とフリル (→p.212) を兼ね備えた最初期の角竜ズニケラトプス、テリジノサウルス類 (→p.60) のノトロニクスや原始的なハドロサウルス類 (→p.36) が生息していた。頂点捕食者の座にあったのは、シアッツのようなより古いタイプの大型獣脚類だったとみられる。

モレノ・ヒル層
（アメリカ・ニューメキシコ州）

ズニケラトプス

ススキティラヌス

白亜紀後期後半（約7400万年前）の ララミディア

この時代の陸成層はカナダからメキシコまで広く露出しており、恐竜化石の宝庫となっている。ララミディアの南北で生態系が分断されていたともいわれ、活発な議論が続いている。

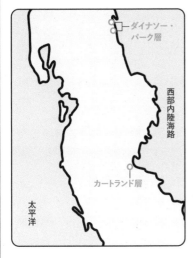

ダイナソー・パーク層（カナダ・アルバータ州）

ヴァガケラトプス

ゴルゴサウルス

カートランド層（アメリカ・ニューメキシコ州）

ナヴァホケラトプス

ビスタヒエヴェルソル

白亜紀末（約6800万年前）の ララミディア

この時期、ララミディアはアパラチアと陸続きになっていたようだ。アパラチアにもトリケラトプス（→p.30）のような進化型の角竜が進出し始めていたことを示す化石証拠が発見されている。

ヘル・クリーク層（アメリカ・モンタナ州など）ほか

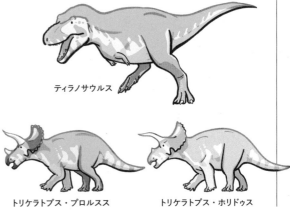

ティラノサウルス

トリケラトプス・プロルスス

トリケラトプス・ホリドゥス

西部内陸海路

| せいぶないりくかいろ | Western Interior Seaway

カナダ南部からメキシコ湾まで北アメリカの中央部に広がるプレーリーは、白亜紀後期には細長い海であった。北アメリカを南北に貫き、北極海と拡大中の北大西洋、そしてテチス海（今日の地中海とインド洋）を結んでいたこの西部内陸海路（ナイオブララ海とも）は、様々な生物の宝庫であった。

西部内陸海路の研究

白亜紀の半ば頃（白亜紀後期の初頭）に誕生した西部内陸海路は、北アメリカをララミディア（→ p.184）とアパラチア（→p.188）に分断した。最大時で南北約3200km、東西約1000km、最深部の水深が約760mほどと推定されており、南北に細長い、比較的浅い海であった。

西部内陸海路で堆積した海成層（→p.108）の研究は19世紀から盛んに行われており、化石戦争（→p.144）の初期の舞台の一つでもあった。白亜紀中頃から西部内陸海路のほぼ消滅する白亜紀末に至るまで様々な海生動物の化石が発見されており、その変遷について詳しい研究がなされている。海水準の変動に関する研究も盛んであり、時代による海岸線の変化も復元（→p.134）されている。

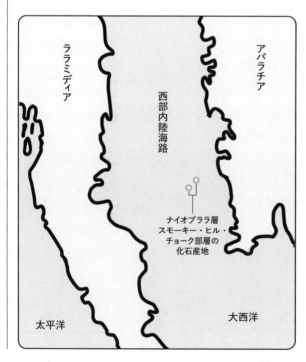

ララミディア

アパラチア

西部内陸海路

ナイオブララ層
スモーキー・ヒル・
チョーク部層の
化石産地

太平洋

大西洋

白亜紀後期中頃（約8400万年前）の西部内陸海路

西部内陸海路は時代とともに形を大きく変えたが、白亜紀後期中頃の様子が特によく知られている。この時代の地層はアメリカ・カンザス州のナイオブララ層スモーキー・ヒル・チョーク部層に代表され、アンモナイト（→p.114）やイノセラムス（→p.115）、サメ、硬骨魚類、首長竜（→ p.86）やモササウルス類（→p.92）といった海生動物の化石で有名である。さらにプテラノドン（→p.82）をはじめとする翼竜（→p.80）や、様々な白亜紀の海鳥の化石も有名であり、恐竜の部分骨格の産出もいくつか知られている。この地層はプランクトンの外骨格が堆積した石灰岩やチョークからなっており、遺骸が続成作用によって変化した天然ガスやシェールオイルの産地でもある。白亜紀後期中頃の恐竜化石は世界的にも珍しく、ナイオブララ層の恐竜化石は非常に貴重である。当時の古地理から考えると、こうした恐竜化石はアパラチア側から流れてきた可能性が高い。

▐▐ 西部内陸海路の古脊椎動物たち

西部内陸海路で堆積した海成層は、白亜紀中頃から白亜紀末近くまで、約3000万年にわたる海洋生態系の変遷を記録している。

アルバートネクテス
首長竜の中でも特に首が長く、首の長さは7mに達する。

アーケロン
最大級のカメの一つである。発達したくちばしでアンモナイトや貝を食べたといわれている。

ドリコリンコプス
「首の短い首長竜」の代表格で、全長3mほどと小型である。

ヘスペロルニス
現生鳥類にかなり近縁で、泳ぎに特化している。近縁種は北半球の広い範囲に生息していた。

シファクティヌス
全長5mに達し、他の巨大魚を丸呑みした「フィッシュ・ウィズイン・ア・フィッシュ」（→p.257）が知られている。化石採掘業者に嫌われるほど多産する。

プリオプラテカルプス
全長5mほどのモササウルス類で、川を遡上することもあったようだ。

アパラチア

| あぱらちあ | **Appalachia**

白亜紀後期、北アメリカ大陸は西部内陸海路によって東西に分断されていた。西のララミディアがティラノサウルスやトリケラトプスといった超人気恐竜の存在で知られる一方、東のアパラチアの恐竜たちの実像は謎に包まれている。恐竜王国としてのアメリカが産声を上げた地、アパラチアにはどんな恐竜がいたのだろうか?

▓ アパラチアの恐竜化石

アメリカで最初の恐竜化石が発見されたのはララミディア(→p.184)にあたる地域だったが、これは歯の化石に過ぎなかった。アメリカで初めて発見された恐竜のまとまった骨格はハドロサウルス(→p.36)のもので、これが発見されたのはアパラチアの大西洋岸にあたる地域である。1870年代初頭、エドワード・ドリンカー・コープとオスニエル・チャールズ・マーシュによる化石戦争(→p.144)の最初期の戦いは、アパラチアが主な戦場となっていた。

アパラチアをなしていた地域のうち、アメリカ北東部は最も早くからヨーロッパの入植地とされていた地域であり、19世紀には土壌の改良材にする「泥灰土」の採掘が盛んに行われていた。泥灰土を豊富に含んでいたのがアパラチアの大西洋岸で堆積した白亜紀後期の浅海層であり、泥灰土の採掘とともに様々な海生動物や恐竜の化石も産出したのである。しかし、泥灰土の採掘は19世紀末から衰退し、恐竜化石を狙った発掘も北米西部のバッドランド(→p.107)で行われるようになっていった。

アパラチアだった地域では白亜紀後期の陸成層の露出はごくわずかしか知られておらず、ほとんどは海成層(→p.108)である。その上、白亜紀後期の海成層が地表に露出している範囲も限定的であり、北米西部のような乾燥気候ではないため、一面が露頭となったバッドランドも存在しない。

ララミディアにおけるロッキー山脈のような、活発に隆起して大量の土砂を供給する山脈はアパラチアに存在しなかった。このため、海成層があまり厚く堆積せず、その後ほとんど侵食で失われてしまったとみられている。アパラチアの海成層で見つかる恐竜化石は断片的なものが多く、しかも重度の黄鉄鉱病(→p.254)に「感染」しているものも多い。一方で、海成層の恐竜化石はアンモナイト(→p.114)やイノセラムス(→p.115)といった示準化石(→p.112)を利用して詳細な時代が決定できる。白亜紀末の隕石衝突の前後の様子をよく記録した地層も存在しており、様々な観点で研究が行われている。

北米西部のような大規模な恐竜発掘はアメリカ東部では行われておらず、小規模な地質調査や、アマチュア化石ハンターたちの趣味として少しずつ恐竜化石が発見されている。一方で、かつての巨大な泥灰土採掘坑が化石公園として整備が進められており、今後の発見に期待がかかっている。

アパラチアに生息していた恐竜についてわかっていることはわずかだが、同時代のララミディアと比べて古いタイプのものが生息していたようだ。ララミディアがユーラシア大陸と恐竜の往来があった一方、アパラチアは白亜紀末近くまで3000万年以上孤立した大陸であり、いわば白亜紀の「生きた化石」(→p.116)の避難所(レフュジア)になっていたといわれている。一方で、白亜紀末になると陸続きになったララミディアからトリケラトプス(→p.30)のような進化型の角竜がアパラチアへと進出していたようだ。

1990年代以降、アパラチアの恐竜に関する論文が数多く出版されるようになった。北米における恐竜研究の黎明期を支えたアパラチアは、今再び活発な恐竜研究の舞台となっている。

ララミディア

西部内陸海路

アパラチア

大西洋　○ 恐竜化石産地

アパラチアの恐竜化石産地

アパラチアは今日のアメリカとカナダの中部・東部からなっていたが、カナダ側の様子はほとんど何もわかっていない。アパラチア北部は海路で分断される時期もあった。恐竜化石のほとんどは、アパラチア南部で堆積した海成層で発見されている。

アパラチアの恐竜たち

ドリプトサウルス・アクイルングイス

白亜紀末のティラノサウルス類（→p.28）だが、より以前にアパラチアにいたアパラチオサウルスや、同時代のララミディアにいたティラノサウルスとは別系統に属している。手が非常に大きく、一見"ナノティラヌス"（→ p.242）と似ていたようだ。もともとコープによってラエラプスと命名されたもので、化石戦争の火付け役となった恐竜でもある。

パロサウルス・ミズーリエンシス

アパラチアの陸成層で発見された数少ない恐竜で、近年発見されたかなり完全な骨格のプレパレーション（→p.128）が進められている。肝心のパロサウルスの時代はよくわかっていないが、骨格の特徴は白亜紀中頃の原始的なハドロサウルス類（→p.36）とよく似ている。アパラチアでは原始的なものから進化したタイプまで様々なハドロサウルス類が知られているが、本種はその中でも特に大型のようだ。

ヘル・クリーク層

| へるくりーくそう | **Hell Creek Formation**

恐竜について語る時、古生物学者でもなければ地層の話はそうそう出てくることはない。だが、ティラノサウルスやトリケラトプスといった人気どころの恐竜化石の産出する地層として、しばしばヘル・クリーク層が取り上げられることがある。「地獄の小川」という仰々しい名前とは裏腹に、ヘル・クリーク層は恐竜時代最後の数百万年間で堆積した、緑と水の溢れる豊かな生態系を保存している。

▦ ヘル・クリーク層の風景

アメリカ西部には、かつてララミディア（→p.184）東部の平野だった陸成層と、西部内陸海路（→p.186）だった海成層（→p.108）が広く露出している。中でも、白亜紀最後の200万年ほどの間に堆積したのがモンタナ州とノースダコタ州、サウスダコタ州にまたがるヘル・クリーク層である。今日では風化した化石の破片が散らばるバッドランド（→p.107）と化しているが、かつては緑豊かな温帯〜亜熱帯の湿潤な低地であった。

ヘル・クリーク層は氾濫原（河川が氾濫した際に水浸しになる低地）や河口域で堆積した地層で、様々な動植物の化石が産出する。イネ科の「草」（→p.200）がみられないことを除けば植生は非常に現代的で、プラタナスやパンノキ、ヤシ、モクレン、ヌマスギ、イチョウによく似た植物が存在した。ブドウらしき葉の化石もよく知られている。

ヘル・クリーク層のかつての風景は、今日のミシシッピ川デルタの低湿地帯にしばしば喩えられる。今日ではアリゲーターや様々な哺乳類のすみかとなっているこうした景色には、かつてティラノサウルス（→p.28）やトリケラトプス（→p.30）が暮らしていたのだ。

ヘル・クリーク層では多様な被子植物の化石が産出しているが、高木はヌマスギやセコイアのような針葉樹ばかりだったらしい。汽水域には様々なサメやエイが暮らしており、海岸付近にモササウルス類（→p.92）が現れることもあったようだ。

⠿ ヘル・クリーク層の恐竜

北米最後の恐竜として知られるもののほとんどはヘル・クリーク層産である。多数の恐竜化石が産出しているが、その大半は大型恐竜のもので、小型恐竜や幼体の化石は珍しい。トリケラトプスだけで産出する恐竜化石の40%を占めており、ティラノサウルス、エドモントサウルスを合わせれば全体の80%を超えるという報告もある。一方で、小型動物の化石が密集して発見される産地もいくつか知られており、そうした場所では豊かな生態系を垣間見ることができる。

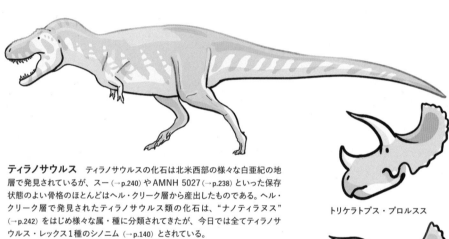

ティラノサウルス　ティラノサウルスの化石は北米西部の様々な白亜紀の地層で発見されているが、スー（→p.240）やAMNH 5027（→p.238）といった保存状態のよい骨格のほとんどはヘル・クリーク層から産出したものである。ヘル・クリーク層で発見されたティラノサウルス類の化石は、"ナノティラヌス"（→p.242）をはじめ様々な属・種に分類されてきたが、今日では全てティラノサウルス・レックス1種のシノニム（→p.140）とされている。

トリケラトプス・プロルスス

トリケラトプス・ホリドゥス

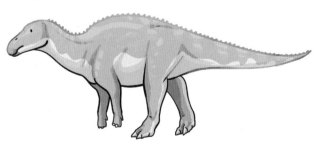

エドモントサウルス　ヘル・クリーク層で発見されたハドロサウルス類（→p.36）の化石はトラコドンやアナトサウルス、アナトティタンといった様々な名前で呼ばれていたが、今日ではいずれもエドモントサウルス・アネクテンスとされている。大規模なボーンベッド（→p.170）やミイラ化石（→p.162）がヘル・クリーク層で知られており、ティラノサウルスよりも巨大な個体の化石もいくつか発見されている。

トリケラトプス　頭骨ばかりが発見されることで有名で、骨格の大部分がまとまった化石はかなり珍しい。ヘル・クリーク層の下部ではトリケラトプス・ホリドゥスが、上部ではトリケラトプス・プロルススが、中部では両者の中間型が産出することが知られている。同時代のよりロッキー山脈に近い地域で堆積したランス層でも多数の化石が産出しているが、やはり骨格の大部分がまとまったものは珍しい。

K/Pg 境界

| けーぴーじーきょうかい | Cretaceous–Paleogene boundary

地球史は三畳紀、ジュラ紀、白亜紀というように様々な時代に区切られているが、時代の切れ目は産出する化石が大きく変化するタイミングに応じており、場合によっては地球全体の生物相ががらりと変化した時期、つまり大量絶滅に対応していることもある。中生代と新生代の境界、すなわち白亜紀と古第三紀の境界（K/Pg境界）は、まさにその代表である。

∷ K/Pg 境界とは

地質学の世界では、時代同士の境界やそれに対応する地層内の境界を、それぞれの時代の英語の頭文字で表す。白亜紀はCretaceous、古第三紀はPaleogeneと表記するが、白亜紀は石炭紀Carboniferousと頭文字が被るため、ドイツ語のKreideの頭文字を取って、この2つの年代の境界はK/Pg（K-Pg）境界と表される。K/Pg境界は、白亜紀最後の「期」マーストリヒチアンと古第三紀最初の「期」ダニアンとの境界でもある。古第三紀はかつて第三紀Tertiaryに含まれていたため、古い文献ではK/T境界と表記されていた。

K/Pg境界で何が起こったかを研究するためには、まずK/Pg境界が確認できる地層が必要である。このためには、マーストリヒチアンからダニアンまで、連続的に堆積した地層（→p.106）が残っていなくて

はならない。こうした海成層（→p.108）は日本を含め世界中で知られているが、陸成層でK/Pg境界が確実に残っているといえる地層は今のところあまり知られていない。

K/Pg境界で起きた大量絶滅は「ビッグ・ファイブ」（地球史上で起こった五大大量絶滅）に数えられ、1982年の有名な研究では（化石で確認できる）全生物の種の75%が絶滅したとまでいわれている。恐竜や翼竜（→p.80）、首長竜（→p.86）、モササウルス類（→p.92）、アンモナイト（→p.114）といった生物の絶滅が有名だが、生態系を支える植物や植物プランクトンも壊滅し、陸海問わず生態系が根底から崩壊した。この大量絶滅の原因については隕石による「衝突説」と「火山噴火説」が長年対立していたが、地層中の記録と整合的で、かつ生物の絶滅パターンについてうまく説明できるのは「衝突説」の方である。

∷ K/Pg 境界の年代

マーストリヒチアンからダニアンまで連続的に地層が堆積し、それが今日まで保存されている場所であれば、地層のどこがK/Pg境界にあたるのか特定できる。チチュルブ・クレーター（→p.194）を形成した隕石衝突によってイリジウムを含む様々な物質が地球全土に拡散されただけでなく、地震や津波といった現象もかなり広い範囲で生じたため、それらの特徴的な痕跡を全地球的な鍵層として利用できるのである。こうした隕石衝突によって堆積した地

層のうち、最下部（隕石衝突の地質記録が始まった層準）がK/Pg境界とされている。

一方で、地層中のK/Pg境界が具体的にいつの出来事にあたるのか、絶対年代（→p.110）を求めることは一筋縄ではいかない。また、絶対年代は測定技術の改良によって更新され続けるものでもある。

K/Pg境界の年代は1961年には63Maとされていたが、1993年には65Ma、2004年には65.5Maと改定が続いている。2020年の研究では66Ma（より厳密には66.04±0.05Ma）、つまり約6604万年前とされている。

:: K/Pg 境界の大量絶滅イベント

原因が「衝突説」でほぼ確定した今日でも、K/Pg 境界で起きた大量絶滅に関する研究は盛んである。

これまでの研究で、隕石の衝突後にどのような環境の変化が生じたのか、時系列ごとにかなり明らかになってきている。恐竜たちが最期に見た風景はどんなものだったのだろうか。

❶ 隕石が浅い海に衝突し、クレーターを作る。巨大な津波が発生し、膨大な量のチリとともに溶けた海底の岩石から大量の二酸化炭素や硫酸エアロゾルなどが大気中に放出される。大気圏外まで飛び散った破片が世界中に落下し、山火事を引き起こす。

❷ 硫酸エアロゾルやチリのもやが成層圏を漂い、太陽光を遮断して「衝突の冬」を作り出す。植物や植物プランクトンは光合成ができなくなり、生態系の基盤が崩壊する。一方で、淡水中の生態系は光合成生物よりも生物の遺骸に依存しているため、陸上や海に比べればダメージは軽かったようだ。

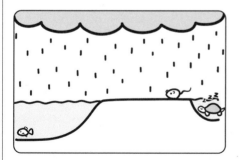

❸ 衝突の冬は数ヶ月から数年程度続くとともに、硫酸エアロゾルによって発生した酸性雨が数年程度降り続き、陸上や浅い海の生態系を壊滅させる。海の表層と深層の間で起きていた栄養循環は一連の影響でほぼ完全に停止した。

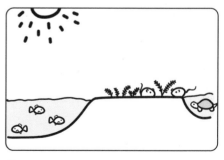

❹ 衝突の冬が終わると、環境の悪化に強いシダ植物がいち早く再生・繁栄する。海でも、生き残った植物プランクトンが徐々に回復する。一方で、海の生態系や淡水を除く陸の生態系は壊滅状態にあり、回復にはそれぞれ数百万年を要した。

チチュルブ・クレーター

| ちちゅるぶくれーたー | Chicxulub crater

1 980年、ノーベル賞の受賞者でもある物理学者のルイス・アルヴァレズとその息子で地質学者のウォルターを中心とした研究者グループが衝撃的な仮説を発表した。白亜紀末に起きた恐竜の絶滅は、地球に隕石が衝突したことによる全地球的かつ急速な環境変動によって引き起こされたというのである。

■ イリジウム濃集層

アルヴァレズ親子らによって提唱されたこの「衝突説」のキモとなっていたのが、イタリアの浅海層で発見されたイリジウムの異常に濃集した層であった。イリジウムはレアメタルの一つであり、地殻（個体地球の最外層で、大陸部では厚さ30〜40km、海洋で6kmほど）には極めて微量にしか存在しない。一方で、隕石中には地殻と比べてはるかに豊富なイリジウムが含まれている。アルヴァレズ親子らはイタリアの他にもデンマーク、ニュージーランドのK/Pg境界（→p.192）でもイリジウムの濃集を確認し、これらのイリジウムが地球外に由来し、イリジウムの濃集層の原因となった隕石の衝突が恐竜をはじめとする白亜紀末の大量絶滅を引き起こしたと考えたのである。

■ 超巨大クレーターの発見

「衝突説」に対する反論も多く、そもそもイリジウムの濃集層が隕石衝突に由来していないとする見方もあった。一方で、世界各地のK/Pg境界で続々とイリジウムの濃集が確認され、さらにイリジウム濃集層の中から「衝突石英」をはじめとする、天体衝突の衝撃で形成される特殊な鉱物の発見も相次いだのである。北米のK/Pg境界で発見された衝突石英は太平洋やヨーロッパで確認されたものよりも大きく、またメキシコ湾周辺の地域で津波堆積物が発見されたことで、北米の近くに隕石が衝突したことは確実視されるようになった。

「衝突説」の発表に先立つ1978年、メキシコのユカタン半島北部の地下に奇妙な巨大地質構造が存在することがメキシコの国営石油会社の調査で判明した。ユカタン半島周辺をはじめ、メキシコ湾に豊富に存在する油田の調査の一環だったのだが、隕石の衝突クレーターと思しき構造が地下1kmに埋もれていたのである。この研究は当初それほど注目されなかったのだが、ユカタン半島地下の地質サンプルと世界各地のK/Pg層で採取された衝突石英の成分が一致したことで、このクレーターが白亜紀末の隕石衝突で形成されたとする説が1991年に発表された。そして中心部に位置するチチュルブ村にちなみ、チチュルブ・クレーター（チクシュルーブ・クレーターとも）と呼ばれるようになった。

これ以来、白亜紀末に地球に巨大隕石が衝突し、それによって全世界でK/Pg境界にイリジウム濃集層が形成されたと考えられるようになった。巨大隕石の衝突によって生じる突発的な環境変動は、恐竜だけでなく他の様々な生物の絶滅の理由をもうまく説明できることから、「衝突説」が白亜紀末の大量絶滅の原因として確実視されている。かつてデカン・トラップ（→p.196）を形成した巨大噴火が主因といわれたこともあったが、今日ではさほど大きな影響は及ぼさなかったと考えられている。チチュルブ・クレーターに関する研究は今日も活発に続けられており、衝突した隕石の天文学的起源の議論も進められている。

∷ チチュルブ・クレーターの特徴

　白亜紀末のユカタン半島北部は浅い海であり、海底には厚さ3kmもの石灰岩やドロマイト、石膏の層が存在していた。こうした岩石は隕石の衝突で溶けて大気中に放出され、大量のチリとともに膨大な量の二酸化炭素や硫酸エアロゾルを撒き散らした。

　チチュルブ・クレーターの直径は約180km前後とみられており、直径約10kmの隕石が北北西に向かって約30度という浅い角度で衝突して形成されたと考えられている。クレーターそのものは完全に地下・海底に埋没しているが、縁に沿ってセノーテ（水没した大規模な鍾乳洞で、マヤ時代には生贄の儀式にも用いられた）が分布することが知られている。

白亜紀末の世界地図

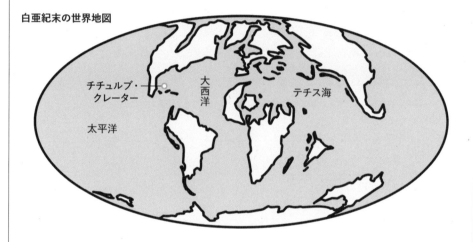

∷ もう一つのクレーター？

　チチュルブ・クレーターに加えて、白亜紀末の大量絶滅には他の天体衝突も関わっているのではないかという説がしばしば取り上げられることがある。白亜紀末の超巨大クレーターとしてよく取り上げられるのが、インド北西部に存在するとされるシヴァ・クレーターである。ヒンズー教の破壊と再生を司る神にちなんで命名されたこのクレーターは長さ600km、幅400kmの涙滴形で、直径40kmの巨大隕石がごく浅い角度で衝突して形成されたといわれている。一方で、このシヴァ・クレーターはそもそも隕石の衝突で形成された構造ではないとする考え方が一般的で、白亜紀末の大量絶滅の原因とする説は眉唾物とされている。

　K/Pg境界に近い時代の隕石クレーターとしては、ウクライナのボルティシュ・クレーターが知られている。これは直径24kmほどで、チチュルブ・クレーターの形成から約65万年後の古第三紀初頭に形成されたようだ。白亜紀末の大量絶滅には無関係だが、生態系の回復に悪影響を与えた可能性はある。

　最近になり、アフリカ・ギニア沖の海底に直径8.5kmを超えるクレーターが埋もれていることが判明した。このナディール・クレーターの詳細な形成年代はまだわかっておらず、チチュルブ・クレーターを形成した隕石の連星が衝突して形成された可能性もあるが、チチュルブ・クレーターや白亜紀末の大量絶滅とは特に関係がない可能性もある。

デカン・トラップ

| でかんとらっぷ | **Deccan Traps**

世界には、膨大な量の溶岩が噴出して形成された様々な時代の「洪水玄武岩」が存在する。こうした洪水玄武岩は極めて大規模な火山活動の直接証拠であり、中には大量絶滅の主要な原因となったものも存在すると考えられている。インドの洪水玄武岩台地「デカン・トラップ」は白亜紀末に形成されたが、大量絶滅への影響はどれほどのものだったのだろうか?

■ 溶岩の海

陸上・海底を問わず、世界各地にLIPs（巨大火成岩石区）と呼ばれる火成岩（マグマが冷え固まった岩石）が一面に広がる地域が存在する。こうしたLIPsの中でも、広大な地表・海底を玄武岩質の溶岩が洪水のように覆い尽くしたものを洪水玄武岩と呼び、大規模な火山活動の直接証拠として知られている。

インド西部から中央部には、約50万km²にわたって厚さ2000m以上の玄武岩が存在し、デカン・トラップと呼ばれている。この洪水玄武岩は白亜紀末頃に形成されたことが知られており、その際に大量二酸化炭素や二酸化硫黄を含む火山ガスを大気中に放出し、環境に悪影響を与えたと考えられている。また、火山噴出物の中には高濃度でイリジウムが含まれることもある。白亜紀末の大量絶滅の原因に関して「衝突説」が唱えられると、この説に対する反論としてデカン・トラップの存在に注目が集まるようになった。

■「衝突説」との対立

「衝突説」の対立仮説として、白亜紀末の大量絶滅の原因をデカン・トラップの形成に求める「火山噴火説」は、もともとK/Pg境界（→p.192）にみられるイリジウムの異常濃集が、一瞬に濃集したものではなく数十万年かけて集まったものという前提に立っていた。世界各地でイリジウム濃集層が確認されていた一方で、イリジウムの異常濃集が瞬間的な出来事ではなかったことを示す地層も確認されていたのである。デカン・トラップはK/Pg境界を含んだ100万年ほどの間に形成され、これによって引き起こされた全地球的な気候変動や大気汚染によって恐竜をはじめとする様々な生物が徐々に絶滅していったとする説が、1980年代の「火山噴火説」であった。イリジウム濃集層でみられる衝撃石英も、火山の噴火にともなって形成されることがあるため、「火山噴火説」の弱点にはならないと考えられたのである。

ところが、チチュルブ・クレーター（→p.194）が発見された一方で、デカン・トラップそのものからイリジウムの濃集が発見されることはなかった。やがて、イリジウムの濃集層をはじめとする世界各地のK/Pg境界でみられる特徴的な地層は、チチュルブ・クレーターの形成にともなって一瞬（数日から数年）のうちに堆積したとする意見が定説となったのである。

白亜紀末に巨大隕石の衝突が起きていたことは確実とみられるようになった一方、それによる環境変動が恐竜をはじめとする生物にどの程度影響を与えたかは別の問題である。隕石衝突は、あくまでもデカン・トラップの形成にともなう長期間の環境変動で衰退していた恐竜たちへのトドメの一撃でしかなかったとするのが、1990年代以降の「火山噴火説」であった。

■ 「火山噴火説」のゆくえ

「衝突説」に対する様々な反論の重要な根拠となっていたのが、K/Pg境界より以前から生物の多様性が徐々に低下していたという化石記録である。しかし、様々な研究によってこれは否定された。ララミディア（→p.184）で恐竜の多様性が低下していたことは今日でも認められているが、これはデカン・トラップの形成にともなう環境変動とはあまり関係がないようだ。今日では、白亜紀末の大量絶滅は突発的な出来事であり、デカン・トラップを形成した

大規模な火山活動がK/Pg境界以前に生態系へ与えた影響はさほど大きくなかったと考えられている。

近年の放射年代測定技術の向上によって、デカン・トラップの大半はチチュルブ・クレーターよりも後に形成された可能性も指摘されるようになった。デカン・トラップを形成しつつあった大規模な火山活動が隕石衝突の衝撃で促進され、隕石衝突で生じた突発的な環境変動をさらに悪化させたという説さえある。「火山噴火説」が白亜紀末の大量絶滅の主な原因とはもはや考えられなくなったが、デカン・トラップの研究はまだまだこれからである。

■ デカン・トラップの恐竜たち

デカン・トラップを構成する洪水玄武岩の狭間には白亜紀末近くの陸成層が存在し、様々な恐竜の骨格や卵化石（→p.122）の産出が知られている。発見された骨格はいずれも断片

的だが、多様な生態系が存在していたことを示している。インドは当時島大陸だったが、地理的に近い場所に孤立して存在したマダガスカルの恐竜とよく似た属ばかりだったようだ。

ティタノサウルス類と
サナジェ
インドでは、ティタノサウルス類の巣の化石が多数発見されている。巣の中で原始的なヘビのサナジェ（推定全長3.5m）が割れた卵と胚（推定全長50cm）のそばでとぐろを巻いた状態で化石化していた例まで知られており、恐竜たちが生まれる前から捕食の危機に晒されていたことを示している。

ラジャサウルス
インドでは、ラジャサウルスをはじめとする多様なアベリサウルス類の化石が知られている。マダガスカルのマジュンガサウルスと特に近縁だったようだ。

琥珀

| こはく | amber

植物の化石といえば、いわゆる「木の葉石」のような葉の化石や、あるいは珪化木のような植物体の形状を留めたものがイメージされる。だが、化石になるのは植物本体だけではない。植物の分泌物——樹脂が化石化したものこそが琥珀であり、宝石として古くから珍重されてきた。そして琥珀の価値はその美しさだけに留まらない。琥珀の内部には、「生」に近い生物の化石が封じ込められていることもあるのだ。

▦ 琥珀と文化

　裸子植物や被子植物が分泌した樹液は時間が経つと揮発成分が抜けて固化する。これが（天然）樹脂で、地層中で続成作用を受けて化学反応が進み、揮発成分が失われてさらに固化した樹脂を琥珀と呼ぶ。このプロセスが不十分なものをコパルと呼び、琥珀の代用品や模造品の原料とされる。

　琥珀は天然のプラスチックであり、鉱物の無機結晶にはない温かみで人気がある。旧石器時代の遺跡から琥珀を用いたアクセサリーが出土した例は世界各地にあり、交易ルートも古代から存在した。琥珀を薬として利用した例も世界各地で知られている。また、ニスの原料にされることもある。

　宝石として流通する琥珀は、化石として産出した琥珀を研磨し、透明度の優れた部分だけを取り出したものである。琥珀の「原石」は不透明な部分や透明度の低い部分、木くずや気泡などの封入物（インクルージョン）や亀裂も多く、透き通った宝石として利用できる部分はわずかである。品質の悪い琥珀は模造品の材料として用いられることもある。

　琥珀は有機物であるため、地層の続成作用が強いと熱で完全に分解されてしまう。このため、琥珀産地として知られているのは白亜紀以降の地層ばかりであり、商業的な採掘のできる産地は世界でもかなり限られる。日本では白亜紀前期の海成層（→p.108）である銚子層群（千葉県）や、白亜紀後期の地層である久慈層群（岩手県）、双葉層群（福島県）で質の良い琥珀が産出するが、商業産地は久慈層群だけである。

　商業産地は人道問題の温床になっている例もあり、近年ではミャンマー産の琥珀が問題視されている。また、琥珀の偽造品も古くから出回っており、問題となっている。

▦ 化石としての琥珀

　琥珀は植物の分泌物そのものの化石だが、同時に樹脂に取り込まれた様々な生物遺骸を封入している場合がある。一度樹脂に取り込まれてしまえば内部はほぼ無酸素の環境であるため、遺骸の分解はあまり進まない。さらに、琥珀は続成作用の弱い環境でしか存在しえないため、琥珀中の化石は通常の堆積物中ではありえないほど状態がよく、しかも立体的に保存されている。小さな節足動物や羽毛など、通常の堆積環境では二次元的に保存されるかどうかという化石が、合成樹脂に封入された現生種の標本と同様に観察できるのである。クモの巣やキノコが琥珀中に保存されていた例もあり、琥珀の科学的価値は計り知れない。

　こうしたこともあり、1980年代から琥珀中の生物化石からDNAを抽出・解析する研究が始まった。これに着想を得たのが、琥珀中の蚊の体内から吸血された恐竜のDNAを抽出・復元して再生させるSF——『ジュラシック・パーク』である。

琥珀の最新科学

琥珀中に残された生物化石から古生物のDNA（古代DNA）を抽出する研究は、現在のところあまりうまくいっていない。琥珀といえども内部の化石を完全に空気や水からシャットアウトすることはできず、抽出できたものはよくて本来の生物のDNAのわずかな断片、多くの場合はほかの生物由来のDNAの混入（コンタミネーション）と考えられている。今日では、信頼できる古代DNAの情報は10万年前程度のものまでが限界であるといわれている。

一方で、琥珀中に残された化石の形態を高精度のCTスキャン（→p.227）で三次元的に解析したり、以前よりも微量の試料から化学的分析を行うことができるようになっている。観察技術の向上により、琥珀はさらなる情報をもたらしてくれるだろう。

「虫入り琥珀」はかつては不純物入りとして敬遠されていたが、映画『ジュラシック・パーク』の公開によって市場価値が高騰し、研究用としてそう簡単に購入できるものではなくなったという。琥珀に入った化石の研究が進めば進むほど化石入りの琥珀の市場価値が高騰し、研究しにくくなるという状況は今も続いており、琥珀産地の抱える人道問題も相まって、琥珀中の化石の研究は一筋縄ではいかない状況ともなっている。

琥珀ができるまで

❶ 木の樹脂が流れ落ちて固まる。その過程で様々なものを取り込む。

❷ 固まった樹脂は地層中で適度な続成作用を受け、揮発成分を失って樹脂→コバル→琥珀へと変化する。

❸ 採掘された琥珀は表面が黒っぽく変質している場合が多いため、観賞用、研究用とも研磨してから利用される。

ミャンマーの「恐竜入り琥珀」

ミャンマーでは白亜紀中頃の地層から質のよい琥珀が大量に産出し、一大産地として有名である。ここでは小さな羽毛恐竜（→p.76）の尾や、原始的なタイプの鳥類の雛が丸ごと琥珀に封入されていた例が知られている。一方でこの産地は人道的な問題の温床としても有名で、研究材料といえども琥珀を購入すべきでないという意見が強まっている。

日本の琥珀産地

日本の琥珀産地として知られる久慈層群や双葉層群、銚子層群は白亜紀の地層であり、久慈層群や双葉層群は恐竜化石の産地としても有名である。

久慈層群は虫入り琥珀の研究も進んでおり、久慈層群産の様々な白亜紀後期の昆虫化石が命名されている。

草

│ くさ │ **grass**

「恐竜時代」すなわち中生代の三畳紀後期から白亜紀末のうち、白亜紀後期にはすで に今日とよく似た植生が広がっていた。様々な被子植物が花をつけ、立ち並ぶ木々 も現生属と区別できないものが多い。白亜紀後期の恐竜たちはこうした「現代的」な風景の 中に暮らしていたのだが、一方で現代に見られるある風景は決定的に欠けていたようだ。

∷ 被子植物の出現

被子植物の確実な化石記録は白亜紀前期に入っ てからだが、そこから爆発的に放散し、白亜紀後期 には世界中で被子植物を見ることができるようになっ ていた。被子植物の様々な中低木や草本が繁茂す るようになり、針葉樹やシダ、シダ種子植物ばかり であったジュラ紀とは大きく異なる植生が見られる ようになったのである。こうした被子植物の放散と 歩調を合わせるようにハドロサウルス類 (→p.36) や 角竜といったデンタルバッテリー (→p.210) を持つ植 物食恐竜も放散したことが知られており、これらの 植物食恐竜と被子植物は相互に影響しあう共進化 を遂げたのではないかと考える研究者もいる。

このように、白亜紀末の風景は恐竜がいる以外 はすでに私たちになじみのあるものだった。だが一 方で、「草原」と呼べるものは存在しなかったようだ。 それどころか、極域を除けば今日どこにでも生えて いるイネ科の「草」は、白亜紀にはかなりマイナー な存在だったらしいのである。

∷ 中生代の草

比較的最近になるまで中生代のイネ科の化石は 全く知られておらず、そもそもイネ科は新生代に入っ て1000万年ほど経ってから出現したものだと考え られていた。ところが2005年になり、インドの白亜 紀末の地層から産出したティタノサウルス類のもの と思しきコプロライト (→p.124) の中からイネ科植物 のプラントオパール (葉の中に含まれているガラス 質で、草の葉で手を切る原因) が発見された。イ ンドはゴンドワナ (→p.182) の一部だったが、白亜 紀末の時点では島大陸として孤立した状態にあり、 イネ科はもっと前の時点でゴンドワナ中に放散して いた可能性まで示されたのである。

さらに、中国の白亜紀前期の地層から発見され た原始的なハドロサウルス類エクイジュプスの頭骨 の歯のあたりから、イネ科と思しき植物の表皮とそ こに含まれるプラントオパールが発見された。この ことで、白亜紀前期にはすでに世界中にイネ科が 存在していたことが明らかになったのである。

このように、近年では白亜紀前期からイネ科の 「草」が存在していたこと、さらにそれらが恐竜の餌 ともなっていたことが確認された。しかしその一方 で、白亜紀の植物化石が多産することで知られて いる世界各地の産地では「草」らしきものはこれと いって発見されていないままである。「草」が植生の 中で存在感を増すのは新生代に入ってからで、今 日のような草原はさらに後になって出現したもので あることに変わりはないようだ。

恐竜ドキュメンタリーを謳った映像作品ではしば しば草原を駆け回る恐竜が登場するが、これは単 にCGと合成する映像を適当な場所で撮影できな かった結果である。

▦ 恐竜と植物

中生代に「草」が存在しなかったとみられていたこともあり、最近では植物を食べていた恐竜を「草食恐竜」から「植物食恐竜」にいい換えることが増えている。一方で、「草食動物」は必ずしも「草」を食べる動物だけを指す用語というわけでもなく、近年では「草」を食べていた恐竜の存在も明らかになった。中生代は古い時代の植物と新しい時代の植物が交錯する時代であり、恐竜たちも様々なグループの植物を食べていたことは間違いない。

植物の化石は幹と葉、根、果実がセットで発見されることはごく稀であり、それぞれのパーツごとに学名が割り当てられる。植物化石を復元する際には、各パーツごとに割り当てられた複数の属を合体させることも多い。また、思いがけない組み合わせが判明し、分類が大きく変わることもある。

アラウカリア（裸子植物） 今日南半球でみられる常緑針葉樹のナンヨウスギだが、同属に分類できるものはジュラ紀中期から存在し、世界各地で知られている。現生のものは最大で高さ80mに達するが、竜脚類の長い首はこうした高木の葉を食べるために進化したともいわれている。

**サゲノプテリス
（シダ種子類）**
シダのような葉を持ちながら胞子ではなく種子を作る"シダ種子類"（シダ種子植物）の一つで、被子植物に近縁ともいわれている。かつては裸子植物とされていた。"シダ種子類"はシダ植物と裸子植物、被子植物の間にあたる様々なグループの寄せ集めで、白亜紀ないし新生代の前期には絶滅した。

アルカエフルクトゥス（被子植物）
被子植物の花粉（→p.202）以外の化石としては最古のもので、「羽毛恐竜」（→p.76）で有名な中国・遼寧省の義県層から産出する。水草だったようだ。

花粉

| かふん | pollen

花粉といえば現代を生きる人々の悩みの種となっているが、古生物学においては歓迎される存在である。地層中に含まれる花粉や胞子の化石を調べることで当時の植生や古環境を推定したり、地層の時代を絞り込むこともできるのだ。

花粉と古生物学

花粉や胞子の外壁は、スポロポレニンという酸やアルカリに強い物質でできている。植物の葉は比較的限られた環境でしか化石として保存されないが、花粉や胞子はその点、より化石化しやすい。「最古の陸上植物の化石」は胞子でもあるのだ。

花粉や胞子は肉眼では形態の観察ができず、その化石は「微化石」として扱われるが、堆積物から抽出さえできれば、顕微鏡を使って形態を観察し、元の植物の種類をある程度特定することができる。花粉や胞子は風で舞うため、厳密な意味で同じ場所に生えていた植物に由来するかどうかをはっきりさせることはできないものの、堆積物中の花粉や胞子を分析することで、当時の植生を推定することができる。現生種と同様の花粉や胞子の化石が確認できれば、現生種の生態から当時の環境を類推する

（現生アナログ法）こともできる。

植生は時代に応じて移り変わっていくため、当然花粉や胞子の種類も変わっていく。花粉や胞子は示準化石（→p.112）として利用されることもあり、アンモナイト（→p.114）などの海生動物を示準化石として利用できず、絶対年代（→p.110）の測定も困難な場合（例えば内陸部の地層）に、カイエビや介形虫と並んで重宝される。

花粉や胞子を形づくるスポロポレニンは比較的化石として残りやすいが、それでも限度はあり、地層の続成作用で破壊されることもままある。モンゴル・ゴビ砂漠の白亜紀後期の地層は恐竜化石の大産地として非常に有名だが、絶対年代の測定が困難である上に、花粉・胞子化石がほとんど産出せず、他に高解像度で時代推定できる示準化石も知られていないため、基礎的な地質情報を確立しきれていないという厄介な問題を抱えている。

珪化木

│ けいかぼく │ silicified wood

木材の化石（材化石）は決して珍しいものではないが、豊富にあるがゆえに資源として重要視されることもある。木材が炭化した化石の成れの果てが石炭や天然ガスであり、水中のミネラルが浸透すると木材はまた違ったタイプの化石へと姿を変える。石化材化石と称されるこうした化石の中でも、二酸化ケイ素が浸透してできあがったものが珪化木である。

▒ 化石としての珪化木

　化石ができるまでの過程では、鉱化と呼ばれるプロセスが発生する。遺骸の埋まった堆積物に地下水が染み込むと、地下水に溶け込んでいる様々なミネラルが遺骸に浸透し、細胞の内部や隙間に沈着していく。本来の細胞の成分は地層の続成作用を受けて変質し、場合によっては消失した後に残った空間までミネラルが沈着して完全に置換される。こうした一連の過程が鉱化だが、これが盛んに起こらなかった場合、木材では続成作用によって炭素以外の成分が次第に失われ、炭化が生じる。

　鉱化した材化石のうち、二酸化ケイ素を主体とするものを珪化木という。ほどよく鉱化した珪化木であれば、木材本来の組織の構造がそのまま残っており、化石化した植物の外形に加えて細胞構造まで現代の植物と詳しく比較できる。一方で、鉱化が進みすぎると内部組織が損なわれ、組織の観察が難しくなる場合もある。珪化木は美しい色や模様を呈することがあり、産地によっては大量に産出することから観賞用として広く販売されている。

　材化石の多くは折れた幹や枝が水で流された後に化石化したものだが、稀にもともと生えていた場所でそのまま化石化した（原地性）ものがまとまって産出する。根（切り株）の部分だけが残っていることもあれば、立ち木がそのまま化石化している場合もあるが、これらをまとめて化石林と呼ぶ。世界各地で珪化木からなる中生代の化石林が知られており、日本でも手取層群（→p.230）のものが有名である。

▒ 温泉と珪化木

　温泉水の中にはミネラルが大量に溶け込んでいるため、温泉の配管が沈殿物で詰まることも珍しくない。温泉に浸かった自然の倒木が鉱化して珪化木となる現象が知られており、ケイ素分が豊富な温泉に木材を浸けて実験したところ、7年という地質学的には一瞬のうちに総重量の40%が鉱化した例が知られている。

　珪化木を含め、生物の遺骸が化石化するプロセスは様々だが、場合によっては「一瞬」にして化石化することもあるのだ。

骨組織学

| こつそしきがく | bone histology

脊椎動物の骨は、様々な生物組織とリン酸カルシウムという生体鉱物が組み合わさってできた、いわば生体メカのような構造である。骨の内部はその生物の生理学的な特徴に応じた構造を持っていることから、骨の断面を観察することで持ち主の生理的な特徴、ひいては生態に迫ることもできる。そして、骨の内部構造が保存された化石は決して珍しくないのだ。

▦ 恐竜の骨組織学

化石化した恐竜の骨格の保存状態は様々で、化石化の過程でぺしゃんこに圧し潰されてしまう場合もあれば、鉱化と続成作用が相まって、化石と母岩の区別ができなくなってしまうこともある。だが、鉱化と続成作用が程よく働いた化石は、骨の外見をよく保ちつつ、内部の骨組織の構造まで保存される。こうした骨の化石をスライスして顕微鏡で観察すると、骨本来の内部構造を現生動物と同じように観察できるのだ。

化石の保存状態さえ適切なら、たとえ骨の破片だけでも骨組織学的な研究を行うことができる。これまでに様々な恐竜の化石が骨組織学的な研究の対象とされ、代謝や成長に関する重要なデータを提供してきた。

恐竜の骨組織学的な研究で最も大きな成果を上げているのが、恐竜の成長速度に関する研究である。動物の成長速度は1年の中でも変化し、気候の厳しい時期（乾季、冬など）には一旦成長が止まることがある。こうした動物では、一時的に成長が止まったという記録が年輪として骨に残る。このため、恐竜の骨化石にみられる年輪を数えることで死亡時の年齢を、年輪と年輪の間の距離を測ることで1年ごとの成長ペースの変化を調べることができるのである。

獣脚類の歯の構造

骨の化石をダイヤモンドカッターでスライスしてスライドガラスに接着し、光が透けるまで薄く磨き上げ、観察する。

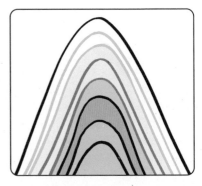

化石の断面に見える年輪を数えるとともに、年輪の間隔の変化からその恐竜の成長パターンを見いだすことができる。ただし、骨の中心部付近は成長にともなって再吸収されてしまうため、生後数年分の年輪は消滅してしまう。

骨化腱

| こっかけん | ossified tendon

腱 や靭帯は骨と筋肉、骨同士をつなぎ留める生体組織で、主にコラーゲン繊維でできている。ヒトではしばしば病気によって腱や靭帯にカルシウムが沈着し、骨化して運動に支障をきたすことがある。一方、恐竜においては背骨に沿って伸びる腱や靭帯が病気でなくとも骨化するグループもある。

▒ 恐竜の骨化腱

恐竜の中でも、鳥盤類では背骨に沿って長く伸びる骨化腱がよく発達する。骨化腱は背骨の棘突起に沿って並んでおり、発達するエリアは肩から尾まで、鳥盤類の中のグループによっても差があるようだ。尾の非常に長いものでは、棘突起だけでなく血道弓の部分まで骨化腱が並んでいるものもみられる。こうした骨化腱は、成長に合わせて徐々に発達していくと考えられている。

骨化腱は一般に細長い棒状で、平行あるいは網目状に並ぶ。堅頭竜類の尾には筋骨竿と呼ばれる特殊な骨化腱が存在するが、これは魚の切り身で見られるスジと相同（→**p.220**）な構造らしい。

骨化腱は背骨の姿勢を保ち、背骨の構造と合わせて体を支えるのに役立ったと考えられる。一方で、骨化腱にはある程度の柔軟性があり、背骨に融合するものでもないため、背骨の動きを必要以上に制限することもなかったようだ。化石化の過程で外れた骨化腱が、半ば関節した（→**p.164**）骨格の周りに散らばって見つかることも少なくない。

竜盤類は一般に骨化腱を持たないが、竜脚類では腰に沿って並ぶ靭帯が骨化し、背骨と癒合する例がしばしば見られる。ドロマエオサウルス類では尾の中ほどから先端にかけて、背骨に沿って細い棒状の骨が多数発達するが、これは骨化腱ではなく、背骨の関節突起や血道弓が前後に非常に長く伸びたものである。

ハドロサウルス類（→p.36）**の骨格と骨化腱**

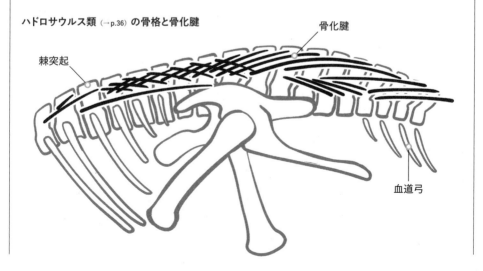

棘突起

骨化腱

血道弓

強膜輪

| きょうまくりん | sclerotic ring

> **恐**竜の化石や骨格図の中には、眼窩の中にドーナツ形の骨が存在するものがある。この骨は「強膜輪」（強膜骨環、莢膜輪とも）と呼ばれる「眼の骨」で、生前は眼球を支えていた。人類をはじめ、哺乳類ではなじみのない骨だが、一部の魚類やトカゲ類、翼竜、恐竜、そして鳥類では一般的な構造である。

∷ 強膜輪とその研究

　強膜輪は一つの骨ではなく、複数の薄い板状の骨が重なってリング状の構造を作っている。板状の骨の個数は種によって異なり、強膜輪全体の形状（リングの太さ）も種によって様々である。

　強膜輪は「白目」の膜である強膜（莢膜）の内部に存在し、生きている時に外部から見える骨ではない。強膜輪の内径は黒目の直径とおおむね一致し、また恐竜では生きている時に白目は基本的に外からは見えない。薄く繊細な強膜輪が完全な状態で化石化することはかなり稀だが、ひとたび発見できれば、生きている時に外から見えた目（黒目）のサイズをかなり正確に復元（→p.134）することが

できる。強膜輪は全ての恐竜が持っていたものと考えられているが、実際の化石は比較的珍しい。

　動物の眼球は必ずしも球状ではなく、レンズ状の断面形をしている場合も多いが、眼球そのものには内圧で球状になろうとする力が働いている。強膜輪はこれを押さえ込み、平べったい眼球の形状を保つ働きがあると考えられている。

　強膜輪の形状は黒目だけでなく眼球全体のサイズとも強く相関しており、強膜輪から眼球全体の形態を復元することができる。眼球の形態、ひいては強膜輪の形態は昼行性、夜行性といった動物の生活リズムと関係していることが現生動物の研究で判明しており、恐竜をはじめとする強膜輪を持った古生物でも生活リズムの推定が試みられている。

ヒプシロフォドンの頭骨（長さ約13cm）とその復元

強膜輪

腹肋骨

| ふくろっこつ | gastralia

近年、新たに制作された恐竜の復元骨格で、細長い骨がカゴ状になったものが腹部に取り付けられているものが増えつつある。この骨は一般に「腹肋骨」と呼ばれており、決して最近になって存在が確認された骨ではない。古くから恐竜の一部グループに存在することが知られていた腹肋骨だが、しばしば誤解を招く骨でもある。

∷ 恐竜の腹肋骨

腹「肋骨」とはいうものの、皮骨（→p.214）の一種であるこの骨は肋骨とは全く別物で、肋骨と関節でつながっているわけでもない。名称からして誤解を招きがちで、日本語では「腹肋」、「腹骨」、あるいは英語そのままに「ガストラリア」と呼ばれることもある。二対の細長く柔軟な骨が組み合わさり（癒合して一体化する場合もある）、それらが腹部を下から支えるように十数組並んでいる。

恐竜の中でも腹肋骨を持っているのは獣脚類と竜脚類、そして鳥盤類のごく原始的なものに限られている。現生動物の中ではワニやムカシトカゲが腹肋骨を持っている一方で、獣脚類の1グループといえる現生鳥類は腹肋骨を持っていない。腹肋骨は腹部を下から支えるとともに腹筋の付着点として機能し、呼吸の補助に役立っていたと考えられている。呼吸システムの変化にともなって、進化したタイプの

鳥盤類や鳥類、その他の爬虫類では腹肋骨を退化させたようだ。

腹肋骨は細く柔軟な骨であり、死後バラバラになりやすい。このため、生前の位置関係を復元（→p.134）できる程度に完全かつまとまった状態で腹肋骨が発見されることは比較的珍しく、鎖骨や叉骨といった肩回りの骨と混同されることもある。まとまった状態で発見されても、地層の圧力でぺしゃんこに変形している場合が多い上、化石がもろいこともあり、産状（→p.160）を活かしたウォールマウント（→p.265）以外で腹肋骨が復元された骨格はかなり珍しかった。

近年では腹肋骨を組み込んだ復元骨格が増えているが、腹肋骨だけはサイズの違う別標本由来だったり、本来の状態とはかけ離れた状態にまで変形したものをそのまま組み込んでいる場合がほとんどである。

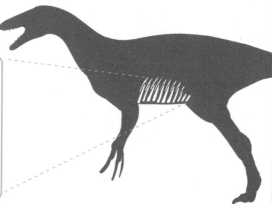

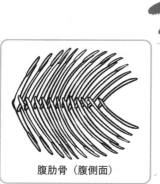

腹肋骨（腹側面）

異歯性

│ いしせい │ heterodont

我々人類をはじめ、哺乳類の多くは生える場所によって歯の形態がかなり異なっている。これは異歯性と呼ばれる特徴で、歯によって（口の中の場所によって）獲物を捕らえたり食事をしたりする際の機能が分かれていることを意味している。異歯性は哺乳類の特徴といわれることもあるが、実際には恐竜や他の爬虫類でもしばしばみられる。

■ 恐竜の異歯性

　異歯性は肉食・植物食を問わず、様々な恐竜でみられる特徴である。鳥盤類では非常に顕著で、ごく原始的な鳥盤類のヘテロドントサウルス（異歯性トカゲの意）では、口先に長い牙状の歯を持つ一方、顎の主立った部分には植物をすり潰すのに適した形状の歯が生えていた。同様の異歯性は他にも様々な鳥盤類のグループの原始的なものでみられるが、進化型のものではどれも同じような形状

の歯になっている（同歯性）。口先の歯の有無にかかわらず、鳥盤類は口先がくちばしになっており、これも異歯性のようなものといえるだろう。

　獣脚類では鳥盤類ほどの異歯性はみられないが、牙状の歯であっても生えている場所によって長さや太さ、カーブ具合に大きな差がみられることはよくある。ティラノサウルス類（→p.28）のように「前歯」とそれ以外で鋸歯（→p.209）の並ぶ位置が異なるもの、ドロマエオサウルス類のように「前歯」が羽づくろい用に特殊化したと思しきものも知られている。

異歯性
ヘテロドントサウルス（原始的な鳥盤類）

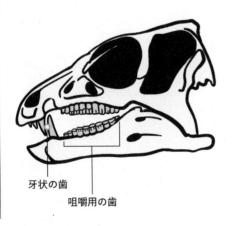

牙状の歯

咀嚼用の歯

同歯性
ディサロトサウルス（原始的な鳥脚類）

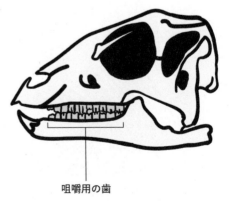

咀嚼用の歯

鋸歯

│ きょし │ **serration**

哺乳類ではなじみが薄いが、爬虫類やサメなど、動物の歯には「鋸歯」と呼ばれるギザギザ状の構造が走っていることがしばしばある。「ノコギリ状」とも「ステーキナイフ状」とも称されるこの構造には、食物を切り裂く効率を高める機能がある。恐竜の歯の中には鋸歯を持つものも多く、食性や分類を考える上で重要視されている。

▓ 恐竜の歯と鋸歯

　鋸歯は歯の表面を走る「カリナ」（峰）に並んだ歯状突起の列で、恐竜では竜盤類・鳥盤類ともにみられる構造である。鋸歯にはグループごとに違いがあるため、歯の化石だけでもある程度分類を絞り込むことが可能である。また、同じ個体でも歯の生える位置によって鋸歯のつくりに違いが出てくるため、どの部分の歯なのかある程度絞り込むこともできる。

　歯は骨よりも硬く堅牢であり、多くの恐竜では多数の歯が生えているということもあって化石として産出しやすい。日本のように恐竜化石がまとまって見つかることの少ない場所では、たとえ1本の歯であっても貴重な研究材料となりうる。

　獣脚類の鋸歯は小さな歯状突起が多数並んでいる場合が多く、鳥盤類の鋸歯は歯状突起一つ一つがかなり大きい。こうした違いは食性に関係しているとみられ、獣脚類の中でも大きめの歯状突起を持つグループ（トロオドン類など）は鳥盤類と同様に植物食であった可能性が指摘されている。

　獣脚類の場合、鋸歯を完全に失ったものも知られている。鋸歯を持つものと比べて食物を切り裂く能力を低下させているように見えることから、こうした獣脚類も肉食ではない（昆虫食や雑食、植物食）と考えられることがある。

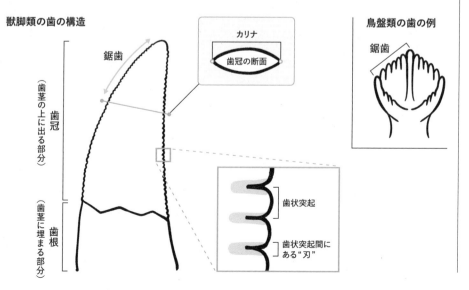

獣脚類の歯の構造

鋸歯

カリナ

歯冠の断面

歯冠

（歯茎の上に出る部分）

歯根

（歯茎に埋まる部分）

歯状突起

歯状突起間にある"刃"

鳥盤類の歯の例

鋸歯

デンタルバッテリー

｜ でんたるばってりー ｜ **dental battery, tooth battery**

植物は一般に思われているよりもはるかに硬く、消化の難しい食べ物である。植物を口内消化（咀嚼）する動物は、常に歯の摩耗と戦い続けているのだ。哺乳類の多くは歯が生涯に一度しか生え変わらないため、歯をいかに長持ちさせるかが重要である。一方、歯の生え換わりが一生続く恐竜では、哺乳類からすると反則的なシステムを完成させた。

恐竜と哺乳類の歯

恐竜の歯は歯槽（歯の植わるソケット）から生えてくるが、歯が萌出した時点で、その歯の根本では次の交換用の歯が形成され始めている。次の歯が大きくなるにつれて古い歯が押し上げられ、古い歯が脱落すると次の歯が萌出する。これが恐竜の歯の生え換わり（交換）の基本的な仕組みであり、種によって交換にかかる（次の歯が形成されるのにかかる）期間は異なるものの、一生を通じて歯が生え換わると考えられている。こうした仕組みは肉食・植物食問わず、いずれの恐竜にも共通している。

我々人類も含め、哺乳類の多くは乳歯から永久歯に生え変わったらそれでおしまいである。この一度しか歯が生え変わらないシステムのため、永久歯を全て失うと、哺乳類は食物を食べることができなくなる。植物を食べる哺乳類の場合、植物に含まれるプラントオパールなどによって歯が摩耗するため、食べるだけで自らの寿命を縮めている格好になる。植物の中でもかなり硬いイネ科の草（→p.200）を食べるウマでは、歯冠（歯茎の上に出る部分）を極端に高くし、摩耗しきるまでの時間を稼いでいる。また、ネズミなどの齧歯類では門歯（前歯）が一生伸び続け、摩耗しきることのないようになっている。

恐竜のデンタルバッテリー

植物食恐竜は一生にわたって歯が生え換わり続けるため、歯が摩耗しきって餓死することは基本的にない。一方で、使い捨て式となる植物食恐竜の歯は哺乳類と比べて1本1本のつくりが単純で、その分、咀嚼の能力は劣っている。

植物食恐竜のうち、ハドロサウルス類（→p.36）や進化型の角竜類（ケラトプス類）、竜脚類の一部では、「デンタルバッテリー」という構造で、口内消化の能力を他の恐竜と比べて大きく高めている。デンタルバッテリーは交換用のものまで含めた多数の歯が石垣状に組み合わさり、歯列全体が一生伸び続ける一つの巨大な歯のように機能するシステムである。それぞれの歯は、摩耗によって硬いエナメル質とよりやわらかい象牙質が咬合面（歯同士の

かみ合わせでこすれる面）に混在するようになっている。それらの歯が多数集まって一体の咬合面をなすため、デンタルバッテリー全体の咬合面はエナメル質と象牙質が複雑に組み合わさって凹凸を作っており、植物をすり潰しやすくなっている。

デンタルバッテリーを持つ恐竜は、白亜紀になってから出現した。被子植物が大繁栄するようになった時期と重なることから、こうした植物に適応したものという見方もある。

デンタルバッテリーを構成する歯は軟組織で互いに固定されているため、化石化の過程で1本1本の歯がバラバラになりやすい。ハドロサウルス類やケラトプス類の化石は北米の白亜紀後期の陸成層ではごくありふれているが、デンタルバッテリーがそのまま顎の骨に収まった状態で化石化している例は比較的珍しいようだ。

角竜のデンタルバッテリー

歯列全体がハサミの刃のようになっており、強力な顎の筋肉とあわせて硬い植物を細かく剪断（せんだん）するのに適していると考えられている。上下の「刃」は、互いの先端がこすれあい、常に鋭く研がれた状態が維持される。

トリケラトプス（→p.30）の
頭骨

ハドロサウルス類のデンタルバッテリー

歯列全体は石臼のようになっており、植物をすり潰すのに適した構造である。下顎が前後に大きくスライドする構造で、さらに下顎を閉じるのに連動して上顎骨が外側に向かって回転し、上下の咬合面が複雑にすり合わされるようになっている。

カムイサウルス（→p.38）の
頭骨

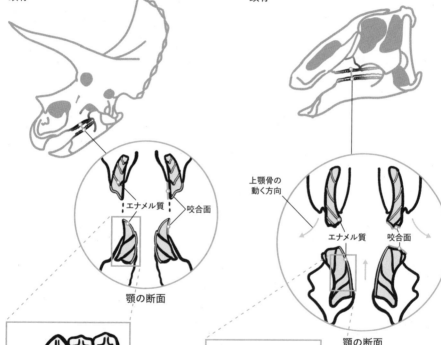

エナメル質　咬合面

上顎骨の
動く方向

エナメル質　咬合面

顎の断面

顎の断面

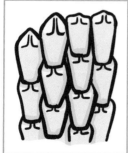

デンタルバッテリーの一部
（咬合面の反対側）

デンタルバッテリーの一部
（咬合面の反対側）

フリル

| ふりる | frill

い くつかの動物の後頭部にみられる薄く広がった構造を、襟飾りやフリルと呼ぶ。恐竜の中では、フリルを持つものは角竜のある程度進化したタイプに限られている。ここでは、角竜の様々なフリルについて見ていこう。

■ フリルの進化

　フリルが発達したのは角竜の中でもネオケラトプス類だけだが、より原始的な角竜でもフリルの原型と呼べる構造がみられる。強力な顎の筋肉を支える構造だったものが発達してフリルになったようだ。

　角竜類と近縁な堅頭竜類では、こうした構造が頭頂部のドームの原型になったらしい。

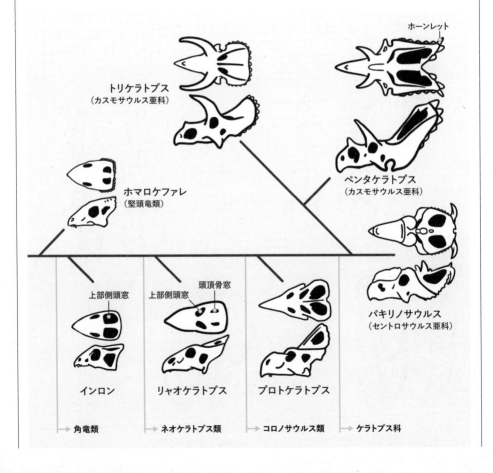

ホーンレット

トリケラトプス
（カスモサウルス亜科）

ホマロケファレ
（堅頭竜類）

ペンタケラトプス
（カスモサウルス亜科）

上部側頭窓

上部側頭窓

頭頂骨窓

パキリノサウルス
（セントロサウルス亜科）

インロン

リャオケラトプス

プロトケラトプス

→ 角竜類　　　　→ ネオケラトプス類　　　→ コロノサウルス類　　→ ケラトプス科

❖ フリルの構造

　フリルは後頭部の骨である頭頂骨と鱗状骨が組み合わさって構成されており、ケラトプス科ではさらに皮骨（→p.214）でできたホーンレットと呼ばれる小さな角がそこに加わる。ネオケラトプス類のフリルでは頭頂骨窓と呼ばれる大きな穴が頭頂骨に開いているが、トリケラトプス（→p.30）など、一部のものは二次的に頭頂骨窓を退化させている。頭頂骨や鱗状骨には様々なコブ状の構造が発達しており、パキリノサウルスでは頭頂骨の中心線（正中線）上にもホーンレットが存在する。

　フリルの縁にあるホーンレットは縁後頭骨（epoと略されることが多い）と呼ばれ、そのうち頭頂骨に接するものを縁頭頂骨（ep）、鱗状骨に接するものを縁鱗状骨（esq）、頭頂骨と鱗状骨をまたぐものを縁頭頂鱗状骨（eps）と呼ぶ。縁後頭骨の接する部分（頭頂骨や鱗状骨の縁）は波打っており、同様の構造はプロトケラトプスの頭頂骨にもみられる。

　縁後頭骨の形状や個数、位置関係は種を分ける重要な特徴とされている。ホーンレットは成長とともに頭骨と一体化するが、個数や位置関係は成長を通じてほぼ一定のようだ。

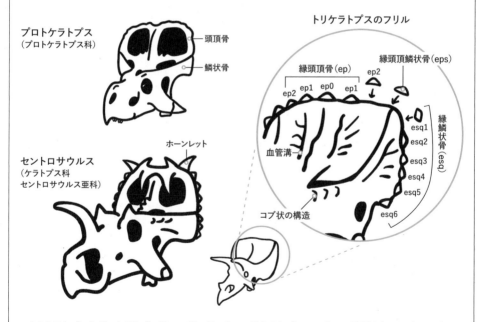

プロトケラトプス
（プロトケラトプス科）

頭頂骨

鱗状骨

セントロサウルス
（ケラトプス科
セントロサウルス亜科）

ホーンレット

コブ状の構造

トリケラトプスのフリル

縁頭頂骨（ep）

縁頭頂鱗状骨（eps）

ep2

ep2　ep1　ep0　ep1

血管溝

esq1
esq2
esq3
esq4
esq5
esq6

縁鱗状骨（esq）

　トリケラトプスなど、ケラトプス科の一部ではフリルの骨の表面に血管溝（血管の通っていた溝）が発達する。発達した血管溝は角やくちばしの骨にもみられることから、角竜のフリルの表面が鱗ではなく分厚い角質で覆われていたと考える研究者もいた。しかし、近年になって鱗状の皮膚痕（→p.224）がト

リケラトプスのフリルで確認されている。フリルに限らず、角竜の頭骨にはホーンレットの他にも小さなコブや突起が多数発達する。こうした構造は、それぞれ目立つ鱗や角質の基部になっていたようだ。

オステオダーム

| おすておだーむ | osteoderm

動物の皮膚は様々な構造が重なってできているが、皮膚の内部、特に表皮の下にある真皮の内部にカルシウムが沈着し、体の骨格とは別に骨が形成されることがある。この皮膚の内部に形成される骨をオステオダーム、あるいはその訳語である皮骨（ひこつ）と呼ぶ。爬虫類の様々なグループで皮骨の存在が知られており、恐竜でも発達した皮骨を持つものが少なくない。

恐竜の皮骨

　様々な爬虫類が鱗の下に皮骨を持っている。恐竜に近縁な現生動物としてはワニの皮骨がよく知られており、背中のごつごつした大きな鱗の下にはそれぞれ皮骨が存在する。恐竜の皮骨も生きていた時に鱗や角質といった化石化しにくい構造で覆われていたことは確かである。また、頭部に皮骨を持つ恐竜では、成長とともに皮骨が頭骨に癒合し、頭骨に吸収されて目立たなくなっていく傾向が知られている。

鳥盤類の皮骨

　鳥盤類のうち、装盾類と周飾頭類で発達した皮骨の存在が知られている。

　装盾類は大小様々な皮骨の「装甲」を発達させており、剣竜類では背中に皮骨のプレート、尾にスパイク状のサゴマイザー（→p.216）を発達させている。鎧竜類では首に「ハーフリング」と呼ばれる皮骨の複合体があり、尾にハンマー状の皮骨の集合体である「ハンドル」と「ノブ」を持つものもいる。こうした皮骨の形状は種ごとに異なるが、基本的な配置のパターンは近縁種同士で共通している。鎧竜類の幼体は皮骨が未発達だが、ワニの幼体がそうであるように、鱗は成体の装甲と同様のパターンだっただろう。

　周飾頭類は、その名の通り頭骨を取り巻くように皮骨が発達する。堅頭竜類も角竜類も小さなコブ状、トゲ状の皮骨が頭骨各部に存在し、一部の堅頭竜類や角竜類では長く伸びてスパイク状になる。また、トリケラトプス（→p.30）のような進化したタイプの角竜類では鼻角の骨芯が皮骨で構成されている。周飾頭類の皮骨は成長とともに頭骨に癒合し、徐々に目立たなくなる。

アンキロサウルス（→p.62）の尾のハンマー

パキケファロサウルス（→p.64）の頭部

:: 竜脚類の皮骨

竜脚類の中でも、白亜紀に大繁栄したティタノサウルス類は独特の皮骨を持っていたことが知られている。「ルート」と「バルブ」と呼ばれる構造の組み合わさった皮骨が背中に2列で並んでおり、「バルブ」は角質のトゲの土台になっていたとみられている。この皮骨は単なる防御用の構造というだけでなく、カルシウムの貯蔵器官として役立っていたと考えられている。皮骨の粒が密集したようなものが発見された例もあり、ルート＝バルブ構造の皮骨の周囲に小さな皮骨が点在していたようだ。

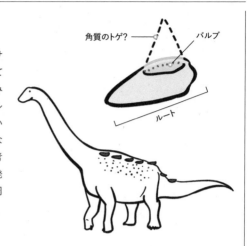

角質のトゲ？　　バルブ

ルート

:: 獣脚類の皮骨

ギガノトサウルス（→p.70）をはじめとするカルカロドントサウルス類や、ティラノサウルス類（→p.28）では眼窩の上の部分に複数の皮骨が存在し、ひさし状の構造を作っている。ディスプレイや日差し・敵からの眼の防御に役立っていたのかもしれない。この皮骨は小さいために化石化の過程で失われやすく、歳をとった個体では頭骨と完全に癒合して目立たなくなる。

また、ケラトサウルスでは背骨の棘突起の上に被さるように1列の小さな皮骨が並んでいた。今のところ、ケラトサウルス以外でこうした皮骨を持つ獣脚類は知られていない。ティラノサウルスはかつて背中に楕円形の皮骨を多数持っていると考えられていたが、これは共産したアンキロサウルスの皮骨だった。

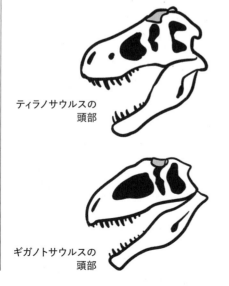

ティラノサウルスの
頭部

ギガノトサウルスの
頭部

ケラトサウルスの背中の皮骨

サゴマイザー

| さごまいざー | **thagomizer**

何らかのトゲ状の突起物を持っている恐竜は少なくないが、顕著に伸びた皮骨のスパイク状のトゲを尾に持っているのはステゴサウルスをはじめとする剣竜類だけである。この皮骨のスパイクは明らかに武器として用いられており、古生物学者の間でしばしば「サゴマイザー」という名称で呼ばれている。

サゴマイザーとスプレート

剣竜類の尾のスパイク（しばしば尾棘とも呼ばれるが、特別な用語が存在するわけではなかった）の化石は19世紀から知られていたが、「サゴマイザー」という用語が用いられるようになったのは1990年代からといわれている。この用語はもともと古生物学者が考え出したわけではなく、アメリカの有名なナンセンス漫画家であるゲイリー・ラーソンが1982年に発表した1コマ漫画で登場した言葉であった。原始人が聴衆たちを前に、ステゴサウルス（→p.44）の尾棘について、（尾棘で刺し殺された）「故サグ・シモンズ」にちなんで「サゴマイザー」と呼ぶこととする、と発表しているというネタである。剣竜類の尾のスパイクの殺傷性を端的に示したこの漫画にちなみ、ゴジラサウルス（→p.269）の命名者として知られるケネス・カーペンターは自らの学会発表の中でこの用語を使ったのだった。

ステゴサウルスのように、プレートとサゴマイザーが形態的にはっきり分かれている剣竜類は意外と少ない。ステゴサウルスのような大きくて薄いプレートではなく、スパイクとプレートの中間型である「スプレート（スパイクとプレートを合体させた造語）」を持っているものも多いのである。スプレートは体の後方のものほどスパイク状になり、徐々にサゴマイザーに変化する。

サゴマイザーはプレートやスプレートと同様、背骨と関節を介してつながるわけではない。このため、配置はおろか本数を推定するのも難しい場合が少なくない。かつてステゴサウルス・ウングラトゥスのサゴマイザーは4対（8本）で復元（→p.134）されていたが、実際にはステゴサウルス・ステノプスなどと同様、2対（4本）で間違いないようだ。

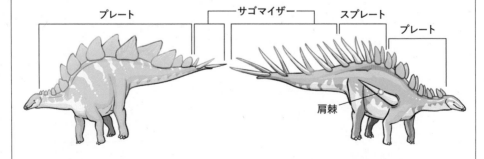

ステゴサウルス　　　　　　　　　　　　　　　　　　　　　　ケントロサウルス

プレート　　　　　　　サゴマイザー　　　スプレート　　　プレート

肩棘

末節骨

| まっせつこつ | ungual phalanx

恐 竜の「爪の骨」の形は様々だ。この骨はあくまで爪の芯に過ぎず、実際の爪はそれを覆う角質であり、化石にはめったに残ることはない。しかし、「爪の骨」は爪の形をよく反映している場合が多く、その機能について様々な示唆を与えてくれる。恐竜の「爪の骨」は、手足を問わず日本語では「末節骨」と呼ばれることが多い。この言葉はヒトを対象とした解剖学用語であり、本来であれば爪節骨と訳される。また、有爪骨という呼び方もあるが、普及していない。ここでは、様々な恐竜の末節骨の例を紹介する。

▦ 手の末節骨

二足歩行する恐竜と四足歩行する恐竜とでは、手の末節骨の形状が全く異なる。

二足歩行する恐竜の末節骨の形状は様々だが、四足歩行する恐竜では哺乳類の「ひづめの骨」に似た形状のものが並んでいることがほとんどである。また、指全体を退化させた結果、「爪の骨」が消失したもの、指そのものが消失して中手骨（手の甲の骨）だけになったものが竜脚類にはよくみられる。

恐竜の手に共通する特徴として、第Ⅳ指（薬指）と第Ⅴ指（小指）は常に「爪の骨」を持たず、指の末端の骨は不定形の小さな粒状になっている。この特徴は現生のワニと共通しており、ワニと同様、全ての恐竜は第Ⅳ指と第Ⅴ指に爪やひづめを持っていなかったと考えられている。

末節骨の付け根には腱が付着する突起があり、その発達具合は指を曲げ伸ばしする強さの指標になる。鉤爪は獲物をひっかいたり突き刺すのに有効であり、鉤爪のカーブが弱かったり鉤爪を持たない恐竜は、狩りに手を利用しなかったり、そもそも肉食ではないと考えることができる。

▦ 足の末節骨

足の末節骨は体重を支える役目が大きいため、手の末節骨ほど形状のバリエーションはみられない。獣脚類の足の末節骨は鈍い鉤爪状のものがほとんどだが、ドロマエオサウルス類やトロオドン類では第Ⅱ趾の末節骨が鎌状の"シックル・クロー"となっている。また、どっしりしたテリジノサウルス類（→p.60）では足の末節骨が非常によく発達した薄い鉤爪状になっている。竜脚類でも鈍い鉤爪状の末節骨がよく発達しているが、鳥盤類はいずれも長い平爪状か「ひづめの骨」状である。

鉤爪状の末節骨（手）の例

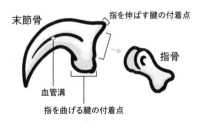

末節骨 / 指を伸ばす腱の付着点 / 指骨 / 血管溝 / 指を曲げる腱の付着点

**「ひづめの骨」状の
末節骨（足）の例**

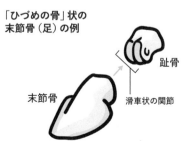

趾骨 / 末節骨 / 滑車状の関節

アークトメタターサル

| あーくとめたたーさる | arctometatarsal

恐竜の足の甲は最大5本の中足骨が組み合わさってできているが、その構造はグループによって大きく異なる。獣脚類の場合は3本の中足骨が束ねられたような構造が基本だが、白亜紀に栄えたいくつかのグループではそれぞれ独自に、「アークトメタターサル」と呼ばれる特殊な構造を発達させたことが知られている。

:: アークトメタターサルの構造

今日アークトメタターサルと呼ばれる構造が初めて確認されたのは、1889年に発見されたオルニトミムス（→p.58）の化石である。この標本は完全な足の甲を保存していたが、第III中足骨（足の中指に対応する中足骨）が第II中足骨（人差し指に対応）と第IV中足骨（薬指に対応）に左右から「挟み潰された」状態で、正面から見ると第III中足骨の上端が第II・第IV中足骨で覆い隠されていた。この特徴はダチョウの若い個体の足の甲と非常によく似ており、これに感銘を受けたオスニエル・チャールズ・マーシュはこの恐竜を「鳥もどき」を意味するオルニトミムスと命名したのだった。

その後、ティラノサウルス類（→p.28）やアルヴァレズサウルス類、カエナグナトゥス類、トロオドン類と、オルニトミモサウルス類以外にも様々な白亜紀の獣脚類が同様の特徴を保持していることが判明した。この構造は1990年代に注目を集めるようになり、ここで初めて「アークトメタターサル」（狭窄した中足骨）という名前が付けられた。この構造を持つ獣脚類のいくつかのグループを「アークトメタターサル類」としてまとめる意見も登場したが、各グループの原始的なものはいずれもアークトメタターサルを保持しておらず、それぞれのグループが白亜紀前期から中頃までに独自に獲得した構造であると考えられている。こうしたことから、白亜紀前期に獣脚類のスピード競争が起きていたともいわれている。

:: アークトメタターサルの機能

アークトメタターサルを持つ獣脚類は、ティラノサウルスやタルボサウルスなどを除けば、すらりとした体型で後肢が非常に長い。また、ティラノサウルスやタルボサウルスでも若い個体ではすらりとした体型で、極めて後肢が長いことが知られている。これらの恐竜はその体型から非常に足が速いと考えられており、アークトメタターサルの独特の構造も優れた走行能力に一役買っているとみられている。

アークトメタターサルの機能形態学（→p.156）の研究から、この構造は他の獣脚類の足の甲と比べて前後方向への曲がりに強いことが判明している。中足骨そのものの強度がより高くなっている上に、足の甲全体が板バネのようにしなることで足にかかる衝撃を分散し、アークトメタターサルを持たない獣脚類と比べて高速走行による負荷を軽減しているようだ。

アークトメタターサルは高速走行時だけでなく、普段から体重による足の骨への負荷を軽減するのにも役立つ。ティラノサウルスの成体は獣脚類の中でも特に巨大で、ギガノトサウルス（→p.70）など同程度の全長のものよりも体重（→p.143）が重かったとみられている。その走行能力については意見の分かれるところだが、アークトメタターサルがティラノサウルス類の巨大化に一役買っていたともいわれている。

中足骨

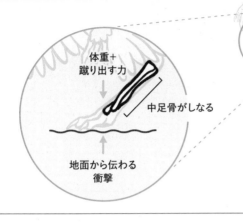

体重＋
蹴り出す力

中足骨がしなる

地面から伝わる
衝撃

アークトメタターサルの衝撃吸収
動物が歩いたり走ったりする時、中足骨はしな
るようにして足にかかる衝撃を吸収する。アー
クトメタターサルは一般的な構造の中足骨と比
べて前後方向のしなりに強く、より速く走った
りする時や、より体重が重い場合でも衝撃に
耐えられる。

:: 獣脚類の足の甲

　3本の中足骨が束ねられているという構造はいず
れの獣脚類でも同様だが、その束ねられ具合には
かなりの違いがある。アークトメタターサルの場合、
正面から見ると第Ⅲ中足骨の上端は隠れているが、
足首関節側からは第Ⅲ中足骨の上端が確認できる。

　アークトメタターサルではないがそれに近い状態
のものを「サブアークトメタターサル」、第Ⅲ中足骨
が足首関節側からも見えなくなったものを「ハイパー

アークトメタターサル」と呼ぶ。また、ノアサウルス
類では、アークトメタターサルとは逆に、第Ⅲ中足
骨だけが極端に太くなる。

　中足骨同士の関節がバラバラになったアークトメ
タターサルだけを見て、ティラノサウルス類かオルニ
トミモサウルス類のものか判別するのは獣脚類の専
門家でも難しいといわれている。オルニトミモサウル
ス類として記載（→p.138）された中足骨が、後にティ
ラノサウルス類のものとして再記載されることもしば
しばだ。

アロサウルス（→p.42）
（非アークトメタターサル）

ガルディミムス
（サブアークトメタターサル）

ティラノサウルス
（アークトメタターサル）

アヴィミムス
（ハイパー
アークトメタターサル）

足首
関節側

第Ⅲ中足骨

第Ⅱ
中足骨

第Ⅳ
中足骨

正面側

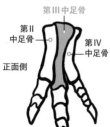

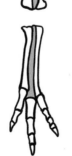

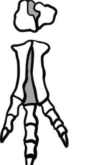

相同

| そうどう | homology

鳥の翼は一見、他の脊椎動物の前肢とは異なって見える。羽毛を取り除いた状態でもあまり前肢らしくは見えないが、「手羽先の骨」には3本の指に見えなくもない構造がある。鳥の翼は獣脚類の前肢が変化したものであり、他の脊椎動物の前肢と全く同じ起源を持つ。これが「相同」であり、鳥の翼は脊椎動物の前肢の相同器官といえる。

::: 相同器官と相似器官

　系統発生（＝進化）的・個体発生（＝成長）的に同じ起源を持っていることを「相同」（相同性がある）といい、相同な器官を相同器官と呼ぶ。相同な器官であっても系統発生・個体発生の過程で大きく形態・機能が変化することはしばしばである。例えば、魚のうきぶくろと脊椎動物の肺は相同器官である。

　逆に、形態や機能は似ているが、系統発生・個体発生的な起源が異なることを「相似」（相似性が

ある）という。昆虫の翅、翼竜（→p.80）の翼、コウモリの翼は羽ばたき飛行をするための膜状の構造という点で相似器官といえるが、昆虫の翅と翼竜・コウモリの翼は全く起源の異なる器官である（翼竜の翼とコウモリの翼は相同である）。

　相同器官同士の比較は、それらの生物の進化を考える上で極めて重要である。全く形態の異なるように見える相同器官は、共通の祖先から枝分かれした後の、それぞれの進化の成れの果てなのだ。また、相似器官同士の形態の類似は、機能形態学（→p.156）の格好の研究対象ともなる。

獣脚類の手と鳥の手羽先の相同性と形態的類似

デイノニクス（→p.48）
（非鳥類獣脚類）

始祖鳥（→p.78）
（鳥類）

ツメバケイの雛
（鳥類）

ツメバケイの成体
（鳥類）

尾端骨

｜ びたんこつ ｜ **pygostyle**

鳥 の尾は尾羽だけで構成されているわけではない。尾羽の下にはごく短い尾が存在するが、尾の骨の大半を占めているのが「尾端骨」と呼ばれる、複数の尾椎が癒合して一体化した骨である。尾端骨は白亜紀以降の鳥類にしか存在しないと考えられてきたが、近年では鳥類とはやや遠縁の獣脚類でも尾端骨が確認される例が出てきた。

▓ 恐竜と尾端骨

　現生鳥類の尾は、自由に可動する尾椎と、頑丈な一体構造の尾端骨が組み合わさっている。尾端骨は尾羽の付着点として機能しており、現生鳥類のこうした尾の構造は高度な飛行制御と関係が深いと考えられている。

　1990年代になると、オヴィラプトル（→p.54）に近縁な小型獣脚類のノミンギア（エルミサウルスのシノニム（→p.140）とする意見がある）が尾端骨と呼べる骨を持っていることが確認された。ノミンギアは明らかに飛行能力を持っておらず、しかも鳥類とはやや遠縁にあたる。このため、尾端骨が単に飛行のために発達したものではない可能性が浮上した。

　今日ではノミンギア以外のオヴィラプトル類でも、同様の尾端骨を持つものがいくつか知られている。また、オヴィラプトル類よりもさらに鳥類と遠縁のデイノケイルス（→p.56）でも、尾の先端が尾端骨状になっていることが確認された。

　こうした「飛べない恐竜」の尾端骨の機能はあまりよくわかっていないが、オヴィラプトルやノミンギアの祖先に近いカウディプテリクスは、尾端骨を持たない一方で尾の先に大きな飾り羽を持っていたことが知られている。このため、ノミンギアやその他の恐竜の尾端骨は、飾り羽としての尾羽を支えていたのではないかともいわれている。一方で、より鳥類に近縁なドロマエオサウルス類やトロオドン類、始祖鳥（→p.78）などでは尾端骨が見られないため、「恐竜の尾端骨」と「鳥類の尾端骨」は相同（→p.220）ではないともいわれている。

ノミンギアと現生鳥類の尾の骨格

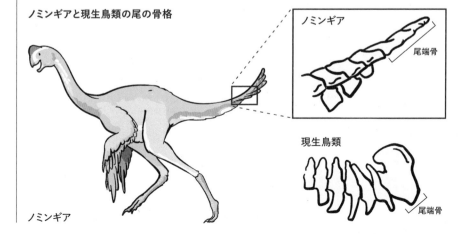

ノミンギア

ノミンギア

尾端骨

現生鳥類

尾端骨

含気骨

| がんきこつ | pneumatized bone

骨 の内部は空洞になっているが、この骨髄腔と呼ばれる空間は骨髄で満たされており、血液細胞を作る重要な機能を担っている。しかし、骨の中に骨髄腔とは異なる、骨の外部と連絡した含気腔と呼ばれる空洞を持つものもある。現生鳥類の気嚢は含気孔を通じて含気腔に侵入しているが、こうした「含気骨」は恐竜や翼竜でもみられる。

恐竜と含気骨

　含気骨の内部は骨の梁や桁がハニカム状に張り巡らされており、骨の強度を保つような構造となっている。恐竜の中でも竜盤類が含気骨を発達させていたことが知られており、ハニカム状の断面を持つ化石が見つかれば、風化した破片であっても竜盤類とまでは同定できる場合もある。こうした含気骨は、体の軽量化に大きな意義があると考えられてきた。

　鳥類では飛ばない種でも骨格の含気化が進んでいることが知られており、背骨や四肢の含気腔には肺からつながる気嚢（→p.223）が侵入している。こうした鳥類の背骨と獣脚類や竜脚類、翼竜（→p.80）の背骨の含気腔・含気腔の特徴はよく似ており、獣脚類や竜脚類、翼竜も肺からつながる気嚢が背骨内部に侵入していたと考えられている。

　鳥類は気嚢によって非常に優れた呼吸効率を得ており、竜盤類や翼竜でも同様だったと思われる。最近では、翼竜と獣脚類、竜脚類の骨格の含気化はそれぞれ独自に発達したとみられている。鳥盤類では骨格の含気化は進んでいない。

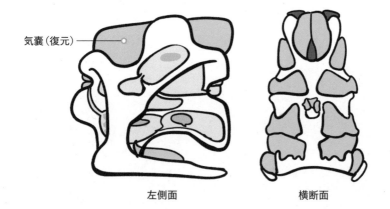

気嚢（復元）

左側面　　　　　　　横断面

竜脚類の頸椎と含気化（例：アパトサウルス）　大型の竜脚類では頸椎一つとっても長さが50cmを超え、化石は非常に重くなる。しかし、竜脚類の頸椎や胴椎は非常によく含気化しており、多くのものでは体積の60%以上、ブラキオサウルス類（→p.46）では89%以上が含気腔で占められていた。

気囊

| きのう | air sacs

鳥 類が肺呼吸する動物であることはいうまでもないが、肺とそれを取り巻く呼吸器系の構造は哺乳類と大きく異なっている。種によっては高度4000mを飛行することもある鳥類は、肺と「気囊」を組み合わせた特殊な呼吸器系を備え、哺乳類を大きく上回る呼吸効率を誇っている。そして鳥類の気囊は、恐竜から引き継いだ特徴なのである。

∷ 肺と気囊

　哺乳類の肺は、吸い込んだ空気（吸気）が、もと来た経路からそのまま吐き出される（呼気）二方向式の構造になっている。気管までしか到達できなかった吸気はそのまま排出されるため、吸気の一部しかガス交換（血液中の赤血球が運んできた二酸化炭素と吸気中の酸素を交換すること）できない。

　これに対し、トカゲやワニでは吸気を全てガス交換できる一方通行式の肺を持っている。鳥類ではさらに吸気の一部を気囊に溜め、肺を常時新鮮な空気で満たしてガス交換を行うことができる。

　含気骨（→p.222）と呼ばれる内部が空洞になった骨は様々な動物でみられるが、鳥類では含気骨を気囊の収納スペースとしている。また、背骨の側面にも気囊を抱えるためのくぼみが多数存在し、首・

胴・腰さらには上腕骨の内部まで気囊がぎっしり詰め込まれている。こうした骨格の構造はある程度進化したタイプの竜盤類の恐竜や翼竜（→p.80）でも確認されており、気囊を持っていた証拠と考えられている。鳥盤類にはこうした構造がみられないが、骨格を気囊の収納スペースにしていなかっただけなのかもしれない。恐竜や翼竜が繁栄を始めた三畳紀後期からジュラ紀前期にかけては大気中の酸素濃度が低かったと考えられており、気囊の存在が繁栄のカギになった可能性もある。

　二方向式の呼吸器系では気管が長いほど効率が落ちるため、キリンの首は呼吸が成立する長さの限界に達しているともいわれている。竜脚類は気囊が非常に発達しているため、キリンよりはるかに長い首でも全く問題なかったようだ。

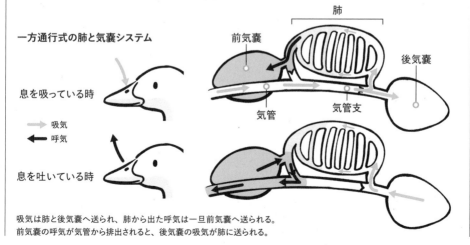

一方通行式の肺と気囊システム

息を吸っている時

→ 吸気
→ 呼気

息を吐いている時

肺
前気囊
後気囊
気管
気管支

吸気は肺と後気囊へ送られ、肺から出た呼気は一旦前気囊へ送られる。
前気囊の呼気が気管から排出されると、後気囊の吸気が肺に送られる。

皮膚痕

| ひふこん | skin impression

恐竜の復元画の中には、鱗まで細かく描き込まれたものがある。だが、鱗も軟組織であり、鱗そのものが化石化して保存されたミイラ化石は非常に珍しい。鱗の形状やパターンが印象として保存された「皮膚痕」（皮膚印象）はミイラ化石よりはずっとメジャーな化石であり、復元に際して貴重な情報源となる。

恐竜と皮膚痕

　軟組織は遺骸の中でも分解されやすく、鉱化の始まる前に失われやすい。このため、軟組織そのものが何らかの形で化石化することはかなり珍しい。

　皮膚が完全に分解される前に遺骸が細かな粒子の堆積物（細粒の砂や火山灰、泥など）に埋積され、それらが素早く固結した場合、皮膚の外形が印象化石（→p.226）として保存されることがある。これが皮膚痕で、骨格とともに広範囲にわたる皮膚痕が保存されていた化石も「ミイラ化石」（→p.162）と呼ばれることがある。

　軟組織そのものが鉱化した真の意味でのミイラ化石と比べ、恐竜の皮膚痕は比較的よく発見される。関節の外れた骨格であっても、体の一部の皮膚痕が骨の周囲に残されていることがしばしばある。

　恐竜の皮膚痕は恐竜研究の黎明期から知られており、生体復元（→p.134）の重要なカギとして古くから注目を集めてきた。近縁なもの同士では鱗のパターンがよく似ていることが知られており、近縁なもの同士の情報をつなぎ合わせることで、グループごとの鱗の基本パターンを復元することができる。ハドロサウルス類（→p.36）は様々な種で広範囲にわたる皮膚痕やミイラ化石が知られ、全身の鱗の基本パターンから、種ごとのちょっとしたパターンの違いまで、様々な情報が明らかになっている。

皮膚痕とプレパレーション

　皮膚痕は雌型（めがた）として母岩に点在していることもあれば、雄型（おがた）として骨格を取り巻いた状態で発見されることもある。母岩の風化が進みすぎており、野外で皮膚痕を確認できても採集不能に終わってしまうこともある。

　発掘中に皮膚痕の有無が確認できるケースは少なく、多くの場合で骨格のクリーニング（→p.130）中に不意に皮膚痕が現れる。しかも皮膚痕は母岩と同じ色をしていることが多い。皮膚痕が骨格を取り巻いている場合、皮膚痕が邪魔で骨格のクリーニングを進められないという事態も発生する。

　このため、プレパレーション（→p.128）の過程で意図せず皮膚痕を破壊してしまったり、記録写真や

レプリカ（→p.132）の作製後に泣く泣く皮膚痕を除去した例が少なからず知られている。クリーニング中に除去した母岩の破片の中に鱗のパターンが見え、そこで初めて皮膚痕が骨格を覆っていたことに気付いたという例すらある。単なる母岩の堆積構造・コンクリーションなのか、鱗の印象なのかの判断が付かないままプレパレーションが進められてしまった例もある。

　こうした様々な皮膚痕の「破壊」のエピソードが知られるようになったことで、誰にも気付かれないまま完全に除去・破壊された皮膚痕が実はかなりあるのではないかともささやかれるようになった。今日では、皮膚痕の存在を前提として、より慎重にクリーニングが行われるようになっている。

∷ 恐竜の鱗

恐竜の様々なグループで皮膚痕が知られており、グループによってかなり異なる鱗のパターンだったことが明らかになっている。

恐竜の鱗は、多角形のものがタイル状に敷き詰められた状態が基本である。大きめの鱗が点在し、その隙間を細かな鱗が埋めるというパターンが様々

なグループで知られている。鱗が重なり合った構造は比較的珍しく、全身を重なり合う鱗で覆った恐竜は今のところ知られていない。

鱗のサイズは種や体の部位によっても様々だが、獣脚類では非常に細かな鱗が中心だったようだ。一方で、皮骨（→p.214）を発達させた鎧竜や、進化型の角竜では、体のあちこちを巨大な鱗で固めていた。

トリケラトプス（→p.30）の"レイン"
"レイン"の愛称で知られるトリケラトプス・ホリドゥスの標本は、ほぼ完全な骨格に加えて胴体や四肢のかなりの範囲に及ぶ皮膚痕が発見された。詳しい研究が現在進行中だ。

頭部の鱗 "レイン"では頭骨の皮膚痕は発見されなかったが、他の標本から、大きめの鱗やコブで頭部が覆われていたとみられている。

腰の鱗 腰から太もも、尾の付け根にかけて連続した皮膚痕が発見されており、巨大な鱗がロゼット（花のような模様）を描いている。ロゼットの中心になる鱗は中央部が突出しているが、これは剛毛状の羽毛が折れた跡ではなく、トゲの先端が欠けた跡である。

四肢の鱗 可動部を除き、四肢は大きな鱗で手足先近くまで覆われていたようだ。

首の鱗 首の側面の鱗は細かいが、喉はワニのような大きな短冊状の鱗で覆われていた。

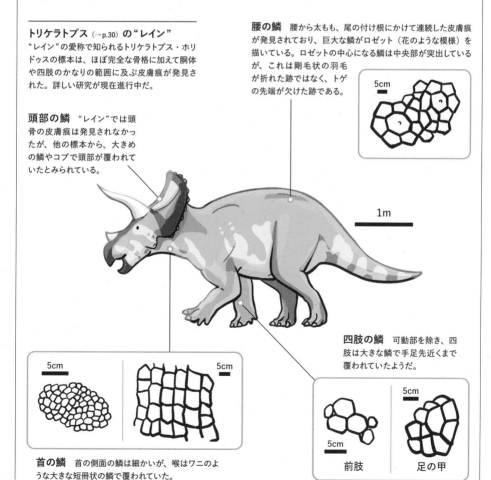

5cm　1m　5cm　5cm　前肢　5cm　足の甲

印象

| いんしょう | impression

生物の遺骸のうち、軟組織は化石になる過程で分解され、ほとんどの場合消失する。また、殻や骨といった硬い組織さえ失われてしまうこともある。一方で、遺骸を埋積していた堆積物には、こうした組織の形が写し取られている場合がある。これを印象（印象化石）と呼び、シリコン樹脂を流し込んだりCTスキャンを利用することで元の組織の形を再構築できる。

▓ 化石と印象、雄型と雌型

印象には様々な呼び方がある。二枚貝の殻化石を例にして紹介する。元の遺骸の形と凹凸の方向が一致するものを雄型、その逆を雌型と呼ぶ。

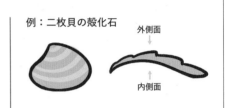

例：二枚貝の殻化石
外側面
内側面

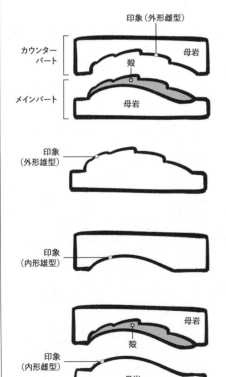

印象（外形雌型）
カウンターパート
母岩
殻
メインパート
母岩

印象（外形雄型）

印象（内形雄型）

印象（内形雌型）

印象（内形雌型）
母岩

外側面の形態が保存されている場合

外側面に沿って母岩が分離すると、母岩に残された殻とは別に、殻の外形雌型が印象として表れる。

風化・侵食などで殻が失われ、外形雌型だけが印象化石として保存されている場合も多い。また、化石化の過程で殻が地下水に溶け出してしまい、残された外形雌型に沿って天然の外形雄型が形成されることもある。化石化した殻の保存状態が悪い場合、プレパレーション（→p.128）であえて殻を完全に除去し、母岩に残った外形雌型に樹脂を流し込んで元の形（外形雄型）を再現することもある。

内側面の形態が保存されている場合

内側面に沿って母岩が分離すると、母岩に残された殻とは別に、殻の内形雌型が印象として表れる。

内形雌型だけだと化石の種を同定するのが難しいことも多いが、内側面に残された様々な軟組織の痕跡を調べる格好のチャンスでもある。左図のような二枚貝の化石の場合、内形雌型や内形雄型を、殻の表面が滑らかな二枚貝の外形雄型、外形雌型と見誤る場合もあり、慎重な観察が必要である。

CTスキャン

| しーてぃーすきゃん | **CT scan**

CTスキャンとは、「コンピューター断層撮影スキャン」の略である。レントゲン写真を撮影する要領で物体を放射線などで走査し、得られたデータをコンピューター処理して多数の断面画像を得ることができる。物体に直接触れることなく内部を調べることのできる非破壊検査方法であり、医療、産業、そして古生物学や考古学の分野でも威力を発揮している。

古生物学とCTスキャン

化石は内部の微細な構造まで鉱物によって置換されるため、骨の内部構造がそのまま残されていることも多い。一方で、こうした内部構造は化石の表面が失われて初めて観察可能になる。このため、CTスキャンの登場以前は、風化で内部構造がちょうどよく露出している化石を探すか、貴重な化石を破壊して内部構造を露出させる以外に観察・研究する方法が存在しなかった。

CTスキャンを使えば、化石とそれ以外の部分の性質の違いを利用して、直接手を触れることなく内部構造を調べることができる。医療用CTスキャナー は放射線被ばくの影響があるため性能に制限があるが、化石であればより強力な産業用CTスキャナーや、粒子加速器を利用した放射光施設の利用も可能である。一方で、恐竜化石の場合、骨一つ一つが巨大であるためCTスキャナーに入らず、どうしても利用できないこともある。

CTスキャンのソフト・ハード双方の発展は著しく、近年では拡大3Dプリントに耐えるほど高解像度で3Dモデルを得ることもできるようになっている。同じ標本であっても、30年前と現在ではCTスキャンによって得られる情報の解像度は桁違いになっているのである。

クリーニングへの応用

小型恐竜の頭骨の内部など、非常に繊細な構造が入り組んでいる部分は、熟練のプレパレーター（→p.128）でさえも機械的なクリーニング（→p.130）が不可能である。化学的クリーニングはこうした際に威力を発揮してきたが、母岩や化石を構成する鉱物の問題でそもそも不可能なことも多い。

近年では、CTスキャンのデータ上で化石と母岩が区別できることを利用した「デジタルクリーニング」も行われるようになっている。強力なCTスキャナーが必要だが、機械的・化学的なクリーニングが不可能だった化石でも、デジタルデータ上で母岩を抽出・除去し、拡大3Dプリントできるほどの高解像度で化石のデータを得ることができるように

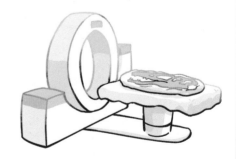

なったのだ。

ただし、今のところ母岩の抽出はほぼ手作業でデータを調整するほかないという問題もある。AIによる自動クリーニングを究極的な目標に、CTスキャンを利用したデジタルクリーニングの技術開発は続いている。

エンドキャスト

| えんどきゃすと | endocast, endocranial cast, cranial endocast

脊椎動物の頭骨は様々な部位・機能に分かれているが、中でも脳を収納するという極めて重要な役割を担っている部分が脳函である。脳函は頭骨の中でも特に頑丈な部位であり、頭骨の関節が外れて各パーツがバラバラになったとしても、比較的化石に残りやすい。そして、脳函内の脳を納める空洞を堆積物が満たし、印象となっていることもある。

エンドキャストとその意義

　脳函にある、脳を収納するための空洞を「エンドクラニアル」と呼ぶ。この空洞を満たした印象化石は、脳函の内形雌型（→p.226）とみることもできるが、エンドクラニアルの中身のキャスト（型）、すなわち（脳）エンドキャストということもできる。エンドキャストの形態はエンドクラニアルの中身＝脳やその付近にある三半規管などの形態を反映する。こうした器官は腐りやすく化石化することがほぼないため、エンドキャストは貴重な研究資料となる。

　脳は情報を処理する領域が感覚器官ごとに分かれており、感覚器官の発達具合に応じてそれぞれの領域のサイズが異なる。また、三半規管の形態はその動物の聴覚や平衡感覚の発達具合と密接なつながりがある。感覚器官や平衡感覚の発達具合はその動物の生態と結びついているため、エンドキャストの研究でその動物の生態を間接的に復元（→p.134）することができるのである。

エンドキャストの研究

　恐竜の脳函やエンドキャストに関する研究は古くから行われており、1871年にはイグアノドン類（→p.34）の脳函に関する記載（→p.138）が発表されている。CTスキャン（→p.227）の発達する時代まで、こうした恐竜の脳や三半規管に関する研究は、天然のエンドキャスト（＝印象化石）を利用するか、脳函の内部にシリコンゴムなどの樹脂を流し込んで人工のエンドキャストを制作するほかなかった。脳函の内側を完全にクリーニング（→p.130）しないとエンドキャスト本来の形状は表われてこないが、脳函を真っ二つにでもしない限り内部のクリーニングは不可能である。しかし、脳函を含む頭骨は恐竜の化石の中でも特に貴重であり、分類上非常に重要でもある。

　このため、エンドキャストに関する研究は、ほどよく風化・侵食が進んだ頭骨（脳函の断面がむき出しになっていたりして、破壊的なプレパレーション（→p.128）の影響が少なそうなもの）に限られていた。こうして真っ二つに切断・クリーニングされた脳函は「恐竜の脳」というインパクトから、人工エンドキャストの制作後は展示に回されることもあった。

　脳函の入り組んだ部分のクリーニングには限界があり、どうしても人工エンドキャストは細部のつくりが本来と比べて甘くなる。また、天然エンドキャストもあくまで印象化石であり、本来のエンドキャストの形状を細部までは写し取り切れていない。このため、今日ではエンドキャストの研究にはCTスキャンが用いられるようになっている。CTスキャンで制作したエンドキャスト3Dモデルをプリントすることで、簡単かつ高精度にエンドキャストの模型を制作することもできるようになったのである。

∷ 恐竜の"脳"力

恐竜のエンドキャストに関する研究は近年盛んに行われており、様々な恐竜でその形状が復元されるようになった。

あくまでエンドキャストは脳函の内部形状を示したものであり、脳本体がその他の組織に分厚く覆われていた場合には、エンドキャストの形状には脳の形態がほとんど反映されない。哺乳類（→p.98）や鳥類、翼竜（→p.80）ではエンドキャストの形状と脳の形態がほぼ一致することが知られている一方、恐竜も含め爬虫類の多くや両生類、魚類ではエンドキャストに脳の形態がそれほど反映されていない

ことが明らかになっている。

脳のサイズを比較・評価する指標として、脳化指数（EQ）と呼ばれるものが用いられている。現生爬虫類の脳サイズの平均値に対する相対的なサイズを示すものとしてREQ（REQが1より大きければ、爬虫類の脳サイズの平均よりも大きい）が利用されており、現生鳥類のREQはキジバトで5、ハシボソガラスで17、ルリコンゴウインコでは30を超えることが知られている。恐竜のREQはグループによって大きく異なり、獣脚類や二足歩行する鳥盤類では現生爬虫類よりもかなり大きい一方、常時四足歩行する鳥盤類では現生爬虫類と大差ない。竜脚類は現生爬虫類と比べても脳が小さかったようだ。

ステノニコサウルス 「ディノサウロイド」（→p.268）のモデルとなったトロオドン類で、恐竜の中でも高いREQ（推定6.06）で知られている。トロオドン類やドロマエオサウルス類など、鳥類に近縁な恐竜は総じてREQが高い。

ステゴサウルス（→p.44）　脳の小ささがたびたび話題にされてきたが、推定されたREQは1.36で、現生爬虫類と比べて特に小さいわけではないことが判明した。四足歩行の植物食恐竜は、二足歩行の恐竜と比べてREQが低い。植物食動物は狩りをする必要もなく、また四足歩行という構造上の制約もあるため、行動がより単純であるということだろう。

手取層群

| てとりそうぐん | Tetori Group

福井県、石川県、富山県、岐阜県の山間部にはジュラ紀中期から白亜紀前期の地層が点々と露出している。これらの地層はまとめて手取層群と呼ばれており、古くから植物化石や軟体動物化石の研究が行われてきた。今日、手取層群は恐竜化石を産出する日本有数の地層として知られている。

手取層群の地質

手取層群の研究のきっかけとなったのは、1874年（明治7年）にドイツから漆器の調査のため来日していたヨハネス・ラインが白山（石川県）登山の帰り道に植物化石を採集したことであった。その後日本の研究者によって同様の地層（→p.106）が広い範囲に点々と露出していることが確認され、「恐竜」という日本語の生みの親として知られる横山又二郎が白山のふもとを流れる手取川にちなんだ名称を（読み間違えたまま）与えたのだった。

手取層群は、下部（＝古い時代）から順に、大きく九頭竜亜層群（九頭竜層群として独立させる意見が強い）、石徹白亜層群、赤岩亜層群の3つに分けられる。九頭竜（亜）層群はジュラ紀中期〜後期の海成〜汽水成の地層で、アンモナイト（→p.114）の産出がよく知られている。石徹白亜層群と赤岩亜層群は日本では珍しい白亜紀前期の陸成層で、多様な植物や二枚貝、巻貝、昆虫、単弓類（→p.94）、様々な小型爬虫類、そして恐竜、鳥類と、当時の東アジアの陸上生態系を代表する化石が多数知られている。これらの地層では恐竜の足跡（→p.120）や卵（→p.122）の化石も発見されており、世界的にも有数の化石産地となっている。保存状態のよい化石も多く、色模様の残った二枚貝まで発見されている。

恐竜化石の発見

ラインが最初に植物化石を発見した場所の近くには、「桑島化石壁」と呼ばれる手取川で削られた巨大露頭がそびえたっている。ここでは1952年に珪化木（→p.203）の立ち並ぶ「化石林」が発見され、一部の研究者は陸成層の多い手取層群での恐竜化石の発見を「夢想」するようになった。

1986年、その4年前に高校生が桑島化石壁で拾った化石が獣脚類の歯であったことが判明し、手取層群での恐竜発掘は現実のものとなった。各地で手取層群の調査に火が付き、骨格や足跡、卵と続々と恐竜化石が発見されるようになったのである。そうした中で発見された大規模な恐竜化石産地が、福井県勝山市であった。

:: 手取層群の恐竜

　手取層群のよく知られた産地のうち、桑島化石壁や福井県勝山市では特に保存状態のよい恐竜化石が見つかり、定期的に調査隊が活動している。中でも勝山市の「北谷恐竜クオリー」では大量の恐竜化石が産出しており、フクイヴェナトルの極めて状態のよい全身骨格や、骨格の大部分が立体的に保存された原始的な鳥類フクイプテリクス、特殊化した頭骨を備えたイグアノドン類（→p.34）のフクイサウルス、原始的なメガラプトル類（→p.72）のフクイラプトル（→p.232）など、世界的にも貴重なものが知られている。

フクイプテリクス・プリマ
白亜紀前期のごく原始的な鳥類である。化石が繊細すぎるためデジタルクリーニング（→p.131）を行ったところ、骨格のかなりの部分がほとんど変形せずに保存されていることが明らかになった。

フクイヴェナトル・パラドクスス
全身骨格の発見されている数少ない日本産の恐竜化石である。系統関係はよくわかっていなかったが、デジタルクリーニングを行って系統解析（→p.154）をやり直したところ、ごく原始的なテリジノサウルス類（→p.60）であることが示された。

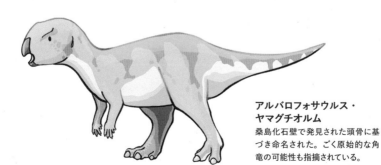

**アルバロフォサウルス・
ヤマグチオルム**
桑島化石壁で発見された頭骨に基づき命名された。ごく原始的な角竜の可能性も指摘されている。

フクイラプトル

| ふくいらぷとる | *Fukuiraptor*

1991年、福井県勝山市で巨大な"ラプトル"の化石が発見された。ユタラプトルに次ぐサイズのドロマエオサウルス類かに思われたその骨格は、実はアジア初のメガラプトル類だったのである。

福井の"ラプトル"

1982年、福井県勝山市のとある川沿いの露頭で、ワニ類の全身骨格と謎の骨片が発見された。1988年にこの場所で行われたわずか3日間の予備調査で獣脚類の歯が2本発見され、さらに謎の骨片も恐竜のものであることが判明し、この場所は今日まで続く日本最大の恐竜発掘現場となったのである。

1991年の調査でこの場所から発見されたのは、巨大な末節骨（→p.217）とそのすぐそばに散らばる獣脚類の骨の断片であった。これらの化石は同じ個体に由来するものと思われ、顎の骨の破片にはドロマエオサウルス類らしき特徴が確認された。巨大な末節骨もドロマエオサウルス類の特徴的な第II趾（足の人差し指）にある"シックル・クロー"とよく似た形態で、これらの化石は巨大なドロマエオサウルス類のものとみて間違いなさそうだったのである。

詳細な検討の結果、シックル・クローかと思われた末節骨は前肢のものであることが判明した。上下の顎の断片や前肢の末節骨、後肢から浮かび上がってきたのは、ユタラプトルよりやや小さいだけの、すらりとした巨大ドロマエオサウルス類の姿であった。

謎の中型恐竜

巨大なドロマエオサウルス類であるユタラプトルが命名された直後だったことも相まって、「福井の巨大ドロマエオサウルス類」は世界中の研究者から注目を集めた。そんな中で1995年から始まった第二次調査では、第一次調査の掘り残しが次々と採集された。「福井の巨大ドロマエオサウルス類」は前後肢の大部分に加えていくつかの背骨や腰帯の破片まで発見され、復元（→p.134）骨格が組み立てられることになったのである。

骨格のパーツがある程度揃ったことで、ある事実が明らかになった。巨大なドロマエオサウルス類だと誰もが思っていたこの恐竜は、どちらかといえばアロサウルス（→p.42）をほっそりさせたような外見だったのである。復元骨格の全長（→p.142）は4.2mほどとなったが、この個体は明らかにまだ亜成体であった。日本で初めて復元骨格の制作までこぎつけたこの獣脚類は、フクイラプトル・キタダニエンシスと記載（→p.138）・命名されたのだった。

ドロマエオサウルス類としての復元

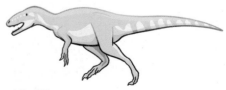

今日の復元

:: アジアのメガラプトル類

フクイラプトルのホロタイプは部分的な骨格ではあったものの、珍しい特徴を多数持っており、それまでに命名された獣脚類の中によく似たものは見当たらなかった。オーストラリア産の正体不明の獣脚類の足首がよく似た特徴を備えていたが、特筆すべきものはそのくらいだったのである。フクイラプトルは原始的なタイプのアロサウルス類とされたが、あまり詳しいことはわからなかった。

勝山市の発掘現場ではその後、フクイラプトルの幼体と思しき化石が複数個体分発見された。また、かつて小型のドロマエオサウルス類のものと考えられ、"キタダニリュウ"と呼ばれてきた歯の化石もフクイラプトルの幼体の歯であると考えられるように

なった。

フクイラプトルの系統的な位置付けは長い間不明瞭だったが、2010年代になってメガラプトル類（→p.72）の原始的なタイプであると考えられるようになった。原記載の際に比較されたオーストラリア産の正体不明の獣脚類も実はメガラプトル類だったのだが、2000年代の獣脚類に関する知見の範囲で解明できる話ではなかった。その10年の間に、獣脚類の研究は飛躍的に進んだのである。

フクイラプトルは確実にメガラプトル類といえるものとしてはアジアで初めて発見されたものでもあった。その後タイでもフクイラプトルに似たメガラプトル類が発見され、白亜紀前期にアジアの各地で原始的なタイプのメガラプトル類が栄えていたことが明らかになったのである。

頭部 上下の顎の断片と歯しか発見されていない。2000年に完成した復元骨格ではシンラプトルを参考にして復元されたが、実際にどんな形態だったのかははっきりしない。進化型のメガラプトル類と比べると大きめの頭だったようだ。

背骨 わずかに発見された頸椎や胴椎は癒合が進んでいなかった。これは、フクイラプトルのホロタイプがまだ成長の途上にあったことを示している。

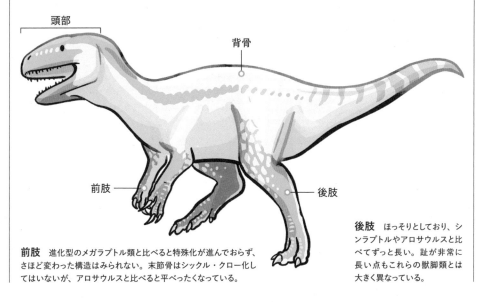

前肢 進化型のメガラプトル類と比べると特殊化が進んでおらず、さほど変わった構造はみられない。末節骨はシックル・クロー化してはいないが、アロサウルスと比べると平ったくなっている。

後肢 ほっそりとしており、シンラプトルやアロサウルスと比べてずっと長い。趾が非常に長い点もこれらの獣脚類とは大きく異なっている。

日本の恐竜化石

にほんのきょうりゅうかせき │ dinosaur fossils from Japan

「日本から恐竜化石は出ない」── それがかつての常識であった。当時日本領だった南サハリンでのニッポノサウルスの発見は例外的なものとみられており、陸成層が比較的珍しく、続成作用を強く受けたものがほとんどを占める日本の中生代の地層では恐竜化石の発見は期待できないとみられていたのである。

日本の恐竜発掘

　非常に複雑な歴史を経て形成されたのが日本列島であり、「恐竜時代」すなわち中生代の地層（→p.106）は様々な時代のものが全国各地に点在している。一方、山がちで森林の多い日本には見渡す限り全て露頭ともいえるバッドランド（→p.107）が存在しないため、化石を探す段階で非常に高いハードルが存在する。また、日本の中生代の地層の多くは続成作用を強く受けており、母岩が硬いため小規模発掘でも大変な労力を要する。大型の恐竜化石は大規模な発掘でないと採集が難しいが、日本でこれを行うためには深い山中に重機を持ち込む必要が出てくるため、許可申請に加えて予算など、さらなる高いハードルが待ち受けている。

　こうした悪条件にもかかわらず、1970年代から全国各地で散発的に恐竜化石が発見されるようになり、1980年代以降は手取層群（→p.230）を皮切りに各地で恐竜化石の有望な産地が発見されるようになった。こうした産地のほとんどは陸成層だったが、近年ではアンモナイト（→p.114）やイノセラムス（→p.115）の産出で知られていた海成層（→p.108）でも保存状態のよい恐竜化石が発見されるようになってきた。フクイヴェナトルやカムイサウルス（→p.38）のように、世界的に見ても完全度・保存状態の優れた化石を産出しているのが今日の日本列島である。明治時代から続く古生物学の積み重ねが、こうした成果につながっている。

日本の恐竜化石の例

　日本の中生代の地層は様々な時代、様々な堆積環境のもとで堆積した陸成層、海成層が知られており、大きな河川の氾濫原（洪水時に水浸しになるエリア）や浅海で堆積した地層で恐竜化石が発見されることが多い。特に前者の場合、恐竜化石だけでなく、様々な生物の化石が同時に多数発見される場合が多く、当時の生態系全体を復元（→p.134）するのに重要な情報が得られる。一方でカムイサウルスのように、アンモナイトのよく産出するやや沖合で堆積した海成層から全身骨格が発見された例もある。こうしたケースではアンモナイトを示準化石（→p.112）として活用することでかなり高精度に時代が決定できるほか、タフォノミー（→p.158）の特殊な例としても大きな研究価値がある。

　日本産の恐竜化石は骨格の一部が単離して発見される例が大半を占めており、全身骨格はおろか、1個体分のまとまった部分骨格もかなり珍しい。化石の保存状態は地層によってばらつきがあるが、手取層群のように非常に保存状態のよい恐竜化石が多産する地層も知られている。

　日本で発見される恐竜化石は体化石（歯や骨格）だけでなく、足跡（→p.120）や卵（→p.122）といった生痕化石（→p.118）もかなりの数が知られている。琥珀（→p.198）を多産する地層もあり、「恐竜入り琥珀」の発見も期待されている。

▓ 日本の恐竜産地

今日の日本列島は左右逆にした「く」の字形だが、中生代の間はより真っ直ぐな状態で、ユーラシア大陸の東縁部をなしていた。中生代の地層は日本各地に点々と露出しており、恐竜化石の産出は白亜紀の地層に集中している。北海道や近畿、九州では白亜紀の終わり近くの地層から恐竜化石が産出しており、長崎県で産出した恐竜化石の中には白亜紀最末期のものもあるようだ。

手取層群のように比較的狭い地域における約2000万年に及ぶ期間の恐竜の移り変わりを見ることのできる地層もあれば、北海道の蝦夷層群と四国・近畿地方の和泉層群のように、同時代の恐竜を離れた地域間で比較できる地層もある。

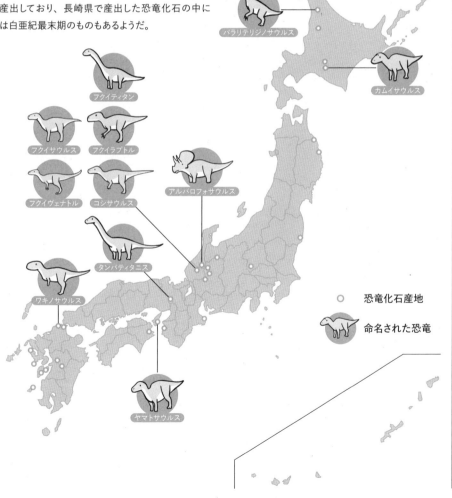

パラリテリジノサウルス

カムイサウルス

フクイティタン

フクイサウルス

フクイラプトル

フクイヴェナトル

コシサウルス

アルバロフォサウルス

タンバティタニス

ワキノサウルス

○　恐竜化石産地

　　命名された恐竜

ヤマトサウルス

標本と復元

　博物館の標本には、それぞれ標本番号が割り当てられる。次章で紹介するように、有名な標本では標本番号とは別に愛称が付けられたり、標本番号そのものが恐竜ファンの間に膾炙していたりもする。とはいえ、標本番号はあくまでも標本の整理番号に過ぎない。

　古生物学者が研究対象の標本番号をいちいち覚えているかといえば、そんなことは全くない。古生物学者同士の会話では「〇〇博物館のアレ」、「×× (研究者の苗字) の△△年の論文に図が出ているアレ」というような言い方が乱れ飛ぶことがしょっちゅうである。もっとも、どこの博物館にどんな標本が収蔵されているのかという情報は研究者にとって極めて重要であり、標本の概要と所蔵先はセットで頭の引き出しに収まっているものだ。だからこそ、こうした言い方が乱れ飛んでも会話がきちんと成立するのである。

　現生生物であれば、一つの種について膨大な数の標本が保存されている場合がそれなりにある。そして膨大な数の標本を調べることで、その種の「平均的な個体」を描き出すこともできるのである。「平均的な人間」が存在しないように「平均的な個体」も現実には存在しないが、一つの個体にみられる特徴のうち、どれが種の特徴として重要なのか、どれが種内変異の大きな（個体によって異なり得る）特徴なのか、といったことを把握することは大切である。

　恐竜の場合、一つの種に関して現生生物ほどの標本数を確保することは不可能である。ボーンベッド (→p.170) から採集された数百体分の骨格の一部、というのがせいぜいであり、個体変異について現生生物ほど詳しく調べることは端から期待できない。こうした過酷な条件の下、古生物学者たちは恐竜を記載 (→p.138) し、系統解析 (→p.154) との戦いを続けている。

　さて、こうした古生物の標本を巡る問題は、復元 (→p.134) にも大きな影響を与えている。ホロタイプしか発見されていない恐竜の種は数多く、標本数は多くても保存状態のよい頭骨や全身骨格がほとんど知られていないものはさらに多い。こうした場合はコンポジット (→p.262) で復元するほかないが、当然これはあるべき一つの個体からはかけ離れた姿になる。また、全身骨格ただ1体のみが知られている場合、復元そのものは比較的たやすいが、その姿はあくまで特定の1個体を表したものであり、「平均的な個体」とはだいぶ異なる姿の可能性もある。「復元の正しさ」は話題に上りやすいが、「何を復元しているのか」について注意してみるのも面白いだろう。

Dinopedia

3
Chapter

番外編

古生物学の研究材料だけが恐竜ではない。
古生物学からスピンオフした存在として、
恐竜や化石を題材とする様々な文化も存在する。
そんな深淵を、ちょっとだけご案内。

AMNH 5027

| えーえむえぬえいちごぜろになな | AMNH FARB 5027

1915年の暮れ、ニューヨークのアメリカ自然史博物館で史上最大の陸生肉食動物の復元骨格が落成した。世界最高峰の技術を結集して組み上げられたそれは、「肉食恐竜」のイメージを決定付けるものとなったのである。AMNH 5027の番号で呼ばれる、世界で最も有名なティラノサウルスの標本の一つをここで紹介しよう。

:: 丘を爆破せよ

　ティラノサウルス（→p.28）の命名から3年近くが過ぎた1908年6月、化石ハンター（→p.250）のバーナム・ブラウンが調査チームを引き連れてモンタナ州のバッドランド（→p.107）へやって来た。かつて2体のティラノサウルスの骨格（ホロタイプと"ディナモサウルス"のホロタイプ）を発見したブラウンだったが、今回の調査はあまり幸先のよいものではなかった。1週間かけて掘り起こしたカモノハシ竜の骨格は首なしで、アメリカ自然史博物館館長のヘンリー・フェアフィールド・オズボーンが求めていた展示映えする骨格では到底なかったのである。1906年の予備調査で見つけていた別の化石もぱっとせず、ハズレに終わるかにみえたこの調査だったが、ブラウンはキャンプに戻る途中で丘の中腹に恐竜の尾椎が転がっているのに気が付いた。

　試しに周囲を掘ってみたところ、関節した（→p.164）尾が丘に向かって続いているのが明らかになった。この尾はそれまでブラウンが見たことのない形態で、角竜のものでもカモノハシ竜のものでもなかった。素晴らしい骨格が丘の中に眠っていることを確信したブラウンはキャンプを丘のそばまで移動させ、独立記念日のパーティーの後に本格的に発掘することを決めた。

　骨格は丘の中ほどに位置する層準に埋まっており、発掘のためには丘の上部を全て取り除く必要があった。ブラウンは細心の注意を払いつつ、ダイナマイトで丘の上部を爆破して吹き飛ばす荒業に出た。積もった土砂を取り除き、骨格の周囲を手作業で丁寧に掘り下げていく。そこにあったのは、尾の中ほどから首の先までデス・ポーズ（→p.258）で関節したティラノサウルスの骨格であった。四肢は骨格が埋まる前に流されてしまっていたが、頭骨は骨盤に引っかかっていた。ブラウン曰く、「絶対的に完全」なティラノサウルスの頭骨がそこにあったのである。

:: 2体の復元骨格

発掘はスムーズに進み、9月には無事完了した。この骨格にはAMNH 5027の標本番号が割り当てられ、早速プレパレーション（→p.128）が始まった。

AMNH 5027はホロタイプと同サイズといってよく、互いのレプリカ（→p.132）を組み合わせて2体の骨格をマウント（→p.264）できることが判明した。オズボーンはこのアイデアに入れ込み、可動式の木製骨格模型（1/6スケール）を2体用意して展示のポーズを検討した。一旦は獲物のカモノハシ竜を巡って争う案に決まったのだが、重い実物化石をそのポーズでマウントすることは困難で、展示スペースも不十分だった。

かくして、AMNH 5027の実物化石（頭骨は軽量のレプリカに交換）にホロタイプのレプリカを組み合わせ、アロサウルス（→p.42）に基づくアーティファクト（→p.136）で補填したものがマウントされることになった。ポーズは組みやすい「ゴジラ立ち」（→p.270）で決定となった。

:: ティラノサウルスの顔役

1915年12月、ついにAMNH 5027の復元（→p.134）骨格がお披露目され、新聞でセンセーショナルに報じられた。前肢は当初3本指で復元されていたが、1917年にゴルゴサウルスが記載（→p.138）され、同様の2本指である可能性が急浮上した。また、尾のアーティファクトが長すぎ、足の甲のアーティファクトも不適切であることも判明した。手はやがて2本指に交換されたが、支柱の通っていた尾と足は交換しようがなかった。

他の標本がマウントされるようになってからも、AMNH 5027はティラノサウルスの最も有名な復元骨格であり続けた。「ゴジラ立ち」が時代遅れとなっても、『ジュラシック・パーク』原作小説の表紙や映画のロゴのモチーフになったほどである。

アメリカ自然史博物館の化石ホールは1980年代後半からリニューアル工事に入り、AMNH 5027も水平姿勢へと組み直された。尾の長さは修正されたが、足は結局そのままとされた。

"スー"（→p.240）や"スタン"といった愛称で呼ばれる標本が増えてきた現代にあって、それでもAMNH 5027は昔ながらのティラノサウルスとしてアメリカ自然史博物館に君臨し続けている。今日ではAMNH FARB 5027（FARBは化石両生類・爬虫類・鳥類の略）と書くのが正式だが、略式表記でも決して誤解されることはない。

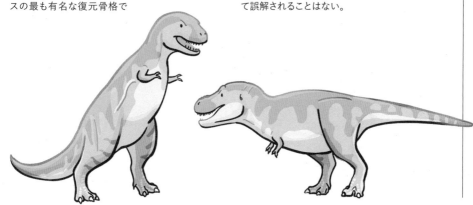

スー

| すー | SUE

発掘されて研究機関に収蔵された化石は、そこで研究標本として固有の標本番号を与えられる。こうして化石は標本番号で呼ばれるようになるが、宣伝普及を狙って対外的に愛称で呼ばれる標本もある。今日、特にティラノサウルスの骨格にはそれぞれ愛称が付けられることが多くなっているが、その皮切りとなったのが、最大にして最も完全なティラノサウルスの骨格、"スー"ことFMNH PR 2081であった。

スーの発見

1990年夏、アメリカのサウスダコタ州に広がるバッドランド（→p.107）で化石発掘・プレパレーション（→p.128）・販売業者のブラックヒルズ地質学研究所（BHI）がヘル・クリーク層（→p.190）の調査を行っていた。

チームはキャンプを張ってトリケラトプス（→p.30）の骨格を発掘中だったが、作業を中断して町までトラックの修理に行くことになった。そして、現地に残った冒険家のスーザン・ヘンドリクソンが散策していたところ、崖の下の方に骨格の一部が露出しているのに出くわしたのである。周囲には獣脚類によくある海綿質の発達した化石の破片が落ちており、骨格のサイズからしてティラノサウルス（→p.28）であることはほぼ確実だった。

3週間弱に及んだ発掘で、デス・ポーズ（→p.258）の成れの果てと化した骨格が姿を現した。上半身は完全にバラバラになっていたが腰と尾の周囲にま

とまっており、頭骨は腰の下敷きになっていた。BHIでは重要な標本に標本番号とは別に発見者にちなんだ愛称を与えることが慣例となっており、この骨格にはスーザンにちなんで"スー"という愛称が付けられた。

この時期、化石の商業取引に関する問題提起がアメリカ国内でも盛んになされるようになっており、スーの産地は連邦政府との権利問題をも抱えていた。1992年、FBIによってスーの化石は全て押収され、数年にわたる法廷闘争の末に（スーとは無関係の罪状で）BHIの代表が実刑判決を受ける事態になった。クリーニング（→p.130）中だったスーはサウスダコタの州立鉱山技術学校に保管され、その後土地所有者であったウィリアムズの所有権が認定された。ウィリアムズはスーをオークションで売却し、1997年にスーはディズニーやマクドナルドといったスポンサーを得たシカゴのフィールド自然史博物館によって760万ドル（当時のレートで約9億3000万円）で落札され、5年ぶりにプレパレーションが再開された。

スーは頭骨以外実物化石でマウント（→p.264）され、2000年にお披露目された。最も完全で、かつ保存状態のよいティラノサウルスの骨格として様々な研究材料となり、2019年から腹肋骨（→p.207）も加えて新たに組み直された姿で展示されている。

∷ スーの研究

　スーの骨格はいくつかの背骨と尾の先端を除けばほぼ全ての骨が揃っており、数あるティラノサウルス・レックスの骨格の中でも最も完全で保存状態のよい骨格である。また、骨格のサイズも全長（→p.143）を明確に推定できるものとしては最大で、推定される体重（→p.143）もトップクラスに重い。

　骨組織学（→p.204）の研究から、スーの死亡時の年齢は28歳と推定されている。ティラノサウルスの中でもかなり長生きした個体とみられているが、そのためかあちこちの骨にケガや病気の痕跡が確認されている。発掘されてから博物館に落ち着くまで厄介に見舞われたスーだが、生きていた時も波瀾万丈の暮らしを送っていたようだ。性別をメスとする意見はよく知られているが、今日スーは性別不明とされている。

プレパレーション後の頭骨

復元骨格用のレプリカ
（→p.132）

変形を完全に
補正した頭骨

スーの頭骨　頭蓋骨は骨盤の下敷きになった状態で発見され、地層の圧力で著しく変形した状態であった。復元（→p.134）骨格には歪みを矯正したレプリカが据えられているが、変形を補正しきれておらず、かなり面長に見える。実際には他のティラノサウルスと同様、かなり高さのある顔立ちだ。

ナノティラヌス

| なのてぃらぬす | *Nanotyrannus*

白亜紀後期後半、ティラノサウルス類は北米やアジアで頂点捕食者として君臨していた。白亜紀末のララミディアでティラノサウルス類といえばティラノサウルスだが、他にティラノサウルス類はいなかったのだろうか？　1940年代以来、様々な「ティラノサウルスと共存した」ティラノサウルス類が命名されては消えていった。

::: ナノティラヌスの発見

1946年、恐竜研究の暗黒時代と呼ばれるこの時期に、珍しく新種のティラノサウルス類（→p.28）が命名された。この標本はアメリカ・モンタナ州のヘル・クリーク層（→p.190）で発見された推定全長5mほどの個体の頭骨で、同じ地層から産出するティラノサウルスと比べてずっと華奢であった。研究にあたったチャールズ・ギルモアはこの頭骨が成体のものと判断し、ゴルゴサウルス属の新種（ゴルゴサウルス・ランセンシス）と命名したが、記載論文（→p.138）が出版された時にはすでに亡くなっていた。

その後ゴルゴサウルスはアルバートサウルス属のシノニム（→p.140）となり、ゴルゴサウルス・ランセンシスも自動的にアルバートサウルス・ランセンシスと呼ばれるようになった。この時期になるとヘル・クリーク層では新たに全長8mほどのティラノサウルス類の骨格も知られるようになっていたが、この骨格がティラノサウルスの幼体なのかアルバートサウルス・ランセンシスの大型個体なのかはよくわから

ないままだった。

1980年代になり、アルバートサウルス・ランセンシスのホロタイプにみられる「アルバートサウルス的」（あるいは「ゴルゴサウルス的」）な特徴が、石膏のアーティファクト（→p.136）であることが判明した。アルバートサウルス属に分類する理由がなくなったため、「恐竜ルネサンス」（→p.150）で知られるロバート・バッカーはこの恐竜にナノティラヌス（小さな暴君）という新たな属名を与えた。ナノティラヌスはティラノサウルスよりもさらに両眼立体視に優れており、小柄な体格を活かしてティラノサウルスの入り込みにくい森の中で小型の獲物を襲っていたとバッカーは考えた。

ナノティラヌスをティラノサウルスの幼体ではないと言い切ったバッカーに対し、タルボサウルスの研究に基づく反対意見も少なからずあった。ナノティラヌスのホロタイプの細部はティラノサウルスとそっくりであり、成長の過程で頭骨全体の形が変化していくことを考えると、ナノティラヌスはティラノサウルスの幼体と考えるべきだというのである。一方で、

ティラノサウルスの成長
今日、スティギヴェナトルやナノティラヌス、ディノティラヌスはティラノサウルスの成長の過程を示していると考えられている。成長の過程でここまでプロポーションが変化する例も珍しいようだ。

ティラノサウルス

ヘル・クリーク層に複数種のティラノサウルス類が存在し、ティラノサウルス・レックスと異なる生態的地位を占めていたとするバッカーのアイデアは大変魅力的であった。

こうした流れの中で、様々なアマチュア研究者がヘル・クリーク層産のティラノサウルス類の再分類を試みた。全長8mほどのすらりとした部分骨格の標本はナノティラヌスにしては大きすぎると考えられ、ディノティラヌス（恐ろしい暴君）、全長3mほどの小さな個体の頭骨はスティギヴェナトル（地獄の狩人）といった仰々しい新属名が与えられた。こうして、1990年代中頃には白亜紀末のララミディアで4属4種のティラノサウルス類——巨大でがっしりしたティラノサウルス・レックス、大型だがほっそりしたディノティラヌス・メガグラキリス、小柄で視覚と嗅覚に特に優れたナノティラヌス・ランセンシス、小さなスティギヴェナトル・モルナーリが共存していたと考えられるようになった。

▓ ティラノサウルス一家の肖像

1990年代後半には早くもこれらのティラノサウルス類の再検討が進められ、全てティラノサウルス・レックスの幼体や亜成体とする研究が発表された。これに対し、ナノティラヌスは独立した分類群で、スティギヴェナトルをその幼体とみる意見もあった。

2001年、ヘル・クリーク層で全長7mほどのティラノサウルス類のかなり完全な骨格が発見された。"ジェーン"の愛称が付いたこの標本はナノティラヌスやスティギヴェナトルのホロタイプとよく似ていたが、明らかにまだ幼体であった。ナノティラヌスを独立した分類群と考える一部の研究者は、ジェーンはナノティラヌスの若い個体で、「ナノティラヌスの成体」はまだ発見されていないだけと主張した。一方、多くの研究者は、「ナノティラヌスとティラノサウルスの違い」が、成長にともなって変化する特徴でしかないことを指摘した。「モンタナ闘争化石」（→p.166）など、「若いナノティラヌス」は他にも発見されているが、「ナノティラヌスの成体」は未発見のままである。

最近になり、頭骨の細部や体型の違いから、既存のティラノサウルス・レックスの標本のいくつかを2つの新種——ティラノサウルス・インペラトル（暴君トカゲの皇帝）とティラノサウルス・レギナ（暴君トカゲの女王）に分割する論文が発表された。ティラノサウルス・インペラトルが最初に出現し、そこからティラノサウルス・レックスとティラノサウルス・レギナが進化したとされたが、この説はほとんど支持されていない。今日、白亜紀末のララミディア産ティラノサウルス類として広く認められているのはティラノサウルス・レックスだけである。

"ディノティラヌス"　　　　"ナノティラヌス"　　　　"スティギヴェナトル"

ブロントサウルス

| ぶろんとさうるす | *Brontosaurus*

　かつて恐竜の代名詞として語られながら、恐竜図鑑から消えたものは少なからず存在する。その一つがブロントサウルスであり、竜脚類の代表として扱われながらも、一時はアパトサウルス属のシノニムとして陰に隠れた存在となっていた。化石戦争の犠牲者ともいわれたブロントサウルスだったが、近年、華麗な復活を遂げようとしている。

ブロントサウルスの発見

　エドワード・ドリンカー・コープとオスニエル・チャールズ・マーシュによる壮絶な「化石戦争」（→p.144）の中で、竜脚類の発見で先んじたのはコープであった。1877年、コープ配下の化石ハンター（→ p.250）はコロラド州のモリソン層（→p.178）で多数の竜脚類の化石を発見し、これにカマラサウルスの属名を与えたのである。史上初となる竜脚類の骨格図まで発表したコープに対し、マーシュも負けじとモリソン層産の様々な竜脚類を命名した。1877年にアパトサウルス属（惑わすトカゲ）を設立し、1879年にはブロントサウルス属（雷のトカゲ）を命名。どちらも首なしの骨格しか発見されなかったが、マーシュは後に、別の場所で発見された竜脚類の頭骨をブロントサウルスのものとみなし、コンポジット（→p.262）にして1896年に骨格図を発表した。

　1903年、ブラキオサウルス（→p.46）の発見で知られるエルマー・S・リッグスは、アパトサウルスとブロントサウルスの骨格がかなりよく似ており、後者を前者のシノニム（→p.140）にすべきだという意見を発表した。この意見は物議をかもしたが、1905年にアメリカ自然史博物館が目玉展示としてマウント（→p.264）した史上初の竜脚類の復元（→p.134）骨格はあくまでブロントサウルス名義とされた。この骨格には、マーシュの骨格図準拠ではなく、アメリカ自然史博物館のプレパレーター（→p.128）がカマラサウルスをもとに造形したアーティファクト（→p.136）が載せられていた。

首なし恐竜

　1909年、今日ユタ州の恐竜国定公園として知られる場所で大規模なボーンベッド（→p.170）が発見された。恐竜のボーンベッドが数多く知られるモリソン層の中でも質・量とも最高クラスのものであり、カーネギー自然史博物館のチームはここでほぼ完全だが頭のないアパトサウルスの骨格を発見した。骨格のすぐそばにはディプロドクスと似た頭骨が転がっていたが、そのサイズはアパトサウルスの骨格とぴったり一致するものであった。

　これを踏まえ、カーネギー自然史博物館館長のウィリアム・H・ホランドはアパトサウルス（やブロントサウルス）の頭骨はディプロドクスとよく似ており、両者は近縁であると考えた。しかし、カーネギー自然史博物館のライバルであったアメリカ自然史博物館館長のヘンリー・フェアフィールド・オズボーンはこの意見を激しく否定した。カーネギー自然史博物館のアパトサウルスは首なしの状態でマウントされ、ホランドの死後にカマラサウルスの頭骨レプリカが据えられることになったのである。

　その後の研究でアパトサウルスはディプロドクス科に属し、カマラサウルスとは特に近縁ではないことが判明した。その後発見されたアパトサウルスの頭骨と断言できる頭骨もディプロドクスとよく似た形態だったのである。

∷ ブロントサウルス復活

アメリカ自然史博物館の復元骨格は長らく「ブロントサウルス」名義だったが、研究者のほとんどは1903年のリッグスの意見に同調し、ブロントサウルスの属名が論文で用いられることはほとんどなくなっていた。1990年代に行われたアメリカ自然史博物館のリニューアル工事で「ブロントサウルスの復元骨格」も組み立て直され、アパトサウルス名義に展示キャプションが書き直されるとともに頭骨

のアーティファクトもアパトサウルスの頭骨レプリカに交換されたのである。

ディプロドクス科の系統関係に関する研究は近年盛んになっており、ブロントサウルス属をアパトサウルス属から切り離して復活させるべきという意見も出ている。「雷竜」として親しまれていた頃のブロントサウルスの復元が戻ってくることはもうないが、研究の進展によってブロントサウルスの属名は今甦ったのだ。

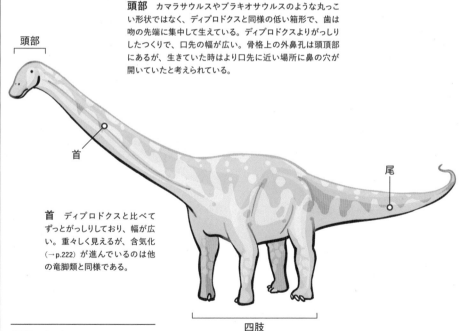

頭部 カマラサウルスやブラキオサウルスのような丸っこい形状ではなく、ディプロドクスと同様の低い箱形で、歯は吻の先端に集中して生えている。ディプロドクスよりがっしりしたつくりで、口先の幅が広い。骨格上の外鼻孔は頭頂部にあるが、生きていた時はより口先に近い場所に鼻の穴が開いていたと考えられている。

頭部

首

尾

首 ディプロドクスと比べてずっとがっしりしており、幅が広い。重々しく見えるが、含気化（→p.222）が進んでいるのは他の竜脚類と同様である。

四肢

体型 ディプロドクス科の体型は属によって様々だが、すらりとした細身のものが多い。アパトサウルスとブロントサウルスは例外的にどっしりした体型である。ブロントサウルスはアパトサウルスと比べるとやや細身だが、肉付けしてしまうと違いを見いだすのは難しい。

四肢 ディプロドクスと同様の構造だが、ずっとどっしりしている。前肢の指はほぼ退化しており、爪があるのは第I指（親指）だけである。

尾 ディプロドクスと比べて短めだが、基本的な構造は同じで、先端付近は「ムチ状」と呼ばれる細く柔軟な構造になっている。

セイスモサウルス

| せいすもさうるす | *Seismosaurus*

1970年代から80年代にかけて、アメリカ西部のジュラ紀後期の地層で続々と巨大な竜脚類の化石が発見され、新種として記載された。これらの恐竜はいずれも全長30m以上と推定され、「史上最大の恐竜」は一気に30m台の競い合いとなり、40m級まで手の届く時代に突入したのである。背骨や肩甲烏口骨1点から弾き出した数字を競い合う浮かれた時代に、「推定全長52mの全身骨格」を引っ提げ、真打ちとして登場したのがセイスモサウルスであった。

■ 偶然の発見

1979年、アメリカ南西部のニューメキシコ州でセイスモサウルスの化石を発見したのは、アメリカ先住民の残した岩絵を見にやって来た二人組であった。二人はもう二人の友人を現場に誘い、この発見を土地管理局に伝えることに決めた。

この一帯では恐竜化石が発見された前例がなかったが、化石の見つかった場所は国立公園内で、発掘にかかる制約は予算だけでは済まなかった。結局土地管理局は動かず、化石はその場に残された。

1985年になり、開館準備に向けて大忙しだったニューメキシコ自然史科学博物館のデービッド・ジレットにこのニュースがもたらされた。最初の発見者である四人に土地管理局の有志まで加わったボランティア隊による予備調査で、二日がかりで関節

した（→**p.164**）大型竜脚類の尾の一部が採集された。相当な部分が現場に残っているのは確実だったが、母岩が極端に硬い上に化石とほとんど区別が付かず、国立公園ゆえに重機の使用はおろか人力でもやみくもに掘り返すことが許されない状況であった。

本格発掘までの中断期間中、原爆の開発で有名なロスアラモス国立研究所の研究者たちから、リモートセンシング（電磁波や音を利用して、物体に触れることなく探査すること）の提案があった。すでに地質調査や考古学（→**p.274**）の遺跡発掘でリモートセンシングの実績があり、化石の埋積状況を探る即戦力としても期待できたのである。

1987年から本格的な発掘が始まり、人工地震の反射波を利用して地下を探査する地震波トモグラフィーが比較的うまくいくことが判明した。発掘と並行してプレパレーション（→**p.128**）と研究も始まり、1991年にこの恐竜は大地を揺るがすほどの巨大さと、地震波トモグラフィーをかけて「地震トカゲ」セイスモサウルスと命名された。この時点でクリーニング（→**p.130**）の終わっていた部位はわずかだったが、近縁のディプロドクスに基づき「最低でも全長28m、おそらく全長39〜52m」と推定された。そして、推定値の最大に近い方がより確かであると考えられたのである。

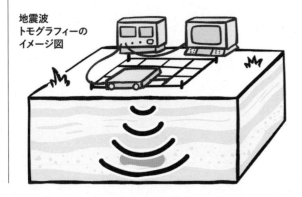

地震波
トモグラフィーの
イメージ図

∷ 全長35m

　1992年にセイスモサウルスの発掘は終わり、胴体と尾の前半部、いくつかの頸椎らしき化石が採集された。ボランティアに加えて他の博物館にもクリーニングを委託したが、非常に硬い母岩が肉眼では化石とほとんど区別がつかず、クリーニングは難航した。しかし、2002年に開催される日本のイベントで復元(→**p.134**)骨格を展示することが決定し、

2000年から急ピッチで作業が進められた。

　プレパレーションは復元骨格の制作を最優先とし、レプリカ(→**p.132**)の制作が可能となった段階でクリーニングは打ち切られた。その過程で、頸椎だと思われていたものが化石ですらなかったことが判明した。また、原記載(→**p.138**)での全長の推定が楽観的すぎたことも明らかになった。プレパレーションが進むにつれてセイスモサウルスの全長はどんどん縮み、完成した復元骨格は公称35mとなったのだった。

∷ さらばセイスモサウルス

　イベント会場にはクリーニングの終わっていなかったセイスモサウルスの化石も持ち込まれ、クリーニングの実演が行われた。その最中、セイスモサウルスの重要な特徴とも考えられていた部分が化石に付着したコンクリーション(→**p.168**)であることが判明するという事件が起きた。

　セイスモサウルスの復元骨格はイベント終了後に日本の博物館に常設展示されることになり、ニューメキシコ自然史科学博物館での展示用に復元骨格

2号の制作が決まった。並行して追加クリーニングと再記載の準備が始まったが、その結果復元骨格1号でも尾の復元が長すぎたことが判明した。復元骨格2号の全長はさらに縮んで33mとされたが、追加クリーニングの結果、セイスモサウルスを独自の属たらしめていた特徴が全て誤認であることも判明した。こうしてセイスモサウルス属はディプロドクス属のシノニム(→**p.140**)となり、セイスモサウルス・ホールオルムは今日ディプロドクス・ホールオルムと呼ばれるようになっている。

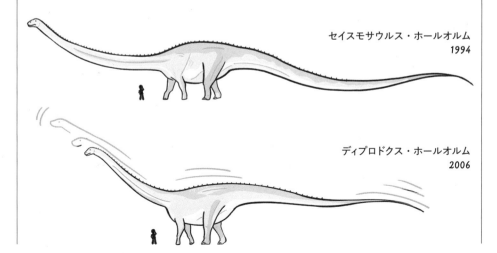

セイスモサウルス・ホールオルム
1994

ディプロドクス・ホールオルム
2006

マラアプニサウルス

| まらあぷにさうるす | *Maraapunisaurus*

発掘された恐竜化石はジャケットに包まれ、博物館まで大切に持ち帰られる。だが、様々な不慮の事故により、発掘時や輸送中に化石が修復不可能なレベルまで損傷したり、博物館内の事故などで展示品・収蔵品が完全に破壊されてしまうこともある。こうして失われた化石の中には、史上最大の陸上動物のものも含まれていたらしい。

消えた化石

19世紀後半、アメリカ西部ではエドワード・ドリンカー・コープとオスニエル・チャールズ・マーシュによって「化石戦争」（→**p.144**）が繰り広げられていた。恐竜研究の黎明期であったこの時代、少なくない標本が発掘・輸送中の事故で損傷したり、収蔵庫の中で行方不明になったことが知られている。

1877年、コープ配下の化石ハンター（→**p.250**）、オラメル・W・ルーカスが、アメリカ・コロラド州のモリソン層（→**p.178**）で様々な竜脚類の化石を発見した。コープはこの中の一つにアンフィコエリアス・アルトゥスという学名を与えたが、これは初めて発見されたディプロドクス類の部分骨格であった。

この時、ルーカスは極めて巨大な竜脚類の胴椎の一部も採集していた。論文に図版をほとんど載せないことで悪名高かったコープにしては珍しく、標本のスケッチを添え、この標本は1878年にアンフィコエリアス・フラギリムス（種小名は「非常にもろ

い」の意）として記載（→**p.138**）された。

コープは自らが記載した化石の多くを私有していたが、晩年になって資金繰りに苦労するようになると、アメリカ自然史博物館にコレクションを売却した。膨大な量の化石が数年がかりでアメリカ自然史博物館に送られ、博物館のスタッフやコープのコレクションの再記載を行おうとする外部の研究者たちが標本整理にとりかかったのだが、コープが記載したはずの標本のいくつかは（コープの生前から）コレクションの中から消えていた。その中にはアンフィコエリアス・フラギリムスのホロタイプや、その近くで同時に発見されたという巨大な大腿骨の断片も含まれていたのである。

アメリカ自然史博物館では、これらの標本が整理を進めるにつれてひょっこり現れることを期待し、あらかじめ標本番号を割り振っておくことにした。アンフィコエリアス・フラギリムスのホロタイプにはAMNH 5777の標本番号が与えられたが、それらしいものが見つかることはとうとうなかった。

超・超巨大竜脚類

こうして記載論文とその図版だけを残して行方不明になってしまったAMNH 5777だが、コープは論文の中でその高さについて「1500m」と書き記していた。これは高さ1500mmの誤植か表記ミスだが、それが確かなら、いかなる既知の竜脚類の胴椎よりも巨大な標本ということになる。

アンフィコエリアス・フラギリムスをアンフィコエ

リアス・アルトゥスのシノニム（→**p.140**）とみなす意見がたびたび唱えられており、それに従うとAMNH 5777はディプロドクスとよく似た姿の恐竜だったことになる。そこでディプロドクスを元に計算すると、AMNH 5777の推定全長は60mというとてつもない巨体になってしまう。あまりに現実味のない数字であった。

:: 誤植か、それとも

　あまりにも現実味のない推定全長、そしてそもそも標本が行方不明であることもあり、アンフィコエリアス・フラギリムスが恐竜のサイズを真面目に論じる研究で取り上げられることは基本的になかった。コープのスケッチは極端に含気化（→p.222）の進んだ胴椎を描いており、化石のもろさゆえに発掘現場からの輸送中に木っ端微塵に砕けてしまったと考えられている。全長40mを超えると断言できる竜脚類の化石が他に知られていないことから、ますますAMNH 5777の存在は「伝説」となった。スケッチに基づく実物大模型も制作されたが、見世物以上のものとして扱われることはなかったのである。

　2014年、こうした状況に一石を投じる研究が発表された。コープはAMNH 5777の高さを「1500m」と論文に書いていたが、実は「1500mm」ではなく「1050mm」の誤植だというのである。高さ以外にも様々な部分の計測値が論文に記されているが、スケッチと比較してみると、高さ1500mmでは他の計測値と整合性が取れない。高さ1050mmの誤植だと仮定すると、より整合性が取れるという。そうだとすれば推定全長は40mほどと、依然として巨大ではあるが現実味のある数字になる。

　この「誤植説」に対し、長年アンフィコエリアス・フラギリムスの研究にとり憑かれてきた研究者は真っ向から反論した。そして、コープのスケッチを見る限り、AMNH 5777はアンフィコエリアス・アルトゥス（ディプロドクス類）よりも、非常に背の高い胴椎で知られるレバッキサウルス類に似ていることを指摘した。この「レバッキサウルス類説」は以前にも恐竜マニアの間で囁かれていたが、改めてその可能性が示されたのである。AMNH 5777がレバッキサウルス類だとすれば、その高さが1500mmだったとしても推定全長は30〜32mほどに留まる。かくしてAMNH 5777をアンフィコエリアス属に分類するのは不適当と考えられ、新属マラアプニサウルス（「マラアプニ」は南部ユテ族の言葉で「巨大」の意）が設けられた。

　アンフィコエリアス・フラギリムス改めマラアプニサウルス・フラギリムスとなったAMNH 5777だが、新標本なくしてマラアプニサウルスのきちんとした研究は不可能である。AMNH 5777の本当のサイズを知る術はもはや存在しないのだ。

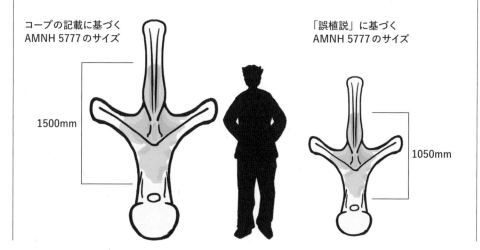

コープの記載に基づく
AMNH 5777のサイズ

1500mm

「誤植説」に基づく
AMNH 5777のサイズ

1050mm

化石ハンター

| かせきはんたー | **fossil hunter**

古生物学の黎明期である19世紀、化石を探し歩いては名だたるコレクターや学者たちを相手に丁々発止のやり取りを繰り広げる人々がいた。こうした人々はいつしか「化石ハンター」と呼ばれるようになり、化石ハンターと古生物学者の境界も曖昧になっていった。化石ハンターの存在は、古生物学の屋台骨そのものなのだ。

化石ハンターの歴史

19世紀前半にはすでに、化石を発掘してはコレクターや研究者を相手に販売して生計を立てる人々がいた。黎明期の化石ハンターとして知られるメアリー・アニングは一家で化石の採集・販売を行っており、宗教的マイノリティーとして苦しい生活を強いられる中で、化石採集の才能を活かして家計を助けた。女性の社会的立場が弱く、学会への参加も許されていなかったこの時代にあって、独学で古生物学を学び、実際の化石に精通したアニングを頼る地質学者・古生物学者は後を絶たなかった。アニングは次々と首長竜（→p.86）や魚竜（→p.90）、翼竜（→p.80）の化石を発見し、プレシオサウルスやイクチオサウルスの研究で知られるヘンリー・デ・ラ・ビーチや、メガロサウルス（→p.32）の命名で知られるウィリアム・バックランドはアニングの良きフィールド仲間でもあった。また、イグアノドン（→p.34）の命名者であるギデオン・マンテルもアニングの店を訪ねることがあった。生涯独身だったアニングが経済的に困窮した際には、学界の重鎮となっていたデ・ラ・ビーチやバックランドが援助のために奔走したのである。アニングは死後に学界で追悼され、「化石ハンター」がいかに古生物学において重要な存在であるかを示すことになった。単なる化石の販売者ではなく、化石産地の地質や化石そのものに精通した化石ハンターたちは、フィールドに生きる古生物学者そのものだったのである。

古生物学におけるこうした化石ハンターたちの存在感はその後も高まり続け、アメリカ西部を主戦場とした「化石戦争」（→p.144）ではエドワード・ドリンカー・コープとオスニエル・チャールズ・マーシュ麾下の化石ハンターたちが熾烈な発掘競争を行った。コープとマーシュ双方の下で働いたチャールズ・ヘイゼリアス・スターンバーグや、マーシュの右腕として八面六臂の活躍をみせたジョン・ベル・ハッチャーなど、今日まで伝説として語り継がれる数々の化石ハンターがこの時代に生まれた。

化石戦争の終わった後も北米西部における恐竜発掘ラッシュは衰えず、ハッチャーの薫陶を受けたバーナム・ブラウンや、一家で化石採集に臨んだチャールズ・ヘイゼリアス・スターンバーグなど、世界各地の博物館の依頼で数々の化石ハンターたちがしのぎを削った。ブラウンやチャールズ・ヘイゼリアスの息子たちはフリーランスではなく博物館に籍を置き、研究者としても一流だった。

こうして古生物学者との境界がなくなった20世紀前半だったが、一方で人気の少ないバッドランド（→p.107）へ調査隊を率いて乗り込むため、化石ハンターの探検家としての側面も大きいままだった。インディ・ジョーンズのモデルの一人ともなったロイ・チャップマン・アンドリュースのように、探検家として広く知られた化石ハンターもいるほどである。

今日「化石ハンター」は、調査の一環として採集する研究者、博物館やコレクターに販売するために発掘する業者、そして趣味で探し歩く化石ファンと、化石を掘る様々な人々を呼び表す言葉となっている。化石を愛し化石に愛されるこうした人々の存在によって、露頭もろとも風化する運命にあった化石たちをこの目で見ることができるのだ。

■ 化石ハンターたちの肖像

Charles H. Sternberg

メアリー・アニング　生前は正当に評価されなかったが、今日では伝説となり、数々の伝記や映画で描かれ、ゲームのキャラクターになるほどの人気がある。英語の有名な早口言葉 "She sells seashells by the seashore."（彼女は浜辺で貝を売っている）も彼女にちなんでいるとされがちだが、実際には違うようだ。

Mary Anning

スターンバーグ一家
チャールズ・ヘイゼリアス・スターンバーグと3人の息子（長男ジョージ・フライヤー、次男チャールズ・モートラム、三男リーヴァイ）は傑出した化石ハンターであった。四男も含め息子たちは古生物学者・地質学者として活躍し、チャールズ・ヘイゼリアスも78歳まで現役だった。

John Bell Hatcher

バーナム・ブラウン　アメリカ自然史博物館のスタッフとして、ティラノサウルス（→p.28）のホロタイプをはじめ数々の有名な化石を発見した。派手好きでも有名で、フィールドでも白シャツ姿だったという。優秀な研究者でもあり、スターンバーグ一家とは発掘・研究の双方で友好的なライバル関係にあった。

ジョン・ベル・ハッチャー
生まれつき病弱だったが、化石ハンターとしてアメリカだけでなく南米でも活躍した。マーシュの助手だった際には、一人で大量のトリケラトプス（→p.30）の化石を発掘している。研究者、プレパレーター（→p.128）としても一流で、アメリカ自然史博物館に就職したばかりのブラウンを指導することもあった。

Barnum Brown

Roy Chapman
Andrews

ロイ・チャップマン・アンドリュース　アメリカ自然史博物館の床磨きから始まり、隊長として中央アジア探検隊を率いた。館長まで上り詰めたが、生粋の冒険家のため性に合わなかったようだ。化石を掘り出す作業は不得手で、プレパレーターたちは発掘中に破損した化石を見ては、頭文字を取って「RCAされている」といい合ったという。

ベルニサール炭鉱

| べるにさーるたんこう | Bernissart coalmine

1878年、ベルギーのベルニサール炭鉱の地下322mを走る坑道から姿を現したのは、石炭では夥しい数の完全かつ関節したイグアノドンの骨格であった。大型恐竜の完全な骨格が発見されたのはこれが初めてのことであったが、一方で化石は深刻な黄鉄鉱病に蝕まれてもいたのだった。

ベルニサールの恐竜鉱山

ベルギーとフランスの国境地帯の地下数百mには古生代石炭紀の分厚い地層（→p.106）が存在し、豊富な石炭を含んでいる。このため、国境付近のベルニサール村をはじめ、19世紀には各地で炭鉱が稼働していた。

1878年の春、ベルニサール炭鉱の地下322mを走る坑道で"木の切り株"や"黄金"が産出した。"木の切り株"が動物の化石であり、"黄金"が黄鉄鉱であることはすぐに判明したが、化石の中にはイグアノドン（→p.34）の歯まで混じっていたのである。

ブリュッセルの王立博物館から派遣されたド・ポーは現場に夥しい数の化石が埋まっていることに気付き、産状（→p.160）を現地で記録してからブロックごとに分割して運び出すことにした。坑道の中は狭く暗い上、時には発掘現場全体が水没するほどの湧水も発生した。さらに、化石は黄鉄鉱病（→p.254）でもろくなっており、ド・ポーは石膏や粘土を駆使してジャケット（→p.126）を制作することにした。発掘されたイグアノドンには「がっしり型」と「華奢型」があり、ボーンベッド（→p.170）の大半を占める「がっしり型」は新種と判断されてイグアノドン・ベルニサールテンシスと命名された。そして古生物学者のルイ・ドローの監督の下で実物化石を用いてマウント（→p.264）が制作され、1882年にお披露目されたのだった。

1881年には、地下356m地点でも小規模なイグアノドンのボーンベッドが発見された。しかし、資金難から発掘はこの年で打ち切られ、その後長らく再開されることはなかった。

第一次世界大戦でドイツ軍によって一帯が占領されると、ドイツの古生物学者がベルニサール炭鉱の発掘再開を試みた。が、ドイツ軍の敗退によって発掘はまたも中断され、戦後も再開されることなくベルニサール炭鉱は閉山してしまったのだった。

ベルニサール炭鉱の断面図

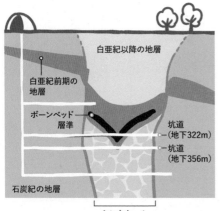

白亜紀以降の地層

白亜紀前期の地層

ボーンベッド層準

坑道（地下322m）

坑道（地下356m）

石炭紀の地層

シンクホール

ベルニサール炭鉱はいくつかの立坑とそこから水平に延びる坑道が組み合わさっている。イグアノドンのボーンベッドは、石炭紀の地層が陥没したところに白亜紀の地層が崩れ落ちた「シンクホール」と呼ばれる地質構造の中で発見された。シンクホール内は外部と比べて地層がもろく落盤のリスクが高い上、白亜紀の地層には石炭がほとんど含まれていなかったため、現場では非常に厄介なものとして扱われていた。

:: 恐竜鉱山の謎

　ベルニサール炭鉱は閉山されたため、今日では直接坑道に入って内部の地質を調べることはできない。だが、閉山後もシンクホールやボーンベッドの成因について研究が続けられている。

　ベルニサール炭鉱のシンクホールは、石炭紀の地層が侵食されてできた巨大渓谷の成れの果てであると考えられた時期があった。これを踏まえたボーンベッドの成因に関する説の中には、イグアノドンの群れが肉食恐竜に追われて崖から渓谷の湖に飛び込み、そのまま溺死して化石化したというものさえあった。この説は一般向けの書籍でしばしば紹介されたが、近年では完全に否定されている。

　今日では、比較的平坦な場所の水辺で白亜紀の地層が堆積した後、その下にある石炭紀の地層が温泉水によって侵食され、徐々に全体が陥没したことによってベルニサール炭鉱のシンクホールが生じたと考えられている。

　ベルニサール炭鉱で発見されたイグアノドンの

ボーンベッドの成因はいまだによくわかっていないが、イグアノドンの成体で構成された群れが、なんらかの事故に巻き込まれた結果とみられている。また、ベルニサール炭鉱のボーンベッドは実際には4つのボーンベッドから成っており、同じような場所で繰り返しイグアノドンの大量死が起こったことを示している。

　白亜紀前期当時、この一帯の地下には硫化水素を豊富に含んだ温泉が存在したと考えられている。それが地表に湧き出ることで、硫化水素中毒による生物の大量死がしばしば発生した可能性がある。ベルニサール炭鉱ではイグアノドンやマンテリサウルスの他にも大量の魚やワニの非常に保存状態のよい化石が産出しており、これらの動物も硫化水素で中毒死したのかもしれない。

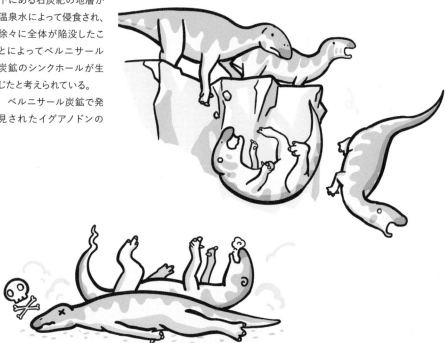

黄鉄鉱病

| おうてっこうびょう | pyrite disease, pyrite decay

古生物学の世界で200年にわたって恐れられ続けている悪名高き病がある。それが黄鉄鉱病だ。ひとたび黄鉄鉱病を発症した化石を完治させる手立てはなく、悪化すれば最終的に化石はただの岩くずへと変わってしまう。幾多の重要な標本を破壊してきた恐怖の病黄鉄鉱病とはどんな"病気"なのだろうか。

:: 黄鉄鉱と黄鉄鉱病

黄鉄鉱は鉄と硫黄からなる鉱物で、その淡い黄金色から金によく間違えられるため"愚者の黄金"と呼ばれることもある。酸素に乏しい環境（還元環境）では、水中に溶けた鉄イオンと生物組織中の硫黄が結びついて黄鉄鉱が形成されることがある。そのような環境は死骸の分解も進みにくいため化石が形成されやすく、このため化石の中に黄鉄鉱の結晶が含まれていたり、化石が黄鉄鉱そのものでできている（置換）こともある。

黄鉄鉱は湿気に弱く、空気中の水分や酸素と反応して別の鉱物へと変化しやすい。化石の内部に含まれている黄鉄鉱でこうした反応が生じた場合、化石中の他の元素とも反応し、元の黄鉄鉱から大幅に体積が増加することがある。これによって、化石は内部から膨張し、粉砕される。また、最終的に硫酸が発生し、化石を構成する様々な鉱物や、入れてあるケースまで破壊する。こうした崩壊プロセスが黄鉄鉱"病"で、"発症"前の状態に戻すことはできない。

:: 闘病の歴史と治療法

黄鉄鉱病の脅威は19世紀には認識されており、有名な例が1878年にベルニサール炭鉱（→p.252）で発掘されたイグアノドン（→p.34）やマンテリサウルスの化石である。炭鉱深くで長年酸素から遮断されてきた化石が外気に触れたことで、発掘直後から黄鉄鉱病が急激に進行した。化石は鉄のフレームで補強された石膏ジャケット（→p.126）で密閉されて博物館へと送られたが、2年後に開封すると黄鉄鉱病はジャケット内部でかなり進行していた。

博物館ではジャケットの開封後、"防腐剤"を溶かしたゼラチンを化石に塗り、黄鉄鉱病で膨張した部分は機械的に除去してから接着剤やスズ箔、張り子で修復された。こうした処理を経てイグアノドンの復元（→p.134）骨格が展示公開されたが、黄鉄鉱病の進行は止まらなかった。1930年代に大規模

な"治療"が計画され、アルコール（溶剤）とヒ素（"殺菌"用）、ニス（保護・補強用）を混ぜたものが化石に塗られた。しかし、こうした一連の"治療"は水分を化石の内部に閉じ込め、むしろ逆効果となった。

黄鉄鉱病の原因が空気中の水分や酸素、そして黄鉄鉱の存在そのものと判明したのはここ数十年のことである。化石中の黄鉄鉱を全て除去することはできないため、発掘後の速やかなプレパレーション（→p.128）で化石の水分を完全に除去し、樹脂で化石の内部まで保護することが重要とされている。しかし、内部まで浸透した樹脂であっても水分や酸素の侵入を完全に防ぐことはできず、化学分析やCTスキャン（→p.227）の妨げにもなる。先述のイグアノドンの化石は、こうした処置の上で、湿度を完全管理されたガラスケース内で公開されている。

竜骨群集

| りゅうこつぐんしゅう | plesiosaur-bone associations

暗黒の深海底は養分に乏しいため、クジラの遺骸が沈んでくるとそこは海底のオアシスとなる。遺骸はあっという間に骨だけになるが、それで終わりではない。遺骸が分解される過程で生じる硫化水素やメタンを目当てに、そうした物質をエネルギー源とする生物たちも現れる。こうした生物の群集が「鯨骨群集（げいこつぐんしゅう）」だが、クジラの出現前には存在しなかったのだろうか？

化学合成群集とクジラ

硫化水素やメタンが発生している場所の周辺では、それらを分解してエネルギーを生成する化学合成細菌を共生させて生活する、化学合成共生生物が存在する。こうした生物の群集が化学合成群集で、メタンを材料に成長したコンクリーション（→p.168）に取り込まれて丸ごと化石化した例も知られている。

化学合成群集は硫化水素やメタンが湧出する場所に加え、クジラの遺骸の周囲にみられることもある。直接遺骸を食べる生物に加え、それを捕食する生物、そして遺骸から発生する硫化水素やメタンを利用する化学合成共生生物が、クジラの遺骸を中心として小さな生態系を作っているのである。

こうした鯨骨を中心とする生物の群集は鯨骨群集と呼ばれており、化学合成群集の「飛び石」としても重要なものとみられている。しかし、クジラ類が海に進出する以前に大型動物の遺骸を中心とする生物群集が存在したのかはよくわかっていなかった。

中生代の竜骨群集

近年になり、首長竜（→p.86）の遺骸を中心とした化学合成群集の化石が日本からたびたび報告されている。また、首長竜の骨を食べていたバクテリアの生痕（→p.118）や、それを食べていたらしい巻貝の化石も周囲から発見された例がある。つまり、鯨骨群集ならぬ「竜骨群集」が白亜紀後期の海底に存在したのである。カムイサウルス（→p.38）の骨格も竜骨群集をなしていたようだ。

首長竜をはじめとする大型海生爬虫類の大半が白亜紀末で絶滅した後、クジラ類が海に進出するまでには1600万年ほどの空白期間がある。ウミガメ類は白亜紀からずっと健在であり、「亀骨群集」が竜骨群集と鯨骨群集の橋渡しになっていたとみられている。

百貨店

| ひゃっかてん | department store

地層の存在しない意外な場所にも、化石は埋まっている。例えば、百貨店や鉄道の駅など、古くからある大きなビルの壁には石灰岩やそれが変成した大理石が用いられていることがある。また、園芸用としてブロック状のものがホームセンターで販売されていることもある。こうした石材は、大量の化石を含んでいる場合があるのだ。

:: 高級石材と化石

石灰岩は水中に溶け込んだ炭酸カルシウムや、炭酸カルシウムでできた生物の遺骸（殻）が沈殿してできた堆積岩であり、後者の場合、化石の集合体ともいえる。比較的やわらかく、炭酸カルシウムの塊であるため酸にも弱い（普通の雨でもわずかずつ溶け出す）が、大量に採掘される上に加工しやすく、温かみのある色合いの石材として世界中で古くから利用されてきた。

石灰岩は日本国内でも大量に採掘されているが、石材として利用するのではなくセメントの原料として加工されている。日本で石材として利用されている石灰岩や大理石は世界各地から輸入したものであり、様々な時代の化石を含んでいるものを見ることができる。

化石を含む石材としてとりわけ有名なものが、「ジュライエロー」、「ジュラグレーブルー」と呼ばれるベージュ色や青灰色の石灰岩である。これらはドイツ産の石材で、その名の通りジュラ紀中期から後期にかけてテチス海（→p.180）のラグーンで堆積したものである。このため、サンゴやアンモナイト（→p.114）、ベレムナイト（体内に矢状の甲を持つ、イカに似た絶滅頭足類）をはじめ、恐竜や始祖鳥（→p.78）の暮らす島々を囲んでいた熱帯の海の生物の化石が豊富に含まれている。

石材の中に見つかる化石は様々な角度で切断・研磨されているため、一見すると何の化石かまったくわからないものも多い。わかりやすい角度で切断された化石を探すのももちろん、石材の中に見える謎の構造から正体に思いを巡らせるのも街中での化石さがしの醍醐味である。

石灰岩中のアンモナイトの例

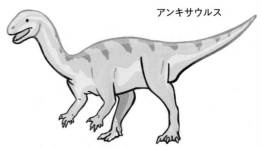

アンキサウルス

石材と恐竜 アメリカでは、原始的な竜脚形類アンキサウルスの化石を含む砂岩が橋の材料にされていたことがある。下半身は化石戦争（→p.144）で有名なオスニエル・チャールズ・マーシュが確保したが、上半身のブロックはすでに橋台にされていた。1969年に橋は取り壊されたが、上半身は結局回収できなかったという。

フィッシュ・ウィズイン・ア・フィッシュ

| ふぃっしゅうぃずいんあふぃっしゅ | Fish-within-a-Fish

自 然界は過酷である。獲物を捕らえるのは簡単なことではなく、貴重な獲物をひと呑みにする際に、きちんと呑み込めるかどうか確認している暇はない。丸呑みした獲物が大きすぎて共倒れになった例は様々な動物で知られており、そうした様子を保存した化石もあるのだ。

魚の中の魚

「フィッシュ・ウィズイン・ア・フィッシュ」として有名な化石が、西部内陸海路（→p.186）のナイオブララ層で発見されたシファクティヌスのほぼ完全な骨格である。全長4mの巨大なシファクティヌス（背ビレ以外完全な状態で関節して（→p.164）いた）の腹の中に全長1.8mのギリクスが頭から丸呑みされた状態で収まっており、ギリクスを無理やり呑み込んだことがシファクティヌスの死因になった可能性が高い。大きすぎるギリクスを丸呑みして消化不良で死んだと思しきシファクティヌスの化石は他にも知られており、非常に貪欲な魚だったことがうかがえ

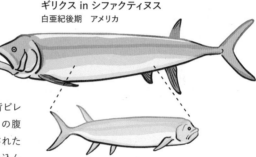

ギリクス in シファクティヌス
白亜紀後期　アメリカ

る。ギリクスが他の大きな魚を丸呑みにした状態の化石もナイオブララ層で知られており、こうした事故は決して珍しくなかったようだ。

近年確認された丸呑みによる死亡の例が、三畳紀の中国の魚竜グイジョウイクチオサウルス（全長約5m）である。体内に推定全長4m弱のシンプサウルス（謎の多い海生爬虫類タラットサウルス類）の胴体部分が入っており、無理やり呑み込んでからほどなくして死んだと考えられている。様々な動物が、獲物を丸呑みにするリスクとともに生きていたのだ。

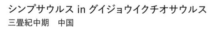

シンプサウルス in グイジョウイクチオサウルス
三畳紀中期　中国

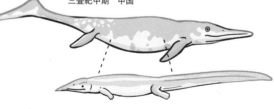

恐竜を丸呑みにした恐竜

恐竜を1匹丸呑みにしたことが原因で死んだと思しき恐竜の化石はまだ発見されていない。しかし、カナダでは胸の内側に自分の頭ほどもある巨大な骨（大型恐竜の四肢の骨?）が引っかかった状態の関節したサウロルニトレステスの骨格が発見されている。研究はまだこれからだが、ひょっとすると肉の塊を骨ごと丸呑みにしたことがこの個体の死因だったのかもしれない。

デス・ポーズ

| ですぽーず | **death pose**

化石の産状は実に様々だが、脊椎動物の場合、関節した骨格が同じようなポーズで発見されることが少なくない。エビ反りのまま大地に身を横たえたようなその奇妙なポーズは、死を象徴する姿勢「デス・ポーズ」と呼ばれている。

∷ デス・ポーズとその成因

デス・ポーズに明確な定義はないが、関節した（→p.164）骨格であり、かつ首と尾が背中側に反り返っている産状（→p.160）をこう呼び表す。小型恐竜から大型恐竜までデス・ポーズの産状が知られており、全長20mを超える大型竜脚類がU字形の見事なデス・ポーズを描いて発見された例もいくつか知られている。全身が関節した骨格がデス・ポーズになっていることもあれば、背骨だけがデス・ポーズを描き、頭骨や四肢の骨は周囲に散乱しているといった例もよくある。

恐竜化石の一般的な産状の一つであることから、デス・ポーズは決して偶然に生じたものではないと考えられている。一般的な説明として語られてきたシナリオの一つが、首や尾の姿勢を保っていた靭帯が死後の乾燥で収縮し、首や尾を背中側へ引っ張ったという説である。また、遺骸が水流を受けた際に首や尾が下流側へと押しやられたとする意見もあった。しかし、流れのない穏やかな水底で埋積されたと考えられる化石の中にもデス・ポーズで保存されたものが知られており、これらのシナリオでは必ずしも説明できない例が存在する。脳の病気などで筋肉が痙攣したことで、死ぬ前（横倒しになる前）にデス・ポーズが生じるとみる意見もあったが、タフォノミー（→p.158）の研究から、デス・ポーズは死後の現象であると考えられている。

近年、デス・ポーズの成因は極めて単純であると考えられるようになっている。首や尾にある靭帯は重力との釣り合いで自然と姿勢を保っているため、遺骸が横倒しになると重力とのバランスが崩れ、靭帯が首や尾を背中側に引き上げる力が勝るようになる。このため、靭帯が特に乾燥したり、水流の力がなくとも自然とデス・ポーズが生じるのである。鳥の遺骸を使った実験から、遺骸が水に浮いた状態だと（地面との摩擦抵抗が減少するため）デス・ポーズが生じやすくなること、靭帯が切断された状態ではデス・ポーズが生じないことが確認されている。

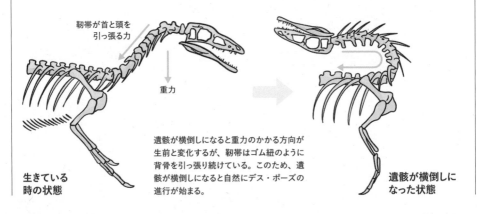

靭帯が首と頭を
引っ張る力

重力

遺骸が横倒しになると重力のかかる方向が
生前と変化するが、靭帯はゴム紐のように
背骨を引っ張り続けている。このため、遺
骸が横倒しになると自然にデス・ポーズの
進行が始まる。

**生きている
時の状態**

**遺骸が横倒しに
なった状態**

∷ 様々なデス・ポーズ

　デス・ポーズは非常に印象的なポーズであることから、プレパレーション（→p.128）の途中段階で産状の研究用と展示用を兼ねてレプリカ（→p.132）が制作されたり、骨一つ一つを完全にクリーニング（→p.130）せずに産状がよく観察できる状態でプレパレーションを終え、デス・ポーズの骨格として展示されることも少なくない。また、デス・ポーズの骨格の関節の外れた部分を復元したり、欠損部にアーティファクト（→p.136）を加えてウォールマウント（→p.265）にすることもよくある。さらには、関節の外れた骨格をデス・ポーズ風に並べ直してマウントする場合さえある。

　遺骸がデス・ポーズになったとしても、埋積のタイミングが遅れればデス・ポーズで化石化

することはない。背骨のある程度の部分だけがデス・ポーズを留めており、その他のパーツがバラバラになって周囲に散乱していたり、跡形もなく流されていたりする「デス・ポーズの成れの果て」は恐竜の部分骨格の産状としては非常によくあるパターンである。

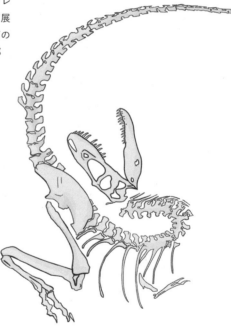

「完全」なデス・ポーズ　ゴルゴサウルスはカナダ・アルバータ州でかなりの数の骨格が発見されており、その多くはデス・ポーズの産状である。ロイヤル・ティレル博物館の標本TMP 91.36.500はその中でも特に保存状態がよく、腰や尾の一部が風化で失われているだけであった。この骨格は、実物化石の欠損部をアーティファクトで補い、若干のポーズの手直しを加えてウォールマウントとして展示されている。

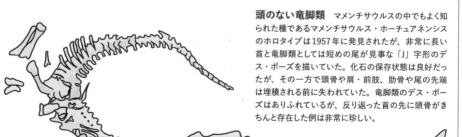

頭のない竜脚類　マメンチサウルスの中でもよく知られた種であるマメンチサウルス・ホーチュアネンシスのホロタイプは1957年に発見されたが、非常に長い首と竜脚類としては短めの尾が見事な「J」字形のデス・ポーズを描いていた。化石の保存状態は良好だったが、その一方で頭骨や肩・前肢、肋骨や尾の先端は埋積される前に失われていた。竜脚類のデス・ポーズはありふれているが、反り返った首の先に頭骨がきちんと存在した例は非常に珍しい。

ラプトル

| らぷとる | raptor

「**ゴ**ジラ立ち」しかり、大衆娯楽が科学に対するイメージを大きく変えることはしばしば起こり得る。恐竜の分類学的なグループ名は一般向けであっても学術用語そのままで用いられることが少なくないが、とあるグループはたった1本の映画をきっかけに、「ラプトル」の名で呼ばれるようになった。いわゆるラプトル ── ドロマエオサウルス類と、ドロマエオサウルス類ではないものの「ラプトル」を冠する恐竜たちにはどのようなものが存在するのだろうか。

様々な「ラプトル」

映画『ジュラシック・パーク』の中で「ラプトル」と呼ばれていた恐竜たちは、ヴェロキラプトル（→ p.50）のようなドロマエオサウルス類である。ヴェロキラプトルを縮めて呼んだ名称だが、この「ラプトル」はラテン語で「強盗」や「略奪者」、「誘拐者」といった意味であり、英語ではワシやタカといった猛禽類を指す言葉でもある。ヴェロキラプトル（「素早い強盗」）を命名したヘンリー・フェアフィールド・オズボーンは、この小柄な恐竜が機敏に動き回り、素早く獲物をかっさらう様をイメージしていたようだ。

映画の「ラプトル」は必ずしもヴェロキラプトルをモチーフとしていたわけでもないが、こうした言葉のイメージ通りのキャラクターとして大暴れした。一方で、ドロマエオサウルス類はサイズも形態も非常に多様で、羽毛（→ p.76）の有無を抜きにしても、映画の「ラプトル」のイメージとはかけ離れた姿のものも少なくない。全長1mほどの滑空性のものから、全長5mにもなるどっしりした体格のもの、長い首を持つものから前肢がごく短いものまで、「ラプトル」の姿は様々である。

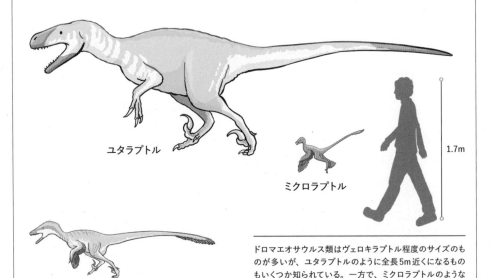

ユタラプトル

ミクロラプトル

1.7m

ヴェロキラプトル

ドロマエオサウルス類はヴェロキラプトル程度のサイズのものが多いが、ユタラプトルのように全長5m近くになるものもいくつか知られている。一方で、ミクロラプトルのような全長1m程度の滑空飛行できるものも少なくなかったようだ。

■ その他の「ラプトル」たち

「ラプトル」という名称は特定の分類群の名前として付けられたわけではなく、慣例としてドロマエオサウルス類で「〇〇ラプトル」と命名されたものが多いだけである。オズボーンがヴェロキラプトルと同時に「卵泥棒」（この場合の「ラプトル」は誘拐犯というニュアンスが強い）オヴィラプトルを命名したように、ドロマエオサウルス類ではない恐竜が「〇〇ラプトル」と命名されることも決して珍しくはない。

小型〜中型の軽快な体型の獣脚類が「ラプトル」を冠することが多いが、大型のオヴィラプトロサウルス類ということで命名されたギガントラプトル（「巨大な泥棒」）の例もある。また、メガラプトルやフクイラプトルのように、一時ドロマエオサウルス類に似た姿で復元（→p.134）されていたものもある。

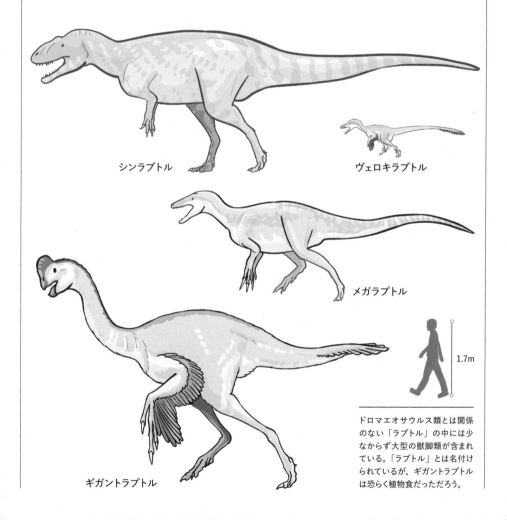

シンラプトル

ヴェロキラプトル

メガラプトル

1.7m

ギガントラプトル

ドロマエオサウルス類とは関係のない「ラプトル」の中には少なからず大型の獣脚類が含まれている。「ラプトル」とは名付けられているが、ギガントラプトルは恐らく植物食だっただろう。

コンポジット

| こんぽじっと | composite

本当の意味で「完全」な恐竜の骨格が発見されたことはない。欠損部がわずかであれば、隣り合う部位から形状や寸法を割り出したり、同種の他の標本や近縁種を参考にしたアーティファクト（レプリカではない造形物）で埋めることができる。一方で、欠損部が広範囲に及ぶ場合、全てをアーティファクトで埋めるのは骨の折れる作業だ。

　こうした場合、同じ種や近縁種の同サイズの個体と組み合わせて復元することがある。複数個体の標本を意図的に組み合わせたものをコンポジットといい、必ずしも意図的ではなかった場合（キメラ）とは区別される。

■ コンポジットの実情

　不完全な骨格をコンポジットにして復元（→p.134）する際に重要なことは、同じ種の同じサイズの個体を組み合わせることである。生物には個体変異が存在するため、たとえ同じ種であっても厳密に同じ形にはならないのが基本である。同じ全長の同じ種であっても、骨格のプロポーションには若干の違いが存在するはずだが、この問題についてはほとんどの場合スルーされる。

　骨格図や3Dデータ上で復元を行う際には、異なるサイズの標本であってもサイズを補正して組み合わせることができる。一方で、成長に合わせてプロポーションが大きく変化する恐竜も少なくない。明らかに成長段階の異なる標本同士を組み合わせることは適切ではないのだ。

　コンポジットの復元骨格を組み立てる場合、できるだけ近いサイズの個体の実物化石やレプリカ（→p.132）を組み合わせることが基本である。現代であれば3Dデータ上でサイズを補正したレプリカを組み込むことができるが、かつてはサイズの異なる様々な個体を組み合わせたため、実際とは大きく異なるプロポーションの復元骨格も多かった。

　近いサイズの同種の標本が用意できない場合、近縁種のパーツを用いて復元が行われる。同種でコンポジットを作ることができるほど標本が知られている恐竜はそう多くはないため、複数種からなるコンポジットの復元骨格は珍しいものではない。

■ トリケラトプスの"ハッチャー"

　1905年にアメリカのスミソニアン博物館で史上初となるトリケラトプス（→p.30）の復元骨格が展示されたが、これは少なくとも10個体分の実物化石からなるコンポジットだった。角竜の骨格について当時わかっていたことは少なかったため、頭骨は胴体部分と比べてかなり小さい個体のものだった。また、足はエドモントサウルスのものを誤って組み込んでいる。このため、この復元骨格は非常に小顔で足の趾が3本しかない。

　復元に関する様々な問題が明らかになってからもこの骨格はそのまま展示され続けていたが、劣化が進行したため1998年に解体され、史上初の3Dプリントされた復元骨格として生まれ変わった。コンポジットの基になった骨格をはじめ、数々のトリケラトプスの発見で知られた化石ハンター、ジョン・ベル・ハッチャー（p.250）の名前をもらったこの"ハッチャー"には、もともと組み込まれていた頭骨を拡大3Dプリントしたものが取り付けられている。

⠿ 現代のコンポジット

　古生物をコンポジットで復元するということは研究上ごく一般的な行為で、慎重に組み合わせられたコンポジットはその後発見された全身骨格と比較しても遜色ないものである。

　ここでは、現在見ることのできる様々なコンポジットをみてみよう。

スピノサウルス（→p.66）
スピノサウルスの骨格は部分的なものしか見つかっておらず、しかも胴体がよく残っていたホロタイプは戦争で失われている。2014年に「四足歩行説」を引っ提げて公開された復元骨格は、様々な標本と、失われたホロタイプの図版や写真を基に作られた3Dデータから制作されたものであった。その後、ほぼ完全なスピノサウルスの尾が発見されたことにともない、尾を丸ごと交換するとともに前肢を小さく作り直した復元骨格が新たに組み立てられている。

トリケラトプス
トリケラトプスの化石は人目を引くが、一方で1体分の骨格がよく揃った標本は数体しか存在しない。このため、トリケラトプスの復元骨格の多くは複数個体のコンポジットである。プロポーションだけでなく指の本数が不正確になってしまっているものもあり、注意が必要だ。

マウント

| まうんと | mount

日常会話ではよい意味で使われることのあまりない言葉であるが、こと恐竜に関しては復元骨格を組み立てる行為や、さらには組み立てられた復元骨格そのものを指して「マウント」という言葉が用いられることがある。ここでは、160年以上に及ぶ恐竜のマウントの歴史について紹介する。

復元骨格の歴史

1788年、スペインのマドリッド国立自然史博物館で、巨大ナマケモノ類のメガテリウムの復元（→p.134）骨格が展示公開された。動物の化石がマウントされたのはこれが初めてだったといわれている。制作にあたったのはサイエンスイラストレーター兼剥製師のフアン・バウティスタ・ブルで、現生動物の骨格をマウントした経験も豊富であった。この骨格は尾以外完全で、ブルは木材を用いて実物化石を支えるアーマチュア（支持材・フレーム）を制作した。

恐竜で初となる復元骨格は、1868年にアメリカのフィラデルフィアにある全米自然科学アカデミーの博物館で展示されたハドロサウルス（→p.36）のホロタイプである。この骨格はかなり部分的で、直接参考にできるような標本も他になかったため、組み立てにあたった彫刻家のベンジャミン・ウォーターハウス・ホーキンスは爬虫類（イグアナ）、鳥類（走鳥類）、さらには哺乳類（カンガルー）を参考にアーティファクト（→p.136）を制作した。この骨格は木を抱きかかえて葉を食べているポーズでマウントされたが、金属製のアーマチュアが極力目立たないよう、木の模型の中に支柱を通したり、アーティファクトの内部に直接アーマチュアを仕込んだりと様々な工夫がなされていた。一方で、アーマチュアの固定のために化石に直接穴を開けたり、化石の劣化が急速に進んだためにその後数年でレプリカ（→p.132）に交換したりと、様々な問題も抱えていた。

ホーキンスはハドロサウルスの復元骨格のレプリカを量産したが、こちらでは内部に直接鉄骨を通してあり、現代のレプリカを用いた復元骨格と同様、アーマチュアがほとんど外部に露出しないものとなっていた。

ハドロサウルスの復元骨格の歴史

第1号（1868年）　　→　量産型（1870年代）　　→　現在（2008年〜）

復元骨格をマウントする

復元骨格は展示公開のために制作されるのが普通だが、関節の可動範囲などを検討するための研究用のものがマウントされることもある。前者の場合、博物館の空間設計と並行して骨格のポーズや展示形態が検討される。かつて復元骨格の制作は博物館専属のプレパレーター（→p.128）が担当する場合がほとんどだったが、現代では研究機関と専門業者が協力してマウントされる場合が多い。販売用の復元骨格の場合、業者が独力で制作していることも少なくない。

復元骨格のマウントにあたっては、未発見の部位がアーティファクトや別標本（のレプリカ）で補われることがほとんどである。稀に、欠損部のシルエットだけをアーマチュアなどで形作り、特に補完を行わないものもある。別標本で欠損部を補ったコンポジット（→p.262）の場合、パーツ同士のサイズを合わせられなかった例も決して珍しくない。展示の意義を優先して実物化石をマウントする場合も少なくないが、化石は黄鉄鉱病（→p.254）などで次第に劣化するため、後々に大きな問題になることがあ

る。公開する都合上、研究も休館日にしか行えなくなるという問題もある。かつては実物化石に直接穴を開けてアーマチュアを通すことが多かったが、今日では後の研究を考慮して、化石を損傷させず、かつ簡単に取り外しができるようなアーマチュアが制作されることが多い。

復元骨格に用いられる化石のレプリカは、かつては重い石膏製か、軽いが壊れやすい張り子（紙を樹脂などで固めたもの）がよく用いられていた。ここ数十年でFRP（繊維強化プラスチック）製の軽く頑丈なレプリカが一般的になり、復元骨格のポージングの自由度は格段に高まった。また、近年では3Dデータや3Dプリンターを利用してレプリカを制作する例も増えつつある。

アーマチュアを制作する際には骨格を仮組みして入念なポーズの調整が必要だが、3Dデータを利用すればコンピューター上である程度調整ができる。実物化石をマウントする際も、レプリカを制作して仮組みを行う場合がある。こうしたアーマチュアは台座の上に取り付けられており、復元骨格の完成後も台座ごと移動可能になっていることが多い。

復元骨格の種類

ウォールマウント　骨格をレリーフ状にマウントしたもの。関節した（→p.164）化石の産状（→p.160）を利用し、アーティファクトを付け足して制作される場合が多い。

フリーマウント　四肢（や接地させた尾）のアーマチュアだけで自立する復元骨格をこう呼ぶ。フリーマウントとは呼べないが、天井からワイヤーでアーマチュアを吊ることで、一見四肢だけで自立しているように見えるものもある。

アニマトロニクス

| あにまとろにくす | animatronics

博物館で実物大の恐竜ロボットを見かけたことはないだろうか？　その場から歩き出すことこそないが、その存在感と鮮やかな動きは子どもたちの本能的な恐怖心を刺激するに余りある。

　こうした生物やキャラクターの形や動きを模した機械をアニマトロニクスと呼ぶ。アトラクションや映画の撮影になくてはならないアニマトロニクスは、恐竜の人気を陰から支えている。

▓ 恐竜とアニマトロニクス

　1980年代に入ると様々なアトラクションや映画の特殊撮影にアニマトロニクスが活用されるようになり、恐竜を模したアニマトロニクスも制作されるようになった。アトラクション用のものは全身が制作されることが多いが、特殊撮影用のものは大道具の一部として、必要な部分だけが制作される。

　アトラクション用の恐竜型アニマトロニクスで当初から高いシェアを誇っていたのが日本のメーカーである。また、このメーカーの北米代理店であった企業も独自のアニマトロニクスを開発し、1990年代になると世界中をこれらのメーカーの恐竜型アニマトロニクスが席巻するようになった。後者は恐竜化石の発掘・研究を行う非営利部門を設立して学会を支援するまでに成長したが、2000年代初頭に倒産し、

アフターサービスの受けられなくなった恐竜型アニマトロニクスが世界中に残された。日本のメーカーは今日でも高いシェアを保っており、迫力ある動きと復元（→p.134）模型としてのクオリティを両立していることから動く彫刻「動刻」と称している。

　映画の特殊撮影用のアニマトロニクスとしては、『ジュラシック・パーク』第一作で非常に大規模なものが制作され、大きな成功を収めた。当時の恐竜に関する最新の研究成果を反映し制作されたCG映像が評判を呼んだ一方で、役者と絡むシーンはアニマトロニクスを駆使して撮影された。こうした使い分けは、シリーズ最新作に至るまで続いている。

　アニマトロニクスの骨格は金属のフレームで構成され、そこに駆動装置が据えられる。駆動装置には安全を考慮してコンピューター制御の空気圧式のものが採用されることが多い。エアシリンダーが筋肉の働きを担い、そこへ空気を送るチューブが血管のように全身に張り巡らされる。軽量なウレタン樹脂で肉付けが行われた後、柔軟なラテックスやシリコーンゴムなどの樹脂で皮膚が造られ、場合によっては羽毛を模した繊維が植え込まれる。

　大迫力のアニマトロニクスはアトラクション展示の華であり、その配置は展示設計の腕の見せ所である。避けては通れない場所に恐竜のアニマトロニクスが立ちはだかり、立ち往生した子どもが泣き叫ぶ姿はしばしばみられる。

アニマトロニクスとぼく

　本書を読んでいるあなたにはきっと、行きつけの博物館があったのではないだろうか。茨城生まれ・茨城育ちの筆者にとって、行きつけの博物館は現・坂東市のミュージアムパーク茨城県自然博物館だった。

　筆者の母方の祖父はその博物館の立ち上げに深く関わっていた人で、博物館がオープンしたのは偶然にも筆者が生まれて初めての秋のことだった。生後10ヶ月ほどの筆者は、そこで博物館の文字通り"洗礼"を受けたのである。企画展のたびに招待券が届き、それに合わせて博物館へ通うのが筆者の家の行楽ルーティーンとなった。

　博物館の恐竜ホールにはティラノサウルス（→p.28）とランベオサウルス、ドロマエオサウルスのアニマトロニクスがあり、白亜紀後期の森を再現したジオラマの中で日々にらみ合っていた。筆者の大好きなトリケラトプス（→p.30）はそこにはいなかったのだが、ジオラマの中で咆哮を繰り返す茶色のティラノサウルスは筆者の恐竜の原風景となったのである。筆者とともにアニマトロニクスたちも歳をとり、時に修理を挟みながら月日は流れていった。

　筆者は古生物好きのまま育ち、企画展に合わせて博物館へ一家で行くというお約束も相変わらずだった。大学では古生物学を学ぶ道を選び、卒業研究、そして修士課程の研究で茨城県産アンモナイトをテーマに選んだ。

　筆者が修士課程の1年生だった時、博物館の恐竜ホールはリニューアル工事の真っ只中にあった。20年以上が過ぎて老朽化の進んだアニマトロニクスは全て引退し、最新復元を反映させた新型のティラノサウルスとトリケラトプスに置き換わることになっていたのである。時を同じくして博物館ではアンモナイトをテーマにした企画展が開かれることになり、茨城県産アンモナイトの展示協力者として、筆者は内覧会にお呼ばれすることになった。

　内覧会のあと、筆者の兄弟子でもあった学芸員の方のご厚意で、リニューアル工事中の恐竜ホールに入れていただく機会があった。すでに新型のティラノサウルスとトリケラトプスはジオラマに設置済みだったのだが、傍らには懐かしい顔があった。台車の上に置かれていたのは、アニマトロニクスから外された初代ティラノサウルスの生首だったのである。歯を取り外され、経年劣化した外皮を晒すがままになっていたそれに筆者は古生物学 —— 自分の行ってきたことの無常を悟ったのだった。

ディノサウロイド

| でぃのさうろいど | Dinosauroid

1982年、世界的恐竜研究者でカナダ国立博物館学芸員のデイル・ラッセルとプレパレーターのロン・セギャンが衝撃的な論文を発表した。論文の前半はカナダ産の小型獣脚類ステノニコサウルスの復元に関するものだったが、後半はラッセルによる思考実験——ステノニコサウルスの子孫が現代まで生き残っていた場合、どんな姿になっていたかという内容だったのである。

■「恐竜人間」あらわる

「恐竜ルネサンス」(→p.150) の中で、体格の割に特に巨大な脳エンドキャスト (→p.228) を持つトロオドン類が注目を集めるようになった。一方で、トロオドン類の全身骨格は当時未発見であり、復元 (→p.134) がきちんと試みられた例はなかったのである。

恐竜ルネサンスの牽引者の一人にしてトロオドン類の専門家であったデイル・ラッセルは、ロン・セギャンと共同でステノニコサウルスの実物大の復元模型の制作に取り組んだ。ラッセルはさらに、かねてから温めていたアイデアも表現することにした。

恐竜がK/Pg境界 (→p.192) で絶滅することなく生き延びていたとしたら、ステノニコサウルスのような恐竜の脳はさらに大型化し、人類に代わる「知的生命体」が出現していたかもしれない。そんな思考実験の末に誕生したのが、ディノサウロイド——「恐竜人間」の模型であった。

■ ディノサウロイドと現代の恐竜たち

ラッセルは、ステノニコサウルスの他の特徴にも注目していた。頭骨の形状から優れた両眼立体視の能力があり、さらに手の第I指(親指)を他の指と向かい合わせ、物を把握することもできると考えたのである。こうした特徴は霊長類とよく似ており、しかもステノニコサウルスは優れた二足歩行能力をすでに備えている。こうした動物が6000万年以上にわたって進化を続けたのなら、人類のような形態・能力を備えるに至ったのではないかとラッセルは考えた。

このディノサウロイドは擬人化が過ぎるという批判も多く、さらにトロオドン類は手の第I指(親指)を他の指と向かい合わせることができなかったという事実も後になって判明した。一方で、このディノサウロイドが一般に与えた衝撃は大きく、ラッセルの狙い通り、様々な議論の火付け役となった。「河

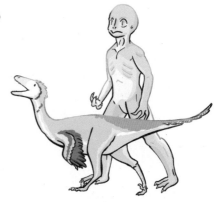

童の正体はディノサウロイド」というように、オカルト界にまで影響は及んだのである。

今日トロオドン類は鳥類にごく近縁と考えられている。カラスやオウムは驚くほど高い知能で人々を驚かせることがあるが、こうした現生鳥類こそが真のディノサウロイドなのかもしれない。

ゴジラサウルス

| ごじらさうるす | *Gojirasaurus*

> **世**の中には二通りの古生物学者しかいない。怪獣を愛する古生物学者と、怪獣には特に興味のない古生物学者である。
>
> 　古生物には伝説や物語に登場する怪物にちなんだ学名が与えられる例がしばしばある。怪獣オタクとして世界に名をとどろかせていた古生物学者が与えた属名は、「怪獣王」ゴジラにちなんだものであった。

▓ 三畳紀のゴジラ

　アメリカ南西部には三畳紀後期の地層（→p.106）が露出しており、恐竜が地球上に出現して間もない時期の生態系を研究するのにうってつけの地域である。こうした地層では様々な恐竜以外の大型爬虫類（広義のワニ類など）や両生類、"哺乳類型爬虫類"（→p.94）の化石がよく知られている。

　プレパレーター（→p.128）出身の古生物学者であるケネス・カーペンターはアメリカで発見された中生代の爬虫類化石を手広く研究しており、1990年代後半にとある三畳紀の化石に目を付けた。ニューメキシコ州の三畳紀後期の地層から発見された断片的な骨格で、推定全長は6m近く、この時代の獣脚類としては飛び抜けて巨大なものであった。

　カーペンターは1980年代に一度この骨格について研究していたが、1994年には別の研究者の博士論文の中で"レヴェルトラプトル"という名が与えられた。しかし"レヴェルトラプトル"の記載論文（→p.138）はとうとう正式に出版されなかったため、この名は裸名（記載のない「学名もどき」）となって宙に浮いていたのである。

　再検討を行い、この獣脚類がコエロフィシス類の新属新種であると結論付けたカーペンターは、子どもの頃から大好きだった怪獣の名前をこの恐竜に冠することを決めた。日本人の母に連れられて映画館で見たゴジラに強烈な印象を受け、カーペンターはそこから古生物学者への道を歩んだのである。

英語での綴りは「Godzilla」だが、日本語のローマ字綴りを選び、この恐竜には「ゴジラサウルス *Gojirasaurus*」という属名が与えられた。

　「ゴジラが怪獣化する前の姿」として映画に登場した恐竜とは全く異なった姿だったが、三畳紀後期では最大級の獣脚類の一つということで、ゴジラサウルスは注目を集めた。しかしその後の研究でホロタイプがワニ類とのキメラであることが判明し、ゴジラサウルス独自の特徴とされていたものは全てワニ類の化石に由来していたことが確認された。本来の獣脚類の化石からは巨大さ以外の特徴を見いだすことが困難なため、今日ゴジラサウルスは疑問名（→p.140）として扱われている。しかし、三畳紀後期のアメリカ南西部に巨大なコエロフィシス類が君臨していたことは確かである。

ゴジラ立ち

| ごじらだち | upright standing

今日ではすっかり「旧復元」と化しているが、日本では1990年代初頭まで、着ぐるみ怪獣のように上半身を直立させた姿勢の恐竜がメディアでおなじみの姿であった。この「ゴジラ立ち」は、CGとアニマトロニクスを駆使して着ぐるみには不可能な特殊撮影を実現した『ジュラシック・パーク』の公開によって「旧復元」の代表として語られるようになったが、「ゴジラ立ち」の歴史とはどんなものだったのだろうか。

復元骨格黎明期

恐竜の中に直立二足歩行をしていたものが存在したことが確認されたのは、1858年のハドロサウルス（→p.36）の発見が初めてである。1868年に恐竜初となる復元（→p.134）骨格がベンジャミン・ウォーターハウス・ホーキンスによって組み立てられたが、この骨格はジョゼフ・ライディの考えに基づき、尾を支えにして立ちあがり、木の葉を食べているポーズとなっていた。ホーキンスはこの時、復元骨格のポージングの参考としてカンガルーの骨格を用いている。カンガルーの骨格はかかとを地面につけている点でハドロサウルスと異なっていることは当時から明らかだったが、短くほっそりした前肢と長く頑丈な後肢、しっかりした長い尾をあわせ持つ現生動物は今日ではカンガルー類しか存在しなかった。ホーキンスは同時に獣脚類のドリプトサウルスの復元骨格の制作も進めていた（未完のまま破壊された）が、こちらもカンガルーのように長い尾を地面に垂らした姿勢であった。1870年代の後半にはベルギーのベルニサール炭鉱（→p.252）でイ

グアノドン（→p.34）の関節した（→p.164）骨格が大量に発見され、恐竜の全身骨格に基づく初めての復元骨格が1883年にお披露目された。この時もやはりカンガルーが参考とされ、ホーキンスによるハドロサウルスやドリプトサウルスの復元骨格と同様のポーズとなった。

19世紀後半から20世紀初頭にかけて組み立てられた復元骨格は「ゴジラ立ち」のものがほとんどだったが、いずれも上半身を垂直に立てた姿勢ではなかった。長い尾を地面につけてはいたが、ゆったり佇んでいるか餌を食べている状態という意味合いが強いものでもあった。鉄骨が不要となるためにポーズの自由度が比較的高かったウォールマウント（→p.265）では、水平姿勢に近い姿勢で疾走するエドモントサウルスが1901年に復元されている。

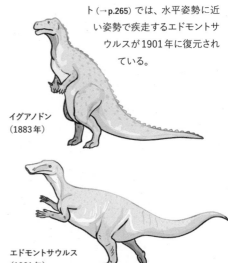

イグアノドン
（1883年）

カンガルー

エドモントサウルス
（1901年）

恐竜研究の暗黒時代へ

20世紀初頭、恐竜の復元骨格は博物館の目玉展示として人気を集めたこともあって盛んに制作されるようになった。今日のプレパレーター（→p.128）に受け継がれることになった様々な技術が開発された一方で、当時化石のレプリカ（→p.132）は重くもろい石膏で作られることがほとんどであった（稀に張り子や木工の場合もあった）。また、復元骨格を支える鉄骨も現代のものと比べて質が悪く、ダイナミックなポーズで骨格を組み立てるのは不可能に近かった。

1930年代に入ると世界恐慌が起こり、そこから間を置かずに第二次世界大戦が始まったことで、博物館の資金力は大きく低下した。展示の花形であった一方で金食い虫でもあった恐竜の研究は衰退し、学界全体の興味も「進化の袋小路に入り込んで哺乳類に敗れた時代遅れの鈍重な爬虫類」から別のところへと向くようになった。

戦後もこうした状況が続いたが、一方で研究の停滞していたこの時代に恐竜は大衆娯楽の中の「敵役」として人気になっていた。娯楽映画の中に登場した恐竜は、コマ撮りされた可動式の人形か、着ぐるみか、さもなくば生きているトカゲに角や背ビレを付けたもので、20世紀初頭までに確立されていた恐竜の科学的なイメージからはかけ離れたものであった。こうした中で、上半身を垂直に立て、常に尾を引きずって不格好に歩く（が、格闘だけはやたら派手な）恐竜のイメージが生まれた。ここに怪獣映画が拍車をかけ、怪獣が恐竜と同じ紙面で紹介されるまでになったのである。

「ゴジラ立ち」の終焉

1960年代に入ると「恐竜ルネサンス」（→p.150）が巻き起こり、恐竜の研究は勢いを取り戻した。20世紀初頭までの研究が再評価される中で、そもそも恐竜の骨格が「ゴジラ立ち」に不向きであることが様々な観点から指摘されるようになった。恐竜の骨盤は「ゴジラ立ち」状態で体重を支えるのには不向きな構造で、長い尾も「ゴジラ立ち」で地面に引きずろうとすると脱臼しかねなかったのである。骨格の構造や化石の産状（→p.160）から考えると、恐竜の尾はほぼ真っすぐ伸ばした状態が基本姿勢であり、特に力を入れずともその姿勢が維持できることが示唆された。足跡化石（→p.120）で尾を引きずった痕跡が残っている例もわずかだったのである。二足歩行の恐竜はダチョウなどの走鳥類と違って長い尾を持っていたが、これによって上半身と尾を水平にした状態でバランスが取れることも明らかになった。

こうして1960年代を過ぎると「ゴジラ立ち」は衰退を始めた。海外における1950年代のイメージがなかなか抜けなかった日本でも、1993年の『ジュラシック・パーク』公開が「ゴジラ立ち」へのトドメとなった。大衆娯楽によって広められたイメージが、新たな大衆娯楽によって葬られた瞬間であった。

～1950年代　　　1970年代～

悪魔の足の爪

| あくまのあしのつめ | Devil's toenails, *Gryphaea*

古来、人々は時折見つかる奇妙な石を拾っては、その正体について様々な想像を巡らせていた。あらゆる生物やその体の一部に似た形の石が知られていたが、それらの成因については「自然が生物を真似た」という考えが一般的だった。いずれにせよ、こうした石——化石には特別な力が宿っていると考えられ、粉末にして薬として用いられることすらあった。

悪魔の巻き爪

　ヨーロッパの北西部にはジュラ紀前期の海成層（→p.108）が広く露出しており、アンモナイト（→p.114）やその他色々な貝の化石が古くから産出している。こうした化石は様々な伝説と結び付けられており、ある種のアンモナイトはとぐろを巻いたヘビが神の力で首をはねられ、石に変えられたもの（蛇石）とみなされていた。後には「蛇石」を加工して頭を復元したものが土産物として流通するほど、この伝説はポピュラーなものだったようだ。

　様々な化石が妖精や悪魔などの伝説と結び付けられたが、中でも「悪魔の足の爪」という恐ろしげな呼び名で知られていたのが絶滅したカキ類、グリフェア（やその近縁のエクソギュラ）である。今日食用にされているカキとはやや遠縁にあたり、丸っこい殻が強くカーブした形態が特徴的で、人間の

足の爪（が巻き爪になったもの）やひづめに似て見える。当時のヨーロッパにおける一般的なイメージでは悪魔は足にヤギのひづめを持っているとされ、こうしたことからグリフェアやその近縁のカキ類の化石が「悪魔の足の爪」と呼ばれるようになった。

　グリフェア類は、今日の食用ガキとは異なり、殻が非常に分厚く頑丈である。そのため化石が風化・侵食に強く、そのままの形で露頭から洗い出され、川原に転がっているのがよく人目に付いたようだ。特にイギリスでよく親しまれており、グリフェアの名産地で知られる町では紋章の図案にもなっているほどである。

　恐ろしげな呼び名とは裏腹に、「悪魔の足の爪」はリウマチ（免疫系の異常で生じる関節の病気）よけのお守りとして人気があったという。グリフェアの化石はちょうど手のひら大のものが多いが、これを一つ身に着けていると予防になるといわれていた。

竜骨

| りゅうこつ | lónggǔ

軟体動物の化石や、サメの歯化石ばかりが古代から知られていたわけではない。脊椎動物の化石も古くからたびたび発見されており、古代の人々はその正体について様々な想像を巡らせてきた。6m級のワニ類が生息していた古代の中国や、その文化的影響を受けた地域ではこうした化石を「竜骨」と呼んできたが、「竜骨」の正体は恐竜はおろか爬虫類の化石ですらなかった場合がほとんどのようだ。

薬用としての竜骨

中国では古くから「竜骨」や「竜歯」、「竜角」に精神の安定作用があるとされ、様々な生薬と配合して漢方薬として処方されてきた。正倉院に納められていることから、8世紀の中頃には日本でも利用されていた可能性がある。

竜骨の産地は中国の各地に存在し、今日でも採掘が続けられている。正倉院に納められていた竜骨・竜歯・竜角は絶滅したシカ類やハイエナ類、ゾウ類の化石であり、今日利用される竜骨も様々な哺乳類化石の寄せ集めであるようだ。

竜骨の原料となる化石を集める人々は「竜骨採薬人」と呼ばれており、彼らが採集した化石は洗浄・乾燥してから出荷される。日本で漢方薬の原料として利用する場合、この状態で輸入してから粉砕加工するという。

近年では竜骨産地の枯渇が進んでいるとみられ、また研究価値の高い化石も区別なく竜骨として利用してしまう危険性も指摘されている。北京原人の化石が発見された場所は竜骨の産地でもあり、薬局で販売されていた竜骨をきっかけに甲骨文字（漢字の原型）が発見されたというエピソードも知られている。

日本の竜骨

日本でも脊椎動物の化石を竜骨と呼んだ例がいくつも知られており、宝物として保管されていた結果今日まで現存しているものもある。特に有名なものが、江戸時代後期の1804年に現在の滋賀県から産出したゾウ類ステゴドン・オリエンタリスの子ども

の部分骨格である。この頭骨は共産したシカ類の頭骨と組み合わせて「竜の頭骨」として復元した図が描かれ、化石ともども今日まで現存している。この頭骨は明治時代にお雇い外国人の地質学者ハインリッヒ・エドムント・ナウマンによってゾウ類の頭骨と同定されたが、竜骨の中には江戸時代に本草学者によってゾウ化石と同定されたものも存在した。

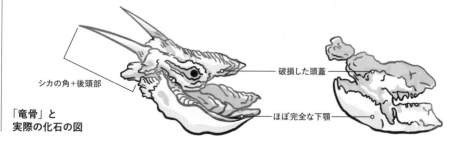

シカの角＋後頭部

破損した頭蓋

ほぼ完全な下顎

「竜骨」と
実際の化石の図

考古学

| こうこがく | archaeology

古生物学と考古学は、どちらも過去の事柄を発掘するという行為をともなうこともあってか、よく混同される。古生物学は理系、考古学は文系の学問として大学では扱われているが、考古学は古生物学とは何が異なるのだろうか。そして古生物学と考古学は、互いに交わることのない学問なのだろうか?

∷ 古生物学と考古学

古生物学は地質学と生物学にまたがった学問であり、古生物に関係するあらゆる事柄が研究対象となる。古生物との比較のために現生生物を研究することも、古生物学の重要な要素となっている。

考古学はしばしば「遺跡・遺物によって人間の過去を研究する」学問であるといわれる。人類の歴史を研究する歴史学のジャンルの一つでもあり、人類の歴史を留めた様々な遺跡・遺物といった考古資料が研究対象となる。

古生物学・考古学ともに土に埋もれたものを研究対象とすることから、研究手法にはかなり似通った部分がある。古生物学における化石の産状（→p.160）の観察は、考古学における考古資料の出土状況の観察とよく似ている。古生物学で示準化石（→p.112）を利用して生層序を確立するのと同様に、考古学では石器や土器などから「編年」を行う。文字記録のない時代の絶対年代（→p.110）を明らかにするために放射年代測定を利用する点や、古気候を明らかにするために花粉（→p.202）などの微化石を利用する点も共通する。

∷ 古生物学と考古学の境界

考古学では、人骨をはじめ遺跡から出土した生物の遺骸も研究対象となる。貝の化石でも、単なるシェルベッド（→p.170）ではなく貝塚（→p.275）をなしている場合は考古学の研究対象になってくる。

文字の存在しないほど古い時代の人類の歴史の場合は特に、生物としての人類と文化を担う人間としての要素が絡み合っている。

恐竜土偶（→p.276）のようなケースを除いて、恐竜と名の付くものが考古学の研究対象となることはまずない。しかし、人類が出現して以降の時代を扱う古生物学では、考古学との境界が非常にあいまいになることも少なくないのだ。

貝塚

| かいづか | shell midden, shellmound

日本では各地で、耕作や工事の際に地表のすぐ下から大量の貝殻が密集して現れることがある。これらは一見すると単に貝殻が寄せ集まったシェルベッド（貝層）のようだが縄文時代のれっきとした遺跡である「貝塚」の場合もある。考古学の研究対象となる貝塚は、シェルベッドとは何が違うのだろうか。

シェルベッドと貝塚

シェルベッドはボーンベッド（→p.170）の貝殻版であり、何らかの原因で貝殻が大量に密集して埋積されたものである。もともと密集して生息していた貝がその場で死んで埋積されたり、生き埋めになった場合もあれば、そうしたものがいったん流されて堆積したり、一度埋積された場所から洗い流されて貝殻だけが水流でふるい分けられたりと、その産状（→p.160）次第で様々な原因が想定される。

貝塚は人為的なもので、古代の人々が貝殻を特定の場所に捨て続けていくことで形成される。貝殻のほかにも、様々な遺物や他の生物の遺骸（人骨を含む）が含まれていることも多い。貝塚の中でも貝殻が多いものを「人為貝層」と呼び、古生物学でいう貝層を「自然貝層」と呼ぶこともある。

シェルベッド、貝塚ともに、当時の海岸線に沿った場所に形成される。数十万年前からつい1000年ほど前まで内海となっていた茨城県の霞ヶ浦周辺では、数十万年前のシェルベッドや、縄文時代の貝塚がどちらも多数確認されている。

貝塚の特徴

貝塚の中から出土する人骨は丁寧に埋葬されたものであり、貝塚が単なるゴミ捨て場だけではなかったことを示している。複数の集落で一つの貝塚を共有していたり、一つの集落では消費しきれない量の貝を保存食にする加工場であった可能性も指摘されている。

日本の土壌は酸性土壌が多く、こうした環境では埋積された動物の骨格は鉱化する前に溶けてしまい、なかなか保存されない。貝塚は大量の貝殻に由来する炭酸カルシウムで土壌が酸性ではなくなっており、貝塚に埋まっている動物の遺骸や人骨は保存状態が良好であることが知られている。貝塚は、縄文時代の垣間見える「窓」として、大きな役割を果たしているのだ。

恐竜土偶

| きょうりゅうどぐう | Acámbaro figures

1944年（1945年とも）、メキシコ・グアナフアト州のアカンバロ市郊外にそびえるセロ・デル・トロ山（雄牛山）のふもとで奇妙な土偶が発見された。土偶は人物像をはじめ、様々な動物の姿をかたどっていたが、恐竜のような姿をしたものも相当数含まれていたのである。

∷ アカンバロの恐竜土偶

俗に「恐竜土偶」と呼ばれるこれらの遺物を発見したのは、ドイツ移民の金物商ワルデマール・ユルスルトだった。伝えられるところによれば、ユルスルトは乗馬中に土偶を発見し、地元の農民を雇って発掘させ、出来高で給料を支払ったのだという。ユルスルトは有名な考古学マニアであり、1923年にはセロ・デル・トロ山の近くでチュピクアロ文化（紀元前400年から紀元200年前にかけてメキシコで栄えた文化）の遺跡の発見にも貢献していた人物であった。7年間で3万2000点以上の遺物が収集されたが、その中には「ひげを生やした白人」や、恐竜のような姿の土偶が含まれていたのである。

これらの遺物はチュピクアロ文化の土偶と類似した様式で作られていたが、恐竜に見える像が含まれていたことで捏造品と断定された。「発掘現場」には最近の埋め戻しの跡が確認され、地元の農民たちが小遣い稼ぎでユルスルトに売りつけていたもの

と考えられたのである。一方で、様々な手法で行われた放射年代測定（→p.110）では、恐竜土偶がチュピクアロ文化よりはるか以前に地中に埋められたことを示唆する結果も得られた。「恐竜土偶」の中には、恐竜ルネサンス（→p.150）以降にポピュラーとなった復元と似て見えるものもあり、「場違いな工芸品」＝オーパーツの一例として取り上げられるようになったのである。

こうした様々な放射年代測定の結果はその後の研究で全て否定され、逆にそれらの研究で示されたデータから、ユルスルトによる「発見」の数年前以内に恐竜土偶が埋められたことが示唆されている。当時を知る関係者も今は亡く、真相は藪の中だが、恐竜土偶たちはユルスルトのかつての家だった博物館で、ひっそりと来館者たちを待っている。

恐竜と人類の足跡

|きょうりゅうとじんるいのあしあと| dinosaur and human footprints

恐 竜の足跡化石の大規模な産地では、かなりの距離にわたって恐竜たちの連続歩行跡（行跡）を観察できる場合が多い。こうした産地では、恐竜の他にもほぼ同じタイミングで同じ場所を歩いた様々な動物の足跡が見つかることが多く、当時の情景を伝えてくれる。そして、こうした産地ではしばしば「恐竜時代の人類の足跡」も見つかっているのだ。

パルクシ川の足跡化石産地

1908年、アメリカ・テキサス州のパルクシ川の河床で、白亜紀前期の恐竜の足跡化石（→p.120）が発見された。パルクシ川の河床には4km近くにわたって恐竜の足跡化石群が点々と露出しており、今日では州立公園として保護されている。足跡の大半は大型獣脚類や大型竜脚類の連続歩行跡で、竜脚類の行跡と並走する獣脚類の行跡も知られている。

1930年代から1940年代にかけてこの一帯では大規模な発掘が行われたが、同時に「人類の足跡化石」も発見されたという話が流布されるようになった。あからさまな偽物や、川の流れで削られてそれらしく凹んだだけのものもあったが、確かに「人類の足跡」に見える化石もパルクシ川の河床で実際に発見されていたのである。

恐竜時代の「人類の足跡」

こうした「人類の足跡」化石は連続歩行跡まであり、しかも他の地層でも報告されている。パルクシ川の「人類の足跡」の足のサイズは40cm以上あり、しばしば「巨人の足跡」とも呼ばれている。

たびたびオカルト方面でも取り上げられる「人類の足跡」の化石だが、その中には先端に3つの突出部を持つものがいくつも存在する。この突出物は3本の趾の跡であり、「恐竜時代の人類の足跡化石」は実際には獣脚類の足跡化石なのである。

こうした足跡は、獣脚類がぬかるみの上を踵を接地させた状態で歩いたあと、やわらかい泥が崩れて趾の印象（→p.226）が消えてしまったものと考えられてきた。最近では、足首まで沈むような泥の中を滑りながら歩いた結果という可能性も指摘されている。こちらの説の方が、よりシンプルに「人類の足跡」のでき方を説明できるようだ。

「踵歩き」モデル

「恐竜時代の人類の足跡化石」

「貫通」モデル

ネッシー

| ねっしー | Nessie, Loch Ness monster

イ ギリス北部、スコットランドのハイランド地方を支配した古代ピクト人たちは、足ヒレを持つ謎の怪物の姿を石に刻んだ。565年、聖コルンバはネス湖から流れ出るネス川で「水の獣」を退治した。そして長い年月の流れた1933年、人々は「水の獣」がまだネス湖で生きていることを思い知ることになるのだった――。

ネス湖の怪物

スコットランドのハイランド地方からアイルランド島にかけては巨大な断層が存在し、それに沿って氷河が侵食して生まれた非常に細長く深い湖が存在する。長さ37km、最大水深230mとかなり巨大なその湖が、ネス湖である。泥炭が溶け出しているために水は常に濁っているが、古代より人々が周辺で暮らしており、古城の廃墟も残されている。

ネス湖周辺をはじめ、ハイランド地方の各地には古代から「水の獣」に関する伝説が残っている。こうした伝説はネス湖の他では忘れ去られてしまっていたが、ネス湖周辺では細々と口伝えに残されていたという。そして1933年5月、ネス湖の水中を転げ回るように泳ぐ、巨大な「クジラに似た魚」が目撃されたのである。

6世紀以来「ネス湖の怪物」の姿が目撃されたことはほとんどなかったが、これを機に目撃情報は急増した。その年の夏には「全長7.5mの細長い首の怪物」の姿が目撃され、そして1934年、「外科医の写真」として知られる有名な写真が撮影されたのである。そこに写っていたのは、水面から長い首を突き出した「ネス湖の怪物」の姿であった。

ネッシーとニューネッシー

こうして「ネス湖の怪物」は大きな話題となり、改造した水中銃を持った捕獲隊と「ネス湖の怪物」を保護しようとする地元警察の間でトラブルまで発生した。目撃者の中には湖のそばの路上で遭遇した獣医学生までおり、彼は道路を横断して湖に消えた怪物の姿が「アザラシと首長竜（→p.86）のかけあわせ」であったと証言した。

第二次世界大戦の間「ネス湖の怪物」の目撃情報は途絶えていたが、戦後になると「水上に突き出した2つのコブ」が泳いでいるのが目撃されるようになった。いつしか「ネス湖の怪物」は「ネッシー」の愛称で呼ばれるようになり、ネス湖の観光名物としても親しまれるようになったのである。その一方で、1930年代から繰り返し結成されていたネッシー調査隊は戦後になるとハイテク機器を駆使するようになっていたが、ネッシーと断定できるものは一向に見つからないままだった。

1977年、日本のトロール漁船がニュージーランド沖で操業中に巨大な生物の腐乱死体を引き揚げた。網にかかっていたのはヒレ足を持つ全長10mほどの動物の死体で、1.5mほどのやや長い首を持った姿は首長竜によく似ていた。操業中ということもあり、この凄まじい腐敗臭を放つ死体は海に戻されたが、その際に写真やスケッチに加えて繊維状組織のサンプルが採取された。このニュースは世界中で反響を呼び、この「ニューネッシー」の正体について様々な議論を呼ぶことになったのである。日本では未確認生物ブームに火が点き、恐竜にまで飛び火することとなった。

:: ネッシー vs. 首長竜

ネッシーやニューネッシーの正体について様々な意見が挙がっているが、どちらも首長竜の生き残りとみる意見がよく知られている。首長竜の化石は新生代の地層からは全く発見されていないが、新生代の化石が全く知られていないにもかかわらず現生種が存在する「生きた化石」（→p.116）のシーラカンス（→p.117）の例も存在する。ネッシーやニューネッシーの正体は一体何なのだろうか？

ネッシー
全長：約7.5m？
目撃地：ネス湖周辺

ニューネッシー
全長：約10m
目撃地：ニュージーランド沖

アリストネクテス
全長：約10m
生息域：南太平洋、南極海
時代：白亜紀末

ウバザメ
全長：最大12m
生息域：
中緯度～高緯度海域

ネッシーの写真と称するものは、いずれも捏造や他の物体の誤認と考えられている。また、ネス湖にはヨーロッパウナギやアザラシが生息しており、目撃情報や音波探査の中にはこれらを怪物と誤認した例もあるようだ。ニューネッシーの正体についてはウバザメの腐乱死体がたまたま首長竜のような姿に見えただけということが確実視されている。

参考文献

本書の執筆にあたって多数の文献資料を参考とした。参考文献のうち、主立ったものをここで挙げる。書店で比較的容易に入手できるもの、図書館で読めるもの、インターネット上で無料で閲覧できるもの、海外のwebサイトから購読しなければならないものなど様々だが、原典にあたる楽しさはぜひ一度味わってみてほしい。

博物館などの企画展・特別展にあわせて制作・販売される図録は本書でもかなり参考としているが、最新研究のトピックについて専門家が執筆していることが多く、非常に貴重な資料である。ボリュームからすれば非常に安価といってよく、手に入れて損はないだろう。

:: 本書の全体に渡って参考としたもの

単行本

Brett-Surman, Holtz, T. R. Jr., Farlow, J. O. (eds.), 2012. The complete dinosaur. 1112 pp. Indiana University Press, Broomington.

日本地質学会フィールドジオロジー刊行委員会（編）、天野一男・秋山雅彦（著）、2004. フィールドジオロジー入門. 154 pp. 共立出版.

日本地質学会フィールドジオロジー刊行委員会（編）、長谷川四郎・中島隆・岡田誠（著）、層序と年代. 170 pp. 共立出版.

日本地質学会フィールドジオロジー刊行委員会（編）、保柳康一・公文富士夫・松田博貴（著）、2004. 堆積物と堆積岩. 171 pp. 共立出版.

Fastovsky, D. E.・Weishampel, D. B.（著）、真鍋真（監訳）、藤原慎一・松本涼子（訳）、2015. 恐竜学入門 かたち・生態・絶滅. 400 pp. 東京化学同人.

Gradstein, F. M., Ogg, J. G., Schmitz, M. D., and Ogg, G. M. (eds.), 2020. Geologic time scale 2020. 1357 pp. Elsevier, Amsterdam.

ナイシュ、D.・バレット、P.（著）、小林快次・久保田克博・千葉謙太郎・田中康平（監訳）、吉田三知世（訳）、2019. 恐竜の教科書 最新研究で読み解く進化の謎. 239 pp. 創元社.

ノレル、M. A.（著）、田中康平（監訳）、久保美代子（訳）、2020. アメリカ自然史博物館恐竜大図鑑. 239 pp. 化学同人.

日本古生物学会（編）、2010. 古生物学辞典. 584 pp. 朝倉書店.

Weishampel, D. B., Dodson, P., and Osmólska, H. (eds.), 2004. The Dinosauria second (second edition). 880 pp. University of California Press, Berkeley.

雑誌

恐竜学最前線①～⑬（1992年～1996年）. 学習研究社.

ディノプレス vol.1～vol.7（2000年～2002年）. オーロラ・オーバル.

:: 1章以降の各項目で特に参考とした文献

1章

● ティラノサウルス

Carr, T. D., 2020. A high-resolution growth series of Tyrannosaurus rex obtained from multiple lines of evidence. PeerJ, 8.

Osborn, H. F., 1905. Tyrannosaurus and other Cretaceous carnivorous dinosaur. Bulletin of American Museum of Natural History, 21 (14), 259-265.

Osborn, H. F., 1906. Tyrannosaurus, Upper Cretaceous carnivorous dinosaur (second communication). Bulletin of American Museum of Natural History, 22 (16), 281-296.

● トリケラトプス

Carpenter, K., 2006. "Bison" alticornis and O. C. Marsh's early views on ceratopsians. In Carpenter, K., ed., Horns and beaks: ceratopsian and ornithopod dinosaurs, p. 349–364. Indiana University Press., Bloomington.

Dodson, P., 1998. The horned dinosaurs: a natural history. 346 pp. Princeton University Press, New Jersey.

Hatcher, J. B., Marsh, O. C., and Lull, R. S., 1907. The Ceratopsia. U.S. Geological Survey Monographs, 49, 300 pp.

Scannella, J. B., Fowler, D. W., Goodwin, M. B., and Horner, J. R., 2014. Evolutionary trends in Triceratops from the Hell Creek Formation, Montana. Proceedings of the National Academy of Sciences, 111(28), 10245-10250.

● メガロサウルス

Benson, R. B., Barrett, P. M., Powell, H. P., and Norman, D. B., 2008. The taxonomic status of Megalosaurus bucklandii (Dinosauria, Theropoda) from the Middle Jurassic of Oxfordshire, UK. Palaeontology, 51(2), 419-424.

Britt, B. B., 1991. Theropods of Dry Mesa quarry (Morrison Formation, Late Jurassic), Colorado, with emphasis on the osteology of Torvosaurus tanneri. Brigham Young University Geology Studies, 37, 1–72.

Sadleir, R., Barrett, P., and Powell, H. P., 2008. The anatomy and systematics of Eustreptospondylus oxoniensis, a theropod dinosaur from the Middle Jurassic of Oxfordshire, England, Monograph of the Palaeontological Society, 160 (627), 1–82 .

● イグアノドン

Norman, D. B., 1980. On the ornithischian dinosaur Iguanodon bernissartensis from the Lower Cretaceous of Bernissart (Belgium). Mémoires de l'Institut Royal des Sciences Naturelles de Belgique, 178, 1–105.

Norman, D. B., 1986. On the anatomy of Iguanodon atherfieldensis (Ornithischia: Ornithopoda). Bulletin de l'Institut Royal des Sciences Naturelles de Belgique Sciences de la Terre, 56, 281–372.

Norman, D. B., 1993. Gideon Mantell's 'Mantel-piece': the earliest well-preserved ornithischian dinosaur. Modern Geology, 18, 225-245.

● ハドロサウルス

Leidy, J., 1858. Hadrosaurus foulkii, a new saurian from the Cretaceous of New Jersey, related to Iguanodon. Proceedings of the Academy of Natural Sciences of Philadelphia, 10, 213–218.

Leidy, J., 1865. Cretaceous reptiles of the United States. Smithsonian Contributions to Knowledge, 14, 1–13.

Lull, R. S. and Wright, N. E., 1942. Hadrosaurian dinosaurs of North America. Geological Society of America Special Papers, 40, 1–242.

● カムイサウルス

Kobayashi, Y., Nishimura, T., Takasaki, R., Chiba, K., Fiorillo, A. R., Tanaka, K., Tsogtbaatar, C., Sato, T., and Sakurai, K., 2019. A new hadrosaurine (Dinosauria: Hadrosauridae) from the marine deposits of the Late Cretaceous Hakobuchi Formation, Yezo Group, Japan. Scientific Reports, 9.

● マイアサウラ

Horner, J. R. and Makela R., 1979. Nest of juveniles provides evidence of family structure among dinosaurs. Nature, 282, 296-298.

Prieto-Marquez, A. and Guenther, M. F., 2018. Perinatal specimens of Maiasaura from the Upper Cretaceous of Montana (USA): insights into the early ontogeny of saurolophine hadrosaurid dinosaurs. PeerJ, 6.

● アロサウルス

Antón, M., Sánchez, M., Salesa, M. J., and Turner, A., 2003. The muscle-powered bite of Allosaurus (Dinosauria; Theropoda): an interpretation of cranio-dental morphology. Estudios Geológicos, 59 (5-6), 313-323.

Carrano, M., Mateus O., and Mitchell J., 2013. First definitive association between embryonic Allosaurus bones and Prismatoolithus eggs in the Morrison Formation (Upper Jurassic, Wyoming, USA). Journal of Vertebrate Paleontology, Program and Abstracts 2013, 101.

Chure, D. J. and Loewen, M. A., 2020. Cranial anatomy of Allosaurus jimmadseni, a new species from the lower part of the Morrison Formation (Upper Jurassic) of Western North America. PeerJ, 8.

Gilmore, C.W., 1920. Osteology of the carnivorous Dinosauria in the United States National Museum, with special reference to the genera Antrodemus (Allosaurus) and Ceratosaurus. Bulletin of the United States National Museum. 110. 1–154.

Madsen Jr J. H., 1993 [1976]. Allosaurus fragilis: A revised osteology. Utah Geological Survey Bulletin 109 (2nd ed.). Utah Geological and Mineral Survey, Bulletin, 109. 1–163.

● ステゴサウルス

Gilmore, C. W., 1914. Osteology of the armored Dinosauria in the United States National Museum: with special reference to the genus *Stegosaurus*. *United States National Museum Bulletin*, 89, 1–143.

Lull, R. S., 1910. *Stegosaurus ungulatus* Marsh, recently mounted at the Peabody Museum of Yale University. *American Journal of Science*, 4 (180), 361–377.

Maidment, S. C. R., Brassey, C., and Barrett, P. M., 2015. The postcranial skeleton of an exceptionally complete individual of the plated dinosaur *Stegosaurus stenops* (Dinosauria: Thyreophora) from the Upper Jurassic Morrison Formation of Wyoming, USA. *PLoS ONE*, 10 (10).

● ブラキオサウルス

D'Emic, M. D. and Carrano, M. T., 2019. Redescription of brachiosaurid sauropod dinosaur material from the Upper Jurassic Morrison Formation, Colorado, USA. *The Anatomical Record*, 303 (4), 732–758.

Taylor, M.P., 2009. A re-evaluation of *Brachiosaurus altithorax* Riggs 1903 (Dinosauria, Sauropoda) and its generic separation from *Giraffatitan brancai* (Janensh 1914). *Journal of Vertebrate Paleontology*, 29 (3), 787–806.

● デイノニクス

Ostrom, J.H., 1969a. A new theropod dinosaur from the Lower Cretaceous of Montana. *Postilla*. 128, 1–17.

Ostrom, J. H., 1969b. Osteology of *Deinonychus antirrhopus*, an unusual theropod from the Lower Cretaceous of Montana. *Peabody Museum of Natural History Bulletin*, 30, 1–165.

Roach, B.T., and Brinkman D.L., 2007. A reevaluation of cooperative pack hunting and gregariousness in *Deinonychus antirrhopus* and other nonavian theropod dinosaurs. *Bulletin of the Peabody Museum of Natural History*. 48, 103–138.

● ヴェロキラプトル

Powers, M. J., 2020MS. The evolution of snout shape in eudromaeosaurians and its ecological significance. A thesis of Master of Science in Systematics and Evolution, Department of Biological Sciences, University of Alberta, 437 pp.

● プロトケラトプス

Brown, D. B. and Schlaikjer, D. E. M., 1940. The structure and relationships of *Protoceratops*. *Transactions of the New York Academy of Sciences*, 40 (3), 133–266.

Czepiński, Ł., 2020. Ontogeny and variation of a protoceratopsid dinosaur *Bagaceratops rozhdestvenskyi* from the Late Cretaceous of the Gobi Desert. *Historical Biology*, 32 (10), 1394–1421.

日本経済新聞社(編), 2022. 特別展「化石ハンター展 ～ゴビ砂漠の恐竜とヒマラヤの超大型獣～」. 152 pp. 日本経済新聞社・BSテレビ東京.

● オヴィラプトル

Barsbold, R. 1983. O ptich'ikh chertakh v stroyenii khishchnykh dinozavrov. *Transactions of the Joint Soviet Mongolian Paleontological Expedition*, 24, 96–103.

Funston, G. F., 2019MS. Anatomy, systematics, and evolution of Oviraptorosauria (Dinosauria, Theropoda). A thesis of Doctor of Philosophy in Systematics and Evolution, Department of Biological Sciences, University of Alberta, 774 pp.

Norell, M. A., Balanoff, A. M., Barta, D. E., and Erickson, G. M., 2018. A second specimen of *Citipati osmolskae* associated with a nest of eggs from Ukhaa Tolgod, Omnogov Aimag, Mongolia. *American Museum Novitates*, 3899, 1–44.

● デイノケイルス

Lee, Y. N., Barsbold, R., Currie, P. J., Kobayashi, Y., Lee, H. J., Godefroit, P., Escuillié, F., and Tsogtbaatar, C., 2014. Resolving the long-standing enigmas of a giant ornithomimosaur *Deinocheirus mirificus*. *Nature*, 515 (7526), 257–260.

Osmólska, H. and Roniewicz, E., 1970. Deinocheiridae, a new family of theropod dinosaurs. *Palaeontologica Polonica*, 21, 5–19.

● オルニトミムス

Claessens, L. P. and Loewen, M. A., 2016. A redescription of *Ornithomimus velox* Marsh, 1890 (Dinosauria, Theropoda). *Journal of Vertebrate Paleontology*, 36(1).

Kobayashi, Y. and Lu, J. C., 2003. A new ornithomimid dinosaur with gregarious habits from the Late Cretaceous of China. *Acta Palaeontologica Polonica*, 48 (2), 235–239.

van der Reest, A. J., Wolfe, A. P., and Currie, P. J., 2016. A densely feathered ornithomimid (Dinosauria: Theropoda) from the Upper Cretaceous Dinosaur Park Formation, Alberta, Canada. *Cretaceous Research*, 58, 108–117.

Zelenitsky, D. K., Therrien, F., Erickson, G. M., DeBuhr, C. L., Kobayashi, Y., Eberth, D. A., and Hadfield, F., 2012. Feathered non-avian dinosaurs from North America provide insight into wing origins. *Science*, 338(6106), 510–514.

● テリジノサウルス

Barsbold, R., 1976. New information on *Therizinosaurus* (Therizinosauridae, Theropoda). *Transactions of Joint Soviet-Mongolian Paleontological Expedition*, 3, 76-92. [*in Russian*]

Maleev, E. A., 1954. New turtle-like reptile in Mongolia. *Priroda*, 3, 106-108. [*in Russian*]

Zanno, L. E., 2010. A taxonomic and phylogenetic re-evaluation of Therizinosauria (Dinosauria: Maniraptora). *Journal of Systematic Palaeontology*, 8 (4), 503–543.

● アンキロサウルス

Arbour, V. M. and Mallon, J. C., 2017. Unusual cranial and postcranial anatomy in the archetypal ankylosaur *Ankylosaurus magniventris*. *Facets*, 2 (2), 764–794.

Brown, C. M., 2017. An exceptionally preserved armored dinosaur reveals the morphology and allometry of osteoderms and their horny epidermal coverings. *PeerJ*, 5.

Brown, C. M., Henderson, D. M., Vinther, J., Fletcher, I., Sistiaga, A., Herrera, J., and Summons, R. E., 2017. An exceptionally preserved three-dimensional armored dinosaur reveals insights into coloration and Cretaceous predator-prey dynamics. *Current Biology*, 27 (16), 2514–2521.

Carpenter, K., 1984. Skeletal reconstruction and life restoration of *Sauropelta* (Ankylosauria: Nodosauridae) from the Cretaceous of North America. *Canadian Journal of Earth Sciences* 21 (12), 1491–1498.

● パキケファロサウルス

Evans, D. C., Brown, C. M., Ryan, M. J., and Tsogtbaatar, K., 2011. Cranial ornamentation and ontogenetic status of *Homalocephale calathocercos* (Ornithischia: Pachycephalosauria) from the Nemegt Formation, Mongolia. *Journal of Vertebrate Paleontology*, 31 (1), 84–92.

Horner, J. R. and Goodwin, M. B., 2009. Extreme cranial ontogeny in the Upper Cretaceous dinosaur *Pachycephalosaurus*. *PLoS ONE*, 4 (10).

Maryanska, T. and Osmólska, H., 1974. Pachycephalosauria, a new suborder of ornithischian dinosaurs. *Palaeontologia Polonica*, 30, 45–102.

Sullivan, R. M., 2006. A taxonomic review of the Pachycephalosauridae (Dinosauria: Ornithischia). *New Mexico Museum of Natural History and Science Bulletin*, 35(47), 347-365.

● スピノサウルス

Dal Sasso, C., Maganuco, S., Buffetaut, E., and Mendez, M. A., 2005. New information on the skull of the enigmatic theropod *Spinosaurus*, with remarks on its size and affinities. *Journal of Vertebrate Paleontology*, 25(4), 888-896.

Evers, S. W., Rauhut, O. W., Milner, A. C., McFeeters, B., and Allain, R., 2015. A reappraisal of the morphology and systematic position of the theropod dinosaur *Sigilmassasaurus* from the "middle" Cretaceous of Morocco. *PeerJ*, 3.

Hone, D. W. and Holtz Jr, T. R., 2021. Evaluating the ecology of *Spinosaurus*: Shoreline generalist or aquatic pursuit specialist?. *Palaeontologia Electronica*, 24(1), 1-28.

Ibrahim, N., Sereno, P. C., Dal Sasso, C., Maganuco, S., Fabbri, M., Martill, D. M., Zouhri, S., Myhrvold, N., and Iurino, D. A., 2014. Semiaquatic adaptations in a giant predatory dinosaur. *Science*, 345(6204), 1613-1616.

Ibrahim, N., Maganuco, S., Dal Sasso, C., Fabbri, M., Auditore, M., Bindellini, G., Martill, D. M., Unwin, D. M., Wiemann, J., Bonadonna, D., Amane, A., Jakubczak, J., Joger, U., Lauder, G. V., and Pierce, S. E., 2020. Tail-propelled aquatic locomotion in a theropod dinosaur. *Nature*, 581, 67–70 (2020).

Sereno, P. C., Dutheil, D. B., Iarochene, M., Larsson, H. C., Lyon, G. H., Magwene, P. M., Sidor, C. A., Varicchio, D. J., and Wilson, J. A., 1996. Predatory dinosaurs from the Sahara and Late Cretaceous faunal differentiation. *Science*, 272, 986–991.

Smith, J. B., Lamanna, M. C., Mayr, H., and Lacovara, K. J., 2006. New information regarding the holotype of *Spinosaurus aegyptiacus* Stromer, 1915. *Journal of Paleontology*, 80(2), 400-406.

● カルノタウルス

Bonaparte, J. F., Novas, F. E., and Coria, R. A., 1990. *Carnotaurus sastrei* Bonaparte, the horned, lightly built carnosaur from the middle Cretaceous of Patagonia. *Contributions in Science*, 416, 1–41.

Carrano, M. T., 2007. The appendicular skeleton of *Majungasaurus crenatissimus* (Theropoda: Abelisauridae) from the Late Cretaceous of Madagascar. *Journal of Vertebrate Paleontology*, 27 (S2), 163–179.

Hendrickx, C. and Bell, P. R., 2021. The scaly skin of the abelisaurid *Carnotaurus sastrei* (Theropoda: Ceratosauria) from the Upper Cretaceous of Patagonia. *Cretaceous Research*, 128.

O'Connor, P. M., 2007. The postcranial axial skeleton of *Majungasaurus crenatissimus* (Theropoda: Abelisauridae) from the Late Cretaceous of Madagascar. *Journal of Vertebrate Paleontology*, 27 (S2), 127–163.

Sampson, S. D. and Witmer, L. M., 2007. Craniofacial anatomy of *Majungasaurus crenatissimus* (Theropoda: Abelisauridae) from the Late Cretaceous of Madagascar. *Journal of Vertebrate Paleontology*, 27 (S2), 32–104.

Stiegler, J. B., 2019MS. Anatomy, systematics, and paleobiology of noasaurid ceratosaurs from the Late Jurassic of China. A thesis of Doctor of Philosophy. The Faculty of the Columbian College of Arts and Sciences, the George Washington University. 693 pp.

● ギガノトサウルス

Canale, J. I., Apesteguía, S., Gallina, P. A., Mitchell, J., Smith, N. D., Cullen, T. M., Shinya, A., Haluza, A., Gianechini, F.A., and Makovicky, P. J., 2022. New giant carnivorous dinosaur reveals convergent evolutionary trends in theropod arm reduction. *Current Biology*, 32(14), 3195–3202.

Coria, R. A. and Salgado, L., 1995. A new giant carnivorous dinosaur from the Cretaceous of Patagonia. *Nature*, 377 (6546), 224–226.

Novas, F. E., Agnolin, F. L., Ezcurra, M. D., Porfiri, J. and Canale, J. I., 2013. Evolution of the carnivorous dinosaurs during the Cretaceous: the evidence from Patagonia. *Cretaceous Research*, 45, 174–215.

● アルゼンチノサウルス

Bonaparte, J. F., and Coria, R. A. 1993. A new and huge titanosaur sauropod from the Rio Limay Formation (Albian-Cenomanian) of Neuquen Province, Argentina. *Ameghiniana*, 30, 271-182. [*in Spanish*]

Carballido, J. L., Pol, D., Otero, A., Cerda, I. A., Salgado, L., Garrido, A. C., Ramezani, J., Cúneo, N. R., and Krause, J. M., 2017. A new giant titanosaur sheds light on body mass evolution among sauropod dinosaurs. *Proceedings of the Royal Society B, Biological Sciences*, 284 (1860).

Novas, F., Salgado, L., Calvo, J., and Agnolin, F., 2005. Giant titanosaur (Dinosauria, Sauropoda) from the Late Cretaceous of Patagonia. *Revista del Museo Argentino de Ciencias Naturales Nueva Serie*, 7(1), 31–36.

● 羽毛

Cincotta, A., Nicolaï, M., Campos, H. B. N., McNamara, M., D'Alba, L., Shawkey, M. D., Kischlat, E., Yans, J., Carleer, R., Escuillié, F., and Godefroit, P., 2022. Pterosaur melanosomes support signalling functions for early feathers. *Nature*, 604(7907), 684–688.

Longrich, N. R., Vinther, J., Meng, Q., Li, Q., and Russell, A. P., 2012. Primitive wing feather arrangement in *Archaeopteryx lithographica* and *Anchiornis huxleyi*. *Current Biology*, 22 (23), 2262–2267.

● 始祖鳥

Foth, C. and Rauhut, O. W., 2017. Re-evaluation of the Haarlem *Archaeopteryx* and the radiation of maniraptoran theropod dinosaurs. *BMC Evolutionary Biology*, 17, 1–16.

Longrich, N., 2006. Structure and function of hindlimb feathers in *Archaeopteryx lithographica*. *Paleobiology*, 32 (3), 417–431.

Rauhut, O. W., 2014. New observations on the skull of *Archaeopteryx*. *Paläontologische Zeitschrift*, 88 (2), 211–221.

● 翼竜

久保泰（編著）, 2012. 翼竜の謎 恐竜が見あげた「竜」. 116 pp. 福井県立恐竜博物館.

Witton, M. P., 2013. Pterosaurs. 291 pp. Princeton University Press, Princeton.

● プテラノドン

Bennett, S. C., 2001. The osteology and functional morphology of the Late Cretaceous pterosaur *Pteranodon* Part I. General description of osteology. *Palaeontographica Abteilung A*, 260(1), 1–112.

Bennett, S. C., 2001. The osteology and functional morphology of the Late Cretaceous pterosaur *Pteranodon* Part II. Size and functional morphology. *Palaeontographica Abteilung A*, 260(1), 113–153.

● ケツァルコアトルス

Andres, B., and Langston Jr, W., 2021. Morphology and taxonomy of *Quetzalcoatlus* Lawson 1975 (Pterodactyloidea: Azhdarchoidea). *Journal of Vertebrate Paleontology*, 41(sup1), 46–202.

Brown, M. A., Padian, K., 2021. Preface. *Journal of Vertebrate Paleontology*, 41(sup1), 1-1.

Brown, M. A., Sagebiel, J. C., and Andres, B., 2021. The discovery, local distribution, and curation of the giant azhdarchid pterosaurs from Big Bend National Park. *Journal of Vertebrate Paleontology*, 41(sup1), 2–20.

Frey, E., and Martill, D. M., 1996. A reappraisal of *Arambourgiania* (Pterosauria, Pterodactyloidea): one of the world's largest flying animals. *Neues Jahrbuch für Geologie und Paläontologie-Abhandlungen*, 199(2), 221–247.

Henderson, D. M., 2010. Pterosaur body mass estimates from three-dimensional mathematical slicing. *Journal of Vertebrate Paleontology*, 30(3), 768–785.

Lehman, T. M., 2021. Habitat of the giant pterosaur *Quetzalcoatlus* Lawson 1975 (Pterodactyloidea: Azhdarchoidea): a paleoenvironmental reconstruction of the Javelina Formation (Upper Cretaceous) Big Bend National Park, Texas. *Journal of Vertebrate Paleontology*, 41(sup1), 21–45.

Padian, K., Cunningham, J. R., Langston Jr, W., and Conway, J., 2021. Functional morphology of *Quetzalcoatlus* Lawson 1975 (Pterodactyloidea: Azhdarchoidea). *Journal of Vertebrate Paleontology*, 41(sup1), 218–251.

Witton, M. P., and Habib, M. B., 2010. On the size and flight diversity of giant pterosaurs, the use of birds as pterosaur analogues and comments on pterosaur flightlessness. *PloS ONE*, 5(11).

● 首長竜

中田健太郎（編著）, 2021. 海竜 恐竜時代の海の猛者たち. 109 pp. 福井県立恐竜博物館.

● フタバスズキリュウ

安藤寿男・大森光, 2022. 福島県双葉層群（上部白亜系：コニアシアン〜サントニアン）の海生化石層のタフォノミー. *日本古生物学会2022年年会予稿集*, 22.

長谷川善和, 2008. フタバスズキリュウ発掘物語. 193 pp. 化学同人.

佐藤たまき, 2018. フタバスズキリュウ もうひとつの物語. 215 pp. ブックマン社.

Sato, T., Hasegawa, Y., and Manabe, M., 2006. A new elasmosaurid plesiosaur from the Upper Cretaceous of Fukushima, Japan. *Palaeontology*, 49(3), 467–484.

Shimada, K., Tsuihiji, T., Sato, T., and Hasegawa, Y., 2010. A remarkable case of a shark-bitten elasmosaurid plesiosaur. *Journal of Vertebrate Paleontology*, 30(2), 592–597.

● モササウルス

Lindgren, J., Caldwell, M. W., Konishi, T., and Chiappe, L. M., 2010. Convergent evolution in aquatic tetrapods: insights from an exceptional fossil mosasaur. *PloS ONE*, 5(8).

Street, H. P., 2016MS. A re-assessment of the genus *Mosasaurus* (Squamata: Mosasauridae). A thesis submitted in partial fulfillment of the requirements for the degree of Doctor of Philosophy in Systematics and Evolution, Department of Biological Sciences, University of Alberta, 315 pp.

● 単弓類

冨田幸光, 2011. 新版 絶滅哺乳類図鑑. 256 pp. 丸善出版.

● ディメトロドン

Brink, K. S., Maddin, H. C., Evans, D. C., and Reisz, R. R., 2015. Re-evaluation of the historic Canadian fossil *Bathygnathus borealis* from the Early Permian of Prince Edward Island. *Canadian Journal of Earth Sciences*, 52(12), 1109–1120.

● 哺乳類

Velazco, P. M., Buczek, A. J., Hoffman, E., Hoffman, D. K., O'Leary, M. A., and Novacek, M. J., 2022. Combined data analysis of fossil and living mammals: a Paleogene sister taxon of Placentalia and the antiquity of Marsupialia. *Cladistics*, 38(3), 359–373.

● 生痕化石

Woodruff, D. C. and Varricchio, D. J., 2011. Experimental modeling of a possible *Oryctodromeus cubicularis* (Dinosauria) burrow. *Palaios*, 26(3), 140–151.

● 足跡

小池 渉・安藤寿男・国府田良樹・岡村喜明, 2007. 茨城県大子町の下部中新統北田気層より産出した哺乳類および鳥類足跡化石群の産状と標本. *茨城県立自然博物館研究報告*, 10, 21–44.

Lockley, M. G., 1991. The dinosaur footprint renaissance. *Modern Geology*, 16(1–2), 139–160.

● 卵

今井拓哉（編著）, 2017. 恐竜の卵 恐竜誕生に秘められた謎. 109 pp. 福井県立恐竜博物館.

● コプロライト

Chin, K., Tokaryk, T. T., Erickson, G. M., and Calk, L. C., 1998. A king-sized theropod coprolite. *Nature*, 393(6686), 680–682.

● 胃石

高崎竜司・小林快次, 2021. 主竜類の胃の進化：胃石の形状変遷. *日本古生物学会2021年年会予稿集*, A21.

● アーティファクト

Delcourt, R., 2018. Ceratosaur palaeobiology: new insights on evolution and ecology of the southern rulers. *Scientific Reports* 8.

Martill, D. M., Cruickshank, A. R. I., Frey, E., Small, P. G., and Clarke, M., 1996. A new crested maniraptoran dinosaur from the Santana Formation (Lower Cretaceous) of Brazil. *Journal of the Geological Society*, 153(1), 5–8.

Sues, H. D., Frey, E., Martill, D. M., and Scott, D. M., 2002. *Irritator challengeri*, a spinosaurid (Dinosauria: Theropoda) from the Lower Cretaceous of Brazil. *Journal of Vertebrate Paleontology*, 22(3), 535–547.

● シノニム

Sampson, S. D., Ryan, M. J., and Tanke, D. H., 1997. Craniofacial ontogeny in centrosaurine dinosaurs (Ornithischia: Ceratopsidae): taxonomic and behavioral implications. *Zoological Journal of the Linnean Society*, 121(3), 293–337.

2 章

● 恐竜ルネサンス

Bakker, R. T., 1975. Dinosaur renaissance. *Scientific American*, 232(4), 58–79.

Ostrom, J. H., 1976. *Archaeopteryx* and the origin of birds. *Biological Journal of the Linnean Society*, 8(2), 91–182.

● オルニトスケリダ

Baron, M. G., Norman, D. B., and Barrett, P. M., 2017. A new hypothesis of dinosaur relationships and early dinosaur evolution. *Nature*, 543(7646), 501–506.

Huxley, T. H., 1870. On the classification of the Dinosauria, with observations on the Dinosauria of the Trias. *Quarterly Journal of the Geological Society*, 26(1–2), 32–51.

Qvarnström, M., Fikáček, M., Wernström, J. V., Huld, S., Beutel, R. G., Arriaga-Varela, E., Ahlberg, P., E., and Niedźwiedzki, G., 2021. Exceptionally preserved beetles in a Triassic coprolite of putative dinosauriform origin. *Current Biology*, 31(15), 3374–3381.

Williston, S. W., (1878). American Jurassic dinosaurs. *Transactions of the Kansas Academy of Science*, 6, 42–46.

● 機能形態学

Fujiwara, S. I., 2009. A reevaluation of the manus structure in *Triceratops* (Ceratopsia: Ceratopsidae). *Journal of Vertebrate Paleontology*, 29(4), 1136–1147.

Johnson, R. E., 1997. The forelimb of *Torosaurus* and an analysis of the posture and gait of ceratopsian dinosaurs. *In* Thomason, J. J., ed., Functional morphology in vertebrate paleontology, p. 205–218. Cambridge University Press, Cambridge.

● 産状

Campbell, J. A., Ryan, M. J., and Anderson, J. S., 2020. A taphonomic analysis of a multitaxic bonebed from the St. Mary River Formation (uppermost Campanian to lowermost Maastrichtian) of Alberta, dominated by cf. *Edmontosaurus regalis* (Ornithischia: Hadrosauridae), with significant remains of *Pachyrhinosaurus canadensis* (Ornithischia: Ceratopsidae). *Canadian Journal of Earth Sciences*, 57(5), 617–629.

松浦啓一、2003. 標本学—自然史標本の収集と管理（国立科学博物館叢書）. 250 pp. 東海大学出版会.

● ミイラ化石

Drumheller, S. K., Boyd, C. A., Barnes, B. M., and Householder, M. L., 2022. Biostratinomic alterations of an *Edmontosaurus* "mummy" reveal a pathway for soft tissue preservation without invoking "exceptional conditions". *PLoS ONE*, 17(10).

● 関節する

Galton, P. M., 2014. Notes on the postcranial anatomy of the heterodonto-saurid dinosaur *Heterodontosaurus tucki*, a basal ornithischian from the Lower Jurassic of South Africa. *Revue de Paléobiologie*, 33(1), 97–141.

● 格闘化石

Carpenter, K., 1998. Evidence of predatory behavior by carnivorous dinosaurs. *Gaia*, 15, 135–144.

● ノジュール

Yoshida, H., Yamamoto, K., Minami, M., Katsuta, N., Sin-Ichi, S., and Metcalfe, R., 2018. Generalized conditions of spherical carbonate concretion formation around decaying organic matter in early diagen-esis. *Scientific Reports*, 8(1).

Nagao, T., 1936. *Nipponosaurus sachalinensis*: a new genus and species of trachodont dinosaur from Japanese Saghalien. *Journal of Faculty of Science of Hokkaido Imperial University*, 4(3), 185–220.

Nagao, T., 1938. On the limb-bones of *Nipponosaurus sachalinensis* Nagao, a Japanese hadrosaurian dinosaur. 日本動物學彙報, 17, 311–317.

Suzuki, D., Weishampel, D.B., and Minoura, N., 2004. *Nipponosaurus sachalinensis* (Dinosauria; Ornithopoda): anatomy and systematic position within Hadrosauridae. *Journal of Vertebrate Paleontology*. 24,145–164.

● ボーンベッド

Currie, P. J., Langston, Jr, W., and Tanke, D. H., 2008. New horned dinosaur from an Upper Cretaceous bone bed in Alberta. 144 pp. Canadian Science Publishing, Ottawa.

● ラガシュテッテン

セルデン, P.・ナッズ, J.（著）鎮西 清高（訳）2009. 世界の化石遺産—化石生態系の進化—. 160 pp. 朝倉書店.

● モリソン層

ディクソン, D.（著）椋田直子（訳）2009. 恐竜時代でサバイバル. 275 pp. 学習研究社.

● ララミディア

Fowler, D. W., 2017. Revised geochronology, correlation, and dinosaur stratigraphic ranges of the Santonian-Maastrichtian (Late Cretaceous) formations of the Western Interior of North America. *PLoS ONE*, 12(11).

● ヘル・クリーク層

Lehman, T. M., 1987. Late Maastrichtian paleoenvironments and dinosaur biogeography in the Western Interior of North America. *Palaeogeography, Palaeoclimatology, Palaeoecology*, 60, 189–217.

● K/Pg境界

後藤和久, 2011. 決着！恐竜絶滅論争. 186 pp. 岩波書店.

● チチュルブ・クレーター

Chatterjee, S., 1997. Multiple impacts at the KT boundary and the death of the dinosaurs. *Proceedings of the 30th International Geological Congress*, 31–54.

Nicholson, U., Bray, V. J., Gulick, S. P., and Aduomahor, B., 2022. The Nadir Crater offshore West Africa: A candidate Cretaceous-Paleo-gene impact structure. *Science Advances*, 8(33).

● デカン・トラップ

Schoene, B., Eddy, M. P., Keller, C. B., and Samperton, K. M., 2021. An evaluation of Deccan Traps eruption rates using geochronologic data. *Geochronology*, 3(1), 181–198.

Wilson, J. A., Mohabey, D. M., Peters, S. E., and Head, J. J., 2010. Predation upon hatchling dinosaurs by a new snake from the Late Cretaceous of India. *PLoS biology*, 8(3).

● 琥珀

Xing, L., McKellar, R. C., Xu, X., Li, G., Bai, M., Persons IV, W. S., Miyashita, T., Benton, M. J., Zhang, J., Wolfe, A. P., Yi, Q., Tseng, K., Ran., H., and Currie, P. J., 2016. A feathered dinosaur tail with primitive plumage trapped in mid-Cretaceous amber. *Current Biology*, 26(24), 3352–3360.

● 草

Prasad, V., Stromberg, C. A., Alimohammadian, H., and Sahni, A., 2005. Dinosaur coprolites and the early evolution of grasses and grazers. *Science*, 310(5751), 1177–1180.

Wu, Y., You, H. L., and Li, X. Q., 2018. Dinosaur-associated Poaceae epidermis and phytoliths from the Early Cretaceous of China. *National Science Review*, 5(5), 721–727.

● 珪化木

Akahane, H., Furuno, T., Miyajima, H., Yoshikawa, T., and Yamamoto, S., 2004. Rapid wood silicification in hot spring water: an explanation of silicification of wood during the Earth's history. *Sedimentary Geology*, 169(3-4), 219–228.

● 骨化石

Parks, W. A., 1920. Osteology of the trachodont dinosaur *Kritosaurus incur-vimanus*. University of Toronto Studies, Geology Series, 11, 1–75.

● 強膜輪

Galton, P. M., 1974. The ornithischian Dinosaur *Hypsilophodon* from the Wealden of the isle of Wight. *Bulletin of the British Museum (Natural History), Geology*, 25(1), 1–152.

● 異歯性

Huebner, T. R., and Rauhut, O. W. 2010. A juvenile skull of *Dysalotosaurus lettowvorbecki* (Ornithischia: Iguanodontia), and implications for cranial ontogeny, phylogeny, and taxonomy in ornithopod dinosaurs. *Zoological Journal of the Linnean Society*, 160(2), 366–396.

● 鋸歯

Hendrickx, C., Mateus, O., Araújo, R., and Choiniere, J. (2019). The distribution of dental features in non-avian theropod dinosaurs: Taxonomic potential, degree of homoplasy, and major evolutionary trends. *Palaeontologia Electronica*, 22(3).

● デンタルバッテリー

Erickson, G. M., Krick, B. A., Hamilton, M., Bourne, G. R., Norell, M. A., Lilleodden, E., and Sawyer, W. G., 2012. Complex dental structure and wear biomechanics in hadrosaurid dinosaurs. *Science*, 338(6103), 98–101.

Ostrom, J. H., 1966. Functional morphology and evolution of the ceratopsian dinosaurs. *Evolution*, 20(3), 290–308.

● フリル

Horner, J. R. and Goodwin, M. B., 2008. Ontogeny of cranial epi-ossifi-cations in *Triceratops*. *Journal of Vertebrate Paleontology*, 28(1), 134–144.

● オステオダーム

D'Emic, M. D., Wilson, J. A., and Chatterjee, S., 2009. The titanosaur (Dinosauria: Sauropoda) osteoderm record: review and first definitive specimen from India. *Journal of Vertebrate Paleontology*, 29(1), 165–177.

Vidal, D., Ortega, F., Gascó, F., Serrano-Martínez, A., and Sanz, J. L., 2017. The internal anatomy of titanosaur osteoderms from the Upper Cretaceous of Spain is compatible with a role in oogenesis. *Scientific Reports*, 7(1).

● アークトメタターサル

White, M. A., 2009. The subarctometatarsus: intermediate metatarsus architecture demonstrating the evolution of the arctometatarsus and advanced agility in theropod dinosaurs. *Alcheringa*, 33(1), 1–21.

● 相同

バッカー, R. T.（著）瀬戸口烈司（訳）1989. 恐竜異説. 326pp. 平凡社.

● 尾端骨
Barsbold, R., Osmólska, H., Watabe, M., Currie, P. J., and Tsogtbaatar, K., 2000. A new oviraptorosaur [Dinosauria, Theropoda] from Mongolia: the first dinosaur with a pygostyle. *Acta Palaeontologica Polonica*, 45(2), 97–106.

● 含気骨
Aureliano, T., Ghilardi, A. M., Müller, R. T., Kerber, L., Fernandes, M. A., Ricardi-Branco, F., and Wedel, M. J., 2023. The origin of an invasive air sac system in sauropodomorph dinosaurs. *The Anatomical Record*.

Schwarz, D., Frey, E., and Meyer, C. A., 2007. Pneumaticity and soft-tissue reconstructions in the neck of diplodocid and dicraeosaurid sauropods. *Acta Palaeontologica Polonica*, 52(1).

● 皮膚痕
本信光理（編）2021. DinoScience恐竜科学博 ララミディア大陸の恐竜物語. 192 pp. ソニー・ミュージックソリューションズ.

● 印象
大森昌衛, 1998. 化石の成因についての一考察 ―研究の発送と展開に関するノート（2）―. *地学教育と科学運動*, 29, 37–44.

● CTスキャン
福井県立大学恐竜学研究所（編著）2021. 福井恐竜学. 78 pp. 福井県立大学.

● エンドキャスト
河部壮一郎（編著）, 2019. 恐竜の脳力 恐竜の生態を脳科学で解き明かす. 92 pp. 福井県立恐竜博物館.

● 手取層群
東洋一・川越光洋・宮川利弘（編）, 1995. 手取層群の恐竜. 157 pp. 福井県立博物館.

Hattori, S., Kawabe, S., Imai, T., Shibata, M., Miyata, K., Xu, X., and Azuma, Y., 2021. Osteology of *Fukuivenator paradoxus*: a bizarre maniraptoran theropod from the Early Cretaceous of Fukui, Japan. *Memoir of the Fukui Prefectural Dinosaur Museum*, 20, 1–82.

● 日本の恐竜化石
柴田正輝・北海鲁・東洋一., 2017. 日本の恐竜研究はどこまできたのか?: 東・東南アジアの前期白亜紀フォーナの比較. *化石*, 101, 23–41.

宮田和周・長田充弘・柴田正輝・大藤茂, 2022. "赤崎層群"呼子ノ瀬層は白亜系マーストリヒト階最上部. *日本古生物学会第171回例会予稿集*, B06.

3章

● AMNH 5027
Brown, B., 1908. Field Book, Barnum Brown 1908, Hell Creek Beds – Montana. Archival Field Notebooks of Paleontological Expeditions, American Museum of Natural History. https://research.amnh.org/paleontology/notebooks/brown-1908/

● スー
ラーソン, P.・ドナン. C.（著）; 冨田幸光（監訳）, 池田比佐子（訳）, 2005. スー 史上最大のティラノサウルス発掘. 420 pp. 朝日新聞出版.

● ナノティラヌス
Carr, T. D. and Williamson, T. E., 2004. Diversity of late Maastrichtian Tyrannosauridae (Dinosauria: Theropoda) from Western North America. *Zoological Journal of the Linnean Society*, 142(4), 479–523.

● ブロントサウルス
McIntosh, J. S. and Berman, D. S., 1975. Description of the palate and lower jaw of the sauropod dinosaur *Diplodocus* (Reptilia: Saurischia) with remarks on the nature of the skull of *Apatosaurus*. *Journal of Paleontology*, 49(1), 187–199.

Riggs, E. S., 1903. Structure and relationships of opisthocoelian dinosaurs. Part I, *Apatosaurus* Marsh. *Publications of the Field Columbian Museum Geographical Series*, 2 (4), 165–196.

Tschopp., E., Mateus, O., and Benson, R. B., 2015. A specimen-level phylogenetic analysis and taxonomic revision of Diplodocidae (Dinosauria, Sauropoda). *PeerJ*, 3.

● セイスモサウルス
Gillette, D. D., 1994. *Seismosaurus*: The Earth Shaker. 205 pp. Columbia University Press, New York.

Herne, M. C. and Lucas, S. G., 2006. *Seismosaurus hallorum*: osteological reconstruction from the holotype. *New Mexico Museum of Natural History and Science Bulletin*, 36, 139–148.

● マラアプニサウルス
Carpenter, K., 2018. *Maraapunisaurus fragillimus*, ng (formerly *Amphicoelias fragillimus*), a basal rebbachisaurid from the Morrison Formation (Upper Jurassic) of Colorado. *Geology of the Intermountain West*, 5, 227–244.

Woodruff, D. C. and Foster, J. R., 2014. The fragile legacy of *Amphicoelias fragillimus* (Dinosauria: Sauropoda; Morrison Formation–latest Jurassic). *Volumina Jurassica*, 12(2), 211–220.

● ベルニサール炭鉱
Godefroit, P. (ed.), 2012. Bernissart dinosaurs and Early Cretaceous terrestrial ecosystems. 648 pp. Indiana University Press, Bloomington.

● 黄鉄鉱病
Tacker, R. C., 2020. A review of "pyrite disease" for paleontologists, with potential focused interventions. *Palaeontologia Electronica*, 23(3).

● 竜骨群集
Kaim, A., Kobayashi, Y., Echizenya, H., Jenkins, R. G., and Tanabe, K., 2008. Chemosynthesis-based associations on Cretaceous plesiosaurid carcasses. *Acta Palaeontologica Polonica*, 53(1), 97–104.

● 百貨店
Galton, P. M., 1976. Prosauropod dinosaurs (Reptilia: Saurischia) of North America. *Postilla*, 169, 1–98.

● フィッシュ・ウィズイン・ア・フィッシュ
Jiang, D. Y., Motani, R., Tintori, A., Rieppel, O., Ji, C., Zhou, M., Wang, X., Lu, H., and Li, Z. G., 2020. Evidence supporting predation of 4-m marine reptile by Triassic megapredator. *Iscience*, 23(9).

Walker, M. V. and Everhart, M. J., 2006. The impossible fossil-revisited. *Transactions of the Kansas Academy of Science*, 109(1), 87–96.

● デス・ポーズ
Reisdorf, A. G. and Wuttke, M., 2012. Re-evaluating Moodie's opisthoton-ic-posture hypothesis in fossil vertebrates part I: reptiles—the taphonomy of the bipedal dinosaurs *Compsognathus longipes* and *Juravenator starki* from the Solnhofen Archipelago (Jurassic, Germany). *Palaeobiodiversity and palaeoenvironments*, 92, 119–168.

杨钟健, 赵喜进, 1972. 合川马门溪龙. *中国科学院古脊椎动物与古人类研究所甲种专刊*, 8, 1–30.

● マウント
木村由莉（監）, 藤本淳子（編）, 2022. 化石の復元、承ります。 古生物復元師たちのおしごと. 174 pp. ブックマン社.

Piñero, J. M. L., 1988. Juan Bautista Bru (1740–1799) and the description of the genus *Megatherium*. *Journal of the History of Biology*, 21(1), 147–163.

● アニマトロニクス
Costello , J., 2001. The decline of the Dinamation dinos: How one man's robots became passe. *Wall Street Journal*, 21 May 2001.

● ゴジラ立ち
Beecher, C. E., 1902. The reconstruction of a Cretaceous dinosaur, *Claosaurus annectens* Marsh. *Transactions of the Connecticut Academy of Arts and Sciences*, 11(1), 311–324.

● 悪魔の足の爪
Natural History Museum, London. Fossil folklore: Devil's toenails. http://www.nhm.ac.uk/nature-online/earth/fossils/fossil-folklore/fossil_types/bivalves.htm

● 竜骨
甲能直樹, 2013. ゾウの仲間は水の中で進化した!? ―安定同位体が明らかにした鳥尾類の揺籃―. *豊橋市自然史博物館研報*, 23, 55–63.

益富寿之助, 1957. 正倉院薬物を中心とする古代石薬の研究. *生薬学雑誌*, 11(2). 17–19.

小栗一輝., 2014. 竜骨の化石資源保全と活用の共生. *生物工学会誌*, 92(7), 350–353.

大杉製薬株式会社. 竜骨. https://ohsugi-kanpo.co.jp/kanpo/kenbun/ryuukotu

● 恐竜土偶
Carriveau, G. W. and Han, M. C., 1976. Thermoluminescent dating and the monsters of Acambaro. *American antiquity*, 41(4), 497–500.

● 恐竜と人類の足跡
Lallensack, J. N., Farlow, J. O., and Falkingham, P. L., 2022. A new solution to an old riddle: elongate dinosaur tracks explained as deep penetration of the foot, not plantigrade locomotion. *Palaeontology*, 65(1).

● ネッシー
Naish, D., 2013. Photos of the Loch Ness Monster, revisited". *Scientific American*, 10 July 2013. https://blogs.scientificamerican.com/tetrapod-zoology/photos-of-the-loch-ness-monster-revisited/

Tikkanen, A., 2023. Loch Ness monster. *Britannica*, 15 February 2023. https://www.britannica.com/topic/Loch-Ness-monster-legendary-creature

著者

G. Masukawa

サイエンスイラストレーター、ライター。科学的な思考プロセスを経て描く古生物の骨格図は国内外の研究者から高く評価されており、博物館やイベントの展示制作のほか、学術論文や専門書の図版を手がけることも多い。最近は流しの何でも屋。著書に『新・恐竜骨格図集』（イースト・プレス）、訳書に『アフターマン』、『新恐竜』（Gakken）。茨城大学大学院博士前期課程修了（地質学・古生物学）。

イラスト	ツク之助
デザイン	井上大輔（GRiD）
DTP	あおく企画
編集	藤本淳子
編集担当	松下大樹（誠文堂新光社）

恐竜好きのためのイラスト大百科
ディノペディア Dinopedia

2023 年 8 月 10 日　発　行　　　　　　　　　　NDC456

著　　者	G. Masukawa
発　行　者	小川雄一
発　行　所	株式会社 誠文堂新光社
	〒113-0033 東京都文京区本郷 3-3-11
	電話 03-5800-5780
	https://www.seibundo-shinkosha.net/
印　刷　所	株式会社 大熊整美堂
製　本　所	和光堂 株式会社

©G. Masukawa, Tukunosuke. 2023　　　　　　　Printed in Japan

ISBN978-4-416-62351-0